校级高层次人才启航计划项目

“金沙江流域水资源代际公平配置模式研究”（批准号：2019QD23）

流域水资源
代际公平配置模式

Intergenerational Equitable Allocation of
Water Resources in Watershed

吕春兰　著

中国社会科学出版社

图书在版编目（CIP）数据

流域水资源代际公平配置模式/吕春兰著．—北京：中国社会科学出版社，2022.9

ISBN 978－7－5227－0674－0

Ⅰ.①流…　Ⅱ.①吕…　Ⅲ.①流域—水资源管理—公平分配—研究—中国　Ⅳ.①TV213.4

中国版本图书馆 CIP 数据核字(2022)第 144548 号

出 版 人　赵剑英
责任编辑　王　衡
责任校对　王　森
责任印制　王　超

出　　版　中国社会科学出版社
社　　址　北京鼓楼西大街甲 158 号
邮　　编　100720
网　　址　http://www.csspw.cn
发 行 部　010－84083685
门 市 部　010－84029450
经　　销　新华书店及其他书店

印　　刷　北京明恒达印务有限公司
装　　订　廊坊市广阳区广增装订厂
版　　次　2022 年 9 月第 1 版
印　　次　2022 年 9 月第 1 次印刷

开　　本　710×1000　1/16
印　　张　15.25
插　　页　2
字　　数　201 千字
定　　价　79.00 元

前　　言

水，是一切生命的生存基础，是可持续发展的根本，是生态文明的保证。随着全球人口持续增加，社会经济不断发展，水资源开发利用过度，江河湖泊污染严重，淡水资源急剧减少，水资源代内供需矛盾、今世后代之间对优质水源的需求矛盾进一步尖锐，水资源可持续利用难以实现，流域水资源的合理配置作为一项极其复杂的系统工程，遭遇到极大挑战。

一　选题意义

“绿水青山就是金山银山”，坚持节约资源和保护环境，坚持人与自然和谐 共生，是习近平新时代中国特色社会主义思想的核心理念。流域规划作为我国国民经济的一个重要部分，对我国实现绿色可持续发展目标尤为重要。合理的水资源配置方案能充分反映决策者对全局性、长期性、根本性问题的思考，能够解决今世后代之间的取水竞争，缓解水危机，能够实现水资源可持续管理。因此，为流域管理局提供有效的水资源配置方案，综合当代与后代的取水公平、平衡经济发展与流域环境、解决流域管理局与子区域管理者间的利益冲突，对于流域可持续发展具有重大意义。

1. 综合当代与后代公平用水

代际公平理论指出了后代人与当代人具有同等享用优质资源的权利。就时间维度而言，流域可持续发展需要考虑当代人和后代人的用水需求，至关重要的是，当代人对水资源利用的风险判断应该要包括可能对子孙后代造成的后果。要确保流域水资源可持续利用，必须以代际公平为主要驱动力，研究代际间的水资源配置策略，以确保当代与后代公平使用水资源。本书在前人的研究基础上，提出了一种衡量水资源配置代际公平的新的社会福利标准，以平衡最不有利世代的发展需要和关切。它允许在跨时期水资源配置中进行一定程度的权衡，最大限度地发挥社会福利功能，解决当前和未来几代人在优质水源获取上的冲突，实现流域水资源可持续利用。

2. 平衡经济增长与环境质量

随着经济发展以及城市化进程加速，大大提升了水资源需求，同时也导致环境污染问题日趋严重。许多关于流域生态环境以及水质问题的研究仅限于内部问题的探讨，并没有关注水污染的代际转移现象。事实上，一些流域污染物可以被环境吸收，但是流域纳污能力有限，仍有部分污染物会不断集聚下来，在很长一段时间内都会影响流域环境，造成可用水量的减少。为解决经济增长与流域环境质量之间的冲突问题，专著把世代交叠模型整合在水资源配置中，分析当代人同时从水消费和水污染中获得效用，虽然当代人遗留的污染问题可能会破坏后代的环境，但他们对环境质量的投资同时又会改善留给后代的生态环境，通过资本积累和环境质量之间的不断相互作用获得最大的总社会福利，从而保证流域可持续发展。

3. 解决利益相关者之间冲突

在流域水资源管理系统中，流域主管部门作为领导者，需要对有限的、不同形式的水资源进行科学合理分配；同一流域内各分区的管理者作为追随者对领导者的决策做出反应，自然寻求以最大经济效益为目标，将自身所拥有的水资源分配到各个用水部门，这种决策情境符合 Stackelberg 博弈的“领导者—追随者”框架。在流域代际公平综合治理模式中，上层流域管理局在考虑环境污染跨期迭代的基础上，综合时间和空间两个维度对用水代际、代内公平进行权衡，促进区域可持续发展。将水资源分配到各个子区域后，子区域管理者主要追求最大的社会经济效益效率，将水分配到生活、工业和农业三个用水部门。整个研究过程既反应对区域水管理局和子区域水资源管理者之间的决策冲突的权衡，又平衡了水资源经济增长与流域环境质量，还考虑了今世后代的用水公平。

二　理论创新

针对越来越复杂的水资源利用形势，在水资源过度开发利用阶段，当代人对水资源利用的同时要让后一代人正常利用水资源的权利不被破坏，以代际间的资源分配公平性原则来衡量水资源是否得到可持续开发和高效配置。

1. 研究代际公平理论，提供流域持续发展新途径

随着城镇化、工业化和农业现代化进程的加快，用水类型不断增多，水资源利用形势越来越复杂，加上退水增多，退水水质混杂，污水处理技术也还有待改进，水环境污染大大减少了可用的优质水资源。研究以经典代际公平理论为基础，利用经济学可持续标准对今世后代公平取水进行定量判断，同时探索水污染的代际转移问题，为流域可持续开发提供了新途径。

2. 立足流域突出问题，探讨流域综合治理新模式

流域经济发展与环境承载力间的不平衡，严重影响了流域水生态安

全。流域代际公平综合配置模式研究，在协调代际—代内用水需求、平衡经济增长和流域环境的基础上，对流域管理局和子区域管理者之间的利益冲突进行分析，形成流域治理的新方法体系，最终构建出流域水资源代际公平综合治理的新模式。

三 应用价值

专著贯彻国家“生态优先，绿色发展”主题，在经典代际公平视域下，以具体流域为研究对象，系统研究流域综合治理模式。

1. 为生态环境工作推进设计有效路径

面对日趋强化的资源环境约束，党的十八大要求“必须把生态文明建设摆在更加突出位置，为子孙后代留下更多生态财富”。本书研究经济学的代际公平理论内涵，综合考虑代内—代际公平，协调了生态环境保护和经济发展，解决了利益相关者之间冲突，为构建流域生态环境治理体系提供了有效路径。

2. 为四川小流域综合治理提供实践模板

四川，长江流域水资源保护和生态环境保护的核心区域，是长江中下游生态屏障的第一门户。积极探索流域综合治理问题，对长江中下游发挥着基础性和关键性作用，对保障整个长江流域的生态安全具有重大战略意义。本书以四川省岷江流域、沱江流域为具体案例，构建流域代际公平综合治理框架，为四川推进小流域综合治理提供实践模板。

四 内容结构

流域水资源代际公平配置模式由 6 章内容构成。第一章与第二章为基础理论知识体系，分析水资源可持续管理的一般途径以及面临的挑战，论述代际公平理论对分配利用自然资源的合理和重要性，探索水资源代际公平管理新模式的可行性。第三章至第六章内容属同一系统层级，为实践工程体系，运用水资源代际公平管理理论，以四川岷江流域和沱江流域为研究案例，提出了针对性的解决方法，最后总结出水资源综合配置的代际公平模式管理方案。

1. 基础理论部分

运用 CiteSpace 可视化分析的文献计量方法，挖掘核心文献关键词，对流域水资源合理配置问题和代际公平理论的研究现状进行剖析，清晰地展示研究热点与集中趋势，提炼出整个研究侧重点。再对代际公平理论的基础知识进行回顾，并说明了代际公平理论应用在水资源综合配置管理新模式研究中的合理性和重要性。

2. 水资源最优利用的代际公平路径问题

在水资源利用度过开发利用阶段，对一定时期内全社会消耗的水资源总量与后代能获取的水资源量相比的合理性提出了质疑，如何保证代际间的水资源分配公平，找到水资源最优利用路径值得深入研究。在这一规划问题中，以水资源生产函数的离散逻辑规范考虑在水资源存储消耗动态经济框架中，利用 mixed Bentham-Rawls 可持续准则，允许贴现效用之和跟最少资源年代的效用水平在一定程度的跨期权衡，在一段时期内最大化社会总福利函数，找到了水资源最优利用路径，保证了当代人与后代人取水公平。

3. 水资源利用代际公平配置一般模式

就时间维度而言，可持续配置水要考虑当代和后代的用水需求，但是现有研究大多只从代内视角看待水资源配置问题，如何应对今世后代的取水竞争仍然是实施可持续水资源配置方法的重大障碍。因此，为了解决当前和未来几代人之间的水资源利用竞争和冲突，提出了一个水资源代际配置基础模型。该模型利用 Gini 系数和 mixed Bentham-Rawls 准则将代内公平和代际公平结合起来，以便从时间和空间两个维度对配水社会公平进行权衡，以实现可持续的水资源分配。此外，为了保证评价的科学性和准确性，采用模糊随机变量来描述可用水量、输水损失率等具有不确定性的水资源参数，为流域管理局向每个用水区域分水提供了一个合理的跨期方案。

4. 虑水污染积累的代际配置模式

在传统水污染模型中是没有考虑过代际问题的。在流域污染问题日趋严重的背景下，由于流域吸收污染的能力以及相关污水处理技术的能力有限，一些水质污染往往会在流域中集聚下来，长期以来会减少可用水资源，造成两代人之间获取优质水资源的不平等。该模式分析几代人从消费和污染中同时获得效用，采用世代交叠模式阐述水资源经济增长与环境质量之间潜在冲突，将同时考虑水消耗和水污染的二元效用函数整合在 mixed Bentham-Rawls 准则中，实现整体福利函数最大化，在当代人与后代之间公平取水下还考虑了水污染的代际问题，为流域管理局提供了一个综合水质水量、更全面的分水方案。

5. 水资源代际公平配置综合模式

该模式主要通过建立一个双层模型以缓解流域管理局分水同时确保时间和空间两个维度的社会公平与子区域管理者追求社会经济效益效率目标间的冲突。上层决策者通过时间和空间两个维度对用水社会公平进行权衡，促进了区域用水可持续发展。模型下层决策者将获得的水资源分配到生活、工业和农业三个用水部门，以谋求最大的社会经济效益效率，并把结果反馈给上层决策者，影响后续决策。代际公平下水资源综合管理模式不仅保证水资源配置代内和代际公平，同时还平衡了经济增长与环境质量，还能解决区域水管理局与子区域两层决策者间的冲突。

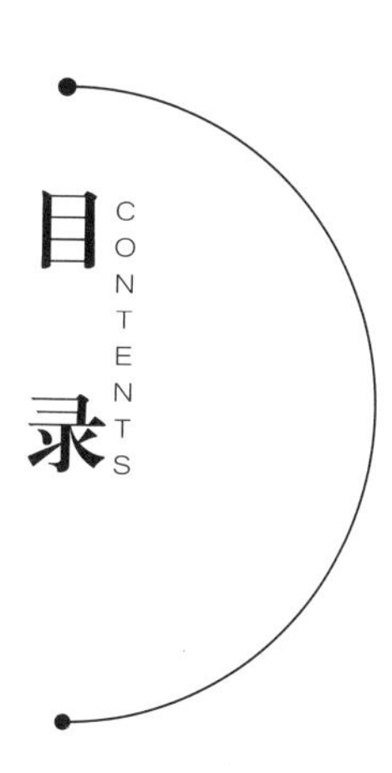

第一章　水资源的可持续管理与代际公平 ······ 1

一　水资源系统可持续规划 ······ 2

二　代际公平理论 ······ 8

三　水资源代际公平管理模式探索 ······ 15

第二章　代际公平量化分析框架 ······ 39

一　代际贴现率 ······ 39

二　代际公平的长期问题 ······ 41

第三章　水资源最优利用的代际公平路径 ······ 54

一　问题抽象 ······ 55

二　方法框架 ······ 62

三　岷江上游水资源最优利用方案 ······ 68

四　本章小结 ······ 81

第四章　水资源代际公平配置一般模式及应用 …… 83
一　问题概述 …… 84
二　方法结构 …… 90
三　岷江上游水资源代际配置应用 …… 98
四　本章小结 …… 117

第五章　水污染积累的代际公平配置模式及应用 …… 119
一　问题分析 …… 120
二　方法流程 …… 126
三　沱江流域水资源代际配置应用 …… 133
四　本章小结 …… 157

第六章　水资源代际公平配置综合模式及应用 …… 160
一　问题描述 …… 161
二　建模方法 …… 166
三　沱江流域水资源综合配置应用 …… 180
四　本章小结 …… 213

参考文献 …… 215

第一章　水资源的可持续管理与代际公平

水，是一切生命生存的基础，是可持续发展的根本，是生态文明的保障。随着经济的发展和人口的增加，用水量迅速增长，水资源短缺和用水的竞争性问题突出，水环境恶化日益凸显，全球性的水危机不断涌现，水资源可持续利用难以实现，水资源合理配置遭遇了极大的挑战。水资源合理规划是一个与社会、经济、生态和环境都相互依存、相互制约、极其复杂的系统工程。在空间上，不仅要研究水量上的合理分配，还要研究水质的保护，注重废水处理和循环利用；不仅要研究供水策略，也要研究水资源的利用效率，注重供需平衡；不仅要研究社会福利和人类生存对水资源的需要，也要研究水资源对生态环境的支撑，注重经济、环境平衡。在时间上，不仅要研究如何满足当前对水资源的需要，也要研究如何形成水资源开发利用的良性循环，满足未来社会对水资源的需求和用水的权利。目前，中国水资源分配机制仍不能实现多样性分配管理体制，不能协调近期与远期之间公平用水，也不能很好满足水资源有效、公平以及可持续的配置原则，还不符合社会主义市场经济的运行规律。因此，从代际公平视角出发，兼顾水资源开发利用的当前与长远利益，兼顾不同子地区与各用水部门的利益，以及兼顾经济发展与流域环境的水资源综合配置管理模式，亟待研究。

一　水资源系统可持续规划

水资源系统可持续规划，应以开发资源、增长经济、保护环境和发展社会的协调性为准绳，以可持续发展为目的，促进全社会的不断进步和发展。

（一）水资源可持续管理概述

水资源可持续利用是指，既能满足当代经济、社会发展需求，又能保障子孙后代发展经济、社会需求的水资源利用。水资源虽是可再生资源，但时空分布不均匀，变化具有不确定性，又容易受到污染。利用水资源必须遵循科学的可持续原则，否则既不利于当代，也会危及子孙后代。

水资源可持续利用为保证人类社会、经济和生存环境可持续发展，对水资源实行永续利用的原则。可持续发展的观点是20世纪80年代在寻求解决环境与发展矛盾的出路中提出的，并在可再生的自然资源领域相应提出了可持续利用的问题。其基本思路是在自然资源的开发中，注意因开发所致的不利于环境的副作用和预期取得的社会效益相平衡。在水资源的开发与利用中，为保持这种平衡就应遵守供饮用的水源和土地的生产力得到保护的原则，保护生物多样性不受干扰或生态系统平衡发展的原则，对可更新的淡水资源不可过量开发使用和污染的原则。因此，在水资源的开发利用活动中，绝对不能损害地球上的生命保障系统和生态系统，必须保证为社会和经济可持续发展合理供应所需的水资源，满足各行各业用水要求并持续供水。此外，水在自然界循环过程中会受到干扰，应注意研究对策，使这种干扰不致影响水资源的可持续利用。实现水资源可持续利用的机理包括以下几点。

1. 水的循环规律是水资源得以循环利用的保证

水资源优越于大多数其他自然资源在于其可通过太阳能的作用使陆地上的水源不断得到更新和补充，从而使维持一切生命活动的水源不断更新。但是随着人类社会的不断前进和人口的增长，人类对水资源开发利用和治理的广度越来越大、深度越来越深，对水的需要不断增加，而自然界所能提供的可以得到更新和补充的新鲜水量却是有限的，因而在一些地区出现了水资源的供需失衡；有些地区因过度开发和污染破坏了当地的水源，直接威胁人类生存的环境，因而人们要求保持水资源的持续利用并改善人类的生存环境，从而引出水资源承载能力的概念，相应而言，各个地区均需拥有水资源承载力所能承载的水量，该水量必须能在水循环的条件下得以维持。

2. 水量守恒原理是水资源得以持续利用的客观现实

水量守恒原理，就是指一定量的水在其循环运动过程中，可以变换形态和存在空间，但其数量不变。具体来说，在循环中，能够在一年或多年之间可以得到恢复的水量，该部分水量可以由人类控制、调节并能按需供应，并以它作为分析水供需关系的依据。

（二）水资源规划的目标和过程

目标是水资源规划过程的基础，水资源规划的目标需要在进一步查清区域水资源以及其开发利用现状、分析和评价水资源承载力的基础上，为实现经济、社会及环境的可持续发展，提出的水资源合理开发、配置和综合治理的总体布局和实施方案。

1. 设定目标的目的

制订水资源计划是为了实现某些目标，无论这些目标是否明确说明。

有时未列明的目标不是计划本身，而是隐含在一个计划的原因，例如政府决定建造一个灌溉大坝或水电大坝，通过委托进行该项计划，目标是确定最优容量或如何最佳操作大坝，以实现经济最大化和其他福利。在其他情况下，计划中的目标陈述是模糊的和笼统的，因此潜在地产生了错误的期望，因为涉众对它们的理解超过了实际交付。

本书认为，如果在早期阶段明确阐明目标，规划过程就会更有效。明确理解和说明这些目标，为制定管理办法和比较它们对所有目标的贡献或影响程度提供了透明的基础。例如，为了灌溉农业的目标而取水，可能阻碍与水质和生态系统条件有关的其他目标的实现。如果比较选项的标准是基于目标的实现水平，就须确保它们都得到了适当的考虑。

花时间来确定和考虑利益相关者的目标，也可以集中精力在共同基础上早日达成一致，其中的目标不存在竞争，并且有机会同时实现多个目标。例如，防止盐水侵入地下水系统可以提供经济和环境效益。它还可以帮助参与者了解正在寻求的全面利益。这可以在整个过程中不断提及，以帮助各方获得观点并继续前进。

如果对选项的评估是基于它们影响目标的程度来进行的，那么一旦作出了决策，这些评估就为所有涉众提供了对目标被实现的程度的理解。这提高了决策的透明度，并使利益攸关方能够根据对未来从供水系统获得利益的现实期望做出社会和经济选择。

明确表达的目标、产出和相关的绩效指标也构成了一个有意义的监测和评估方案的基础，使计划的成功可以随着时间的推移进行衡量和评估。目标和产出的实现成为衡量成功或失败的尺度。

2. 确定目标的过程

综合水资源管理的国际目标如下。第一，经济效率——尽量利用稀缺的水资源，并有策略地将水资源分配给不同的经济部门和用途。第二，社会公平——确保妇女和男子、富人和穷人、国家内和国家间不同社会和经济群体平等地获得水和利用水带来的利益。第三，环境可持续性——保护水资源基础和相关的水生生态系统，更广泛地帮助解决全球环境问题。

这些目标反映了在评估影响或项目时常用的“三重底线”方法。它们为确保各项目标，全面地提供了良好的基础。一个典型的水资源计划的目标是在所有这三个领域取得成果。如果在某一领域没有明确的目标，可能是正在考虑这些目标，但没有明确表示出来。例如，可以制订一项计划，其明确目标是供应灌溉用水。然而，在制订计划时，也可以考虑对河岸家庭用水用户和河流生态系统的影响。这些隐含的目标应该事先明确说明和讨论。

情境目标在本质上通常是广泛和通用的。虽然可以简单地直接粘贴到水资源的计划，我们认为实现前面所述的用途在水资源计划，目标是很重要的，对于目标的量身定做更集中和局部相关，例如通过引用特定的本地环境资产，城镇、灌区、社区等。

确定水系统效益和受益者的利益相关者，分析将以与当地有关的方式指出水资源计划的潜在目标。潜在的目标仅仅是维护或实现这些利益。在利益相关者分析中，应用生态系统服务方法可以确保所有潜在的经济、社会和环境效益，从而确定目标。此外，评估已确定的利益对水的需求，以及这些水需求的现状和风险，可表明水资源计划可能在多大程度上有助于实现这些目标。

有了这些信息，就可以根据以下标准确定、分类和排序潜在的目标。第一，反映广泛的上下文要求的目标，包括任何必要的主题和最低条件。第二，与目标相关的潜在利益的程度，或目标无法实现时的风险。第三，关联目标，即一个目标的实现有助于另一个目标。第四，计划范围外的因素影响目标实现的程度，以及随之产生的风险。第五，反映继续现行水管理安排所带来的最大风险或利益的目标。第六，水资源计划有助于实现目标的程度。

为了在规划过程中具有价值，目标应包括计划可能影响到的所有重大利益，但同时应集中于计划最有可能产生重大影响的利益。根据上述标准对目标进行排序，可以更清楚地了解计划应该关注哪些方面。可以作出决定，放弃一些级别较低的潜在目标，以便更明确地关注能够获得最大收益的目标。[①]

（三）水资源可持续管理挑战

水资源作为一种有限的自然资源，当今世界面临着水资源危机的共同挑战。[②] 据估算，到 2025 年，全球 2/3 的人口将面临水资源短缺。[③] 如果这一危机不能得到有效地解决，水资源短缺与水环境恶化不仅会使可持续发展的前景成为泡影，还可能威胁到人类的生存。[④] 目前，全世界仍有约 10 亿人无法获得安全饮用水，预计到 2025 年，生活在水资源绝对稀缺地区和国家的人口数量将达到 18 亿，在一些干旱和半干旱地区，水资源短缺将使 2400 万到 7 亿人背井离乡。

21 世纪，随着人类活动强度的不断增大，水资源环境正发生着深刻

① C. J. Vörösmarty, P. B. Mcintyre, M. O. Gessner, et al., "Global Threats to Human Water Security and River Biodiversity", *Nature*, 2010, 467: 555 - 561; D. Viviroli, D. R. Archer, W. Buytaert, "Climate Change and Mountain Water Resources: Overview and Recommendations for Research, Management and Policy", *Hydrology and Earth System Sciences*, 2011, 15: 471 - 504.

② C. J. Vörösmarty, A. Y. Hoekstra, S. E. Bunn, et al., "Fresh Water Goes Global", *Science*, 2015, 349 (6247): 478 - 479.

③ C. J. Vörösmarty, P. Green, J. Salisbury, et al., "Global Water Resources: Vulnerability from Climate Change and Population Growth", *Science*, 2000, 289 (5477): 284 - 288.

④ Pamela A. Green, Charles J. Vörösmarty, Ian Harrison, et al., "Freshwater Ecosystem Services Supporting Humans: Pivoting from Water Crisis to Water Solutions", *Global Environmental Change*, 2015, 34: 108 - 118.

的改变，其中既包括陆上系统的自然变化和气候变异，也包括陆面系统的土地利用。在中国，变化环境对水资源造成的影响更加显著。第一，水资源供需矛盾更加尖锐。中国人均水资源量仅为2300立方米，仅仅世界平均水平的1/4，是全球人均水资源最贫乏的国家之一。[①] 预计到2030年，中国人口接近16亿的高峰时，预计的用水量已接近合理利用水量的上限。第二，近年来工业废水和城镇生活污水的排放，使主要水系的水体受到破坏，水资源污染严重，引发了一系列生态与环境问题，严重危害到国民健康、国家安全和可持续发展。[②] 第三，水资源安全问题突显，水资源突发事件造成影响扩大化，干旱洪涝等极端过程发生频率增大。2011年，中央一号文件正式提出在全国推进实施以“三条红线”和“四项制度”为主要控制目标的最严格的水资源管理制度。2015年国务院出台了《水污染防治行动计划》，到2030年，力争全国水环境质量总体改善，水生态系统功能初步恢复。到21世纪中叶，生态环境质量得到全面改善，生态系统实现良性循环。2016年10月通过的《关于全面推行河长制的意见》指出，河湖保护管理是一项复杂的系统工程，涉及上下游、左右岸、不同行政区域和各种行业，“河长制”的目的是贯彻新的发展理念。党的十九大报告指出，建设生态文明是中华民族永续发展的千年大计，必须树立和践行绿水青山就是金山银山的理念。党的十九大报告对生态环境的高度重视，表明中国流域水资源综合管理将迎来新的战略机遇。

对于水的需求主要来自四个部门，即农业、能源生产、工业和人类

---

① Peng Gong, Y. U. Chaoqing, “China: Invest Wisely in Sustainable Water Use”, *Science*, 2011, 331 (6022): 1264–1265; J. Barnett, S. Rogers, M. Webber, et al., “Transfer Project Cannot Meet China's Water Needs”, *Nature*, 2015, 527 (7578): 295.

② H. Yang, R. J. Flower, J. R. Thompson, “Sustaining China's Water Resources”, *Science*, 2013, 339 (6116): 141.

消费。据估算，到2050年，全球的粮食需求将增加70%，农业用水量也将因此而增加19%。在通往可持续发展的道路上，国际社会将遭遇一系列挑战，包括人口增长，加速发展的城市化和工业化，确保燃料、粮食和能源安全，对新的消费模式作出回应，保护受威胁的生态系统以及消除贫困，等等，而所有这些挑战都与水资源有关。在解决上述与可持续发展密切相关的问题时，水资源不是推动因素，就是制约因素。著名水科学专家Rick Connor在《世界水资源开发报告》中提到，"我们将需要更多的水以满足不断增长的人口的需求，快速扩张的城市需要更多的水资源和卫生设施供应服务，我们需要更多的水来生产更多的食物，来支撑工业发展和经济增长，但是我们只拥有数量有限的水资源，因此，问题并不在于增加水供应以满足不断增长的需求，而是更好地管理现有资源，确保这些资源得到有效利用，满足当代不同用户以及子孙后代的共同需求"①。在此背景下，国内水资源代内供需矛盾以及今世后代用水矛盾进一步尖锐，如何高效管理水资源满足今世后代的需求、实现可持续发展是水学科亟待解决的问题。

二 代际公平理论

在人类社会发展中，社会经济的日益增长与人类视野的不断扩展、道德关怀的纵横延伸和生态环境的持续恶化等之间的矛盾日益凸显。自然资源的过度开采消耗、生态系统的严重透支和物种的逐渐灭绝，不但威胁着当代整个人类的生存与发展，而且威胁着人类子孙后代的延续。因此，可持续发展已经成为全球各国发展的核心战略。可持续发展的权威定义是世界环境与发展委员会所提出的，即"可持续发展是既满足当

① The World Water Developmed Report 2015.

代人的需要，又不对后代人满足其需要的能力构成危害的发展”①。可持续发展的定义第一次鲜明地把当代人与未来人的关系问题摆在世界面前，在这种条件下，代际公平理论被提出来，力图解决人类面临的生态环境相关威胁，代际关系问题也成为理论和实践共同关注的话题。代际公平理念以整个人类社会的长期发展为切入点，把子孙后代的权利和利益作为一个整体加以保护，既注重当代环境伦理观对世代环境利益的要求，又必须考虑到当代人类社会的本位主义，是一种将当代人类社会的权利、利益与跨世代人类社会的权利、利益相结合、统筹考虑的新思维。资源可持续利用蕴含了某些能使人类社会延续与发展的伦理价值，它反映了各代人都有权利充分利用各种已有资源来造福社会的代际公平观念，而水资源可持续利用是指在长期内都能保持水资源再生能力，是一种各世代都能获得满意的水生生态环境质量的资源利用方式。因此，将代际公平理论与水资源可持续管理相结合，极具指导意义，并且为流域水资源合理配置以及生态环境管理指明了努力的方向。

（一）理论依据

“代际公平”是基于“社会选择”和“分配公平”这两个基本概念提出的，代际公平的本质问题就是当前决策如何在后代人之间进行公平分配的问题，实现代际公平就是当某个决策涉及多代人利益时，应由这多代人中的大多数作出最后的抉择。② 诺贝尔经济学奖获得者 Solow 指出，我们对下一代公平地尽到我们的责任，留给他们可继承的财富不少

① WCED, *Our Common Future*, Oxford University Press, 1987, 11 (1): 53 - 78.

② Talbot Page, “Discounting and Intergenerational Equity”, *Futures*, 1977, 9 (5): 377 - 382.

于我们所继承的[1]，这也蕴含了代际公平的理念。美国著名国际法学者Weiss依托对自然资源利益上的代际分配问题，提出了“行星托管”理念[2]，之后又系统地阐释了代际公平概念的含义，发展代际公平理论，提出代际公平三原则，指出代际享有资源、环境、机会三方面的公平性，旨在保护和传递我们共同的全球遗产给子孙后代。[3]

代际公平理论旨在解决代际公平理念存在的合理性问题，学术界存在诸多有关代际公平的理论，其中最具影响力的是公共信托理论和正义论。

1. 公共信托理论

公共信托理论的根源是罗马法和英国普通法。《罗马法》认为，河流、海洋和空气的财产权应被保留下来，以供公众用于航海、捕鱼或其他目的。换句话说，不同于其他类型的公共财产，这些财产永远不能被授予或出售为私人所有。[4] 后来，英国普通法延续了罗马法的做法，强调政府拥有海洋及其底土和沙滩，享有航海、商业和捕鱼等公共利益上的信托。随着英国在北美建立殖民地，其普通法和公共信托理论亦在美国法律中得到延续。美国学者Joseph L. Sax于20世纪70年代早期对公共信托理论的潜在影响作出了详尽论述，并提出了环境自然资源保护的公共信托理论，他认为公共信托理论具有以下三个基本原则。[5] 第一，阳

---

① R. M. Solow，“On the Intergenerational Allocation of Natural Resources”，*Scandinavian Journal of Economics*，1986，88（1）：141－149.

② E. B. Weiss，“The Planetary Trust：Conservation and Intergenerational Equity”，*Ecology Law Quarterly*，1983，11（4）.

③ E. B. Weiss，“In Fairness to Future Generations”，*Environment Science & Policy for Sustainable Development*，1990，32（3）：6－31.

④ Louis L. Jaffe，Joseph L. Sax，“Defending the Environment：A Strategy for Citizen Action”，*Harvard Law Review*，1971，84（6）：1562.

⑤ Joseph L. Sax，“The Public Trust Doctrine in Natural Resource Law：Effective Judicial Intervention”，*Michigan Law Review*，1970，68（3）：471－566.

光、空气、水、野生动植物等自然环境要素是全体公民共同拥有的财产；第二，大自然给予人类的资源不受个人的经济政治地位的影响，任何公民都享有平等、自由地利用资源的权利；第三，国家政府不能为了其本身的发展利益，把应该广泛、一般使用的公共自然财产任意做限制或改变其分配形式。这几项基本原则说明，某些资源是公共资源，不属于传统自由意识下的私人所有制财产。公共信托理论具有广泛和实质性的内容，它包含一定的公众法律权利概念，必须对政府强制执行，必须能够作出符合当代对环境质量关注的解释。因此，公共信托理论是寻求对资源管理问题制定全面法律方法的专家们普遍适用的工具。

依据公共信托理论，地球自然资源是人类的共有财产，人类所有世代的成员共同掌管大家赖以生存的自然资源。当代人受后代人所托，有责任去保管好地球资源，他们有权利从这些自然资源中受益，但是却不能随心所欲超出合理限度使用、占用甚至破坏这些宝贵的信托财产——地球自然资源。

2. 正义论

正义的基本思想是公平。[①] John Rawls 指出，必须考虑两代人之间的正义问题，如果不讨论这个重要问题，将正义解释为公平是不完备的。遵循公正储蓄原则，每一代都对后来者作出贡献，并从先辈那里继承，而后代没有办法帮助最不幸的上一代人。不同年代的人对彼此都有责任和义务，就像同时代的人一样。当代人不能为所欲为，而应受在不同时刻定义人与人之间基于正义的最初立场所选择的原则和约束。[②] 代际正义要遵循两条原则。一是“在最广泛的基本自由平等制度中，每个人都

---

① John Rawls, “Justice as Fairness”, *Philosophical Review*, 1958, (2): 164 - 194; John Rawls, “The Sense of Justice”, *Philosophical Review*, 1963, 72 (3): 281 - 305.

② John Rawls, *Theory of Justice*, Belknap Press of Harvard University Press, 1999, 35 - 74.

享有平等的权利，与他人的类似的自由制度相适应”；二是“在社会和经济不平等时，要通过合理安排使处境最不利的人获得最大的预期利益，并且在机会公平平等的条件下，可以担任向所有公民开放的所有职务”①。所以，代际正义不同于一般的个人层面的正义关系，而是一种社会层面的正义关系。

由于各个世代的出现必须遵循时间上的先后顺序，并且这个先后顺序是不可能逆转的，如果当代人的行为已经对后代人造成了一种压迫性的现象，那么这些现象会影响后代人生存发展和平等享有人类资源。但是对于后代人来说，他们存在的时间是不能由自己决定的，那么这就需要一种正义的制度对这种纯自然事实造成的不平等进行权衡和纠正，这时候就体现出了社会正义问题。John Rawls 认为，这种纯粹的时间偏好是不正义的，它意味着当代人利用他们在时间上的位置优势，可能以牺牲后代人的权利来谋取他们自身的利益，因此，纯粹的时间偏好不能成为处于不同时间段的各代人对地球自然资源分配不公平的理由。

（二） 遵循原则

代际公平原则要求当代人制定出的决策必须对之后无穷代人都是公平的，但是历史实践证明，这样的决策是不存在的，即使有也是无法实现的。所以在实际中，一个遵循代际公平原则的决策指的是能够满足大多数代人要求的政策选择。由于人类社会赖以生存的自然资源数量和环境容量是有限的，因此当代人不能够为了自己的发展和需求而损害后代人所需要的自然资源和环境，应该给予子孙后代以公平利用自然资源和

① E. B. Weiss，“In Fairness to Future Generations”，*Environment Science & Policy for Sustainable Development*，1990，32（3）：6－31.

保持良好生存发展环境的权利。那么代际公平原则应该符合以下标准。鼓励代际间的平等，既不认可当代人可以排除未来世界去掠夺资源，也不认可为了满足将来不确定的需要而使当代承担不合理的义务；不得要求某世代去预测未来世代的价值观，而应给予未来世代按照自己的价值观去达成自己目标的灵活性；在可预见的情形下，应用足够清楚明确，能够为不同的文化传统、不同的政治经济制度所接受。按照上述的标准，代际公平的原则如下。

1. 选择守恒原则①

未来世代如果有多种选择途径来解决他们所面对的问题，他们就更有可能生存下来并达到他们的目的。保护自然资源及文化属性的多样性，就是为了留给未来世代一份健康的遗产可以任由他们去抉择。选择守恒原则的前提是，多样性如同环境质量一样，有助于保证人类自然系统的健全性，这可以从生物多样性有助于生态系统的有效运行、投资多样性有助于经济福利的改进来类比分析。如果生态系统中存在多样的物种，一方面，表明生态系统的基础并未完全被破坏；另一方面，表明即使系统遭受了破坏，也容易恢复并有效运行。如果生态系统中只有单一的物种，那么生态系统就会变得极其脆弱。投资的多样性的作用主要在于分散风险，以免只依赖某一投资所存在的巨大风险，同时也提供了一种有效地增进经济福利的途径。选择守恒通常理解为保护资源基础的多样性，除了通过保护现有资源来实现外，还可以通过发展技术、开发替代产品、提高资源的利用效率等方式来实现。保护选择多样性要求资源基础多样性能够在平衡的基础上得到保护，比如，不应对热带森林进行砍伐而破坏生物多样性，不应发展单一农业而排斥对其他生植物的保护，不应用

① E. B. Weiss, "In Fairness to Future Generations", *Environment Science & Policy for Sustainable Development*, 1990, 32 (3): 6-31.

尽某种不可再生资源，不应漠视主流文化以外的文化资源。

2. 平等守恒原则[①]

平等守恒原则要求当代人将自然资源、环境资源、文化资源的质量保持在我们继承时的水平。最近几代人，将空气、水、土壤、海洋等资源作为他们免费排放废弃物的场所，这样便降低了空气、水、土壤、海洋的环境质量，也降低了这些资源可利用的可能性，这就违背了平等守恒原则。平等守恒原则并不意味着环境应当保持不变，这不符合保护当今世代获得地球遗产收益的原则，质量保持应当与发展同步进行，以保证当今世代和未来世代者可持续地从地球获益。也就是说，应当以利益平衡来判断一个世代是否坚持了平等守恒原则，即当代人可以消耗更多的自然资源储量并形成一定程度的环境污染，但应留给下一代较高的收入、资本及知识水平，足够使他们开发耗竭资源的替代品并减少污染。

3. 访问保护原则[②]

每一代都应向其成员提供平等的权利，使其能够继承上几代人留下的地球遗产，并应为后代保留这种权利。这意味着他们可以为满足或提高自身的福利而利用地球资源，前提是他们应遵守对于未来世代其他成员同样的资源获取权。这些原则是根据平等、最大自由、可预见性和对不同文化的可接受性的标准发展而来的，用来确定具体的代际责任和权利，并适当地迎合了世界环境与发展委员会促进可持续发展的尖锐呼吁。[②]

---

① E. B. Weiss, "In Fairness to Future Generations", *Environment Science & Policy for Sustainable Development*, 1990, 32 (3): 6 – 31.

② E. B. Weiss, "The Planetary Trust: Conservation and Intergenerational Equity", *Ecology Law Quarterly*, 1984, 19 (3): 284 – 286.

三　水资源代际公平管理模式探索

水是自然资源，又是经济资源，更是战略资源，是可以不断循环和更新的，但也是可以耗竭的、人类共享的资源。Weiss 就曾提出，将代际公平理论应用于森林、水和土壤等可再生资源，寻求世代之间可持续利用的目标。[①] 因此，代际公平，作为可持续发展的国际承诺，于水资源合理配置，既存挑战，也有机遇。一方面，在水量有限的情况下，如何量化水资源利用是否实现代际公平，保证一定时期内全社会消耗的水资源总量与后代能获得的水资源量相比的合理，解决今世后代的用水冲突，这是传统水资源配置策略难以突破的一个核心问题。另外，随着水环境恶化，流域吸收污染能力降低，一些未被处理的水质污染往往会逐渐集聚，转移到未来，大大降低后代人的可用水资源量，可能剥夺后代人一部分福利，造成两代人之间的不平等，所以水污染的代际问题也是需要在水资源合理配置中积极探索的。另一方面，水资源在代际间的公平分配，要求当代人在开发利用水资源时，要保持水资源循环的整体性和再生能力，而不是任意掠夺开采和利用，甚至破坏，使后代人具有平等用水的机会。这是水资源在过度利用开发阶段必须要遵循的配置原则，同时也为实现水资源可持续发展提供了有利条件。

在水安全问题日益激化的情况下，遵循“资源共享、代际公平”的原则，从流域内和流域间（包括跨流域的调水工程）对有限的水资源进行合理的配置，协调近期与远期之间、当代与后代之间对水资源的需求，研究一定时期内消耗的水资源总量与后代能获得的水资源量相比的合理

---

① E. B. Weiss, “In Fairness to Future Generations”, *Environment Science & Policy for Sustainable Development*, 1990, 32 (3): 6 – 31.

性，是水资源管理亟待解决的问题。

（一）文献可视化分析

从全球视角和国内视角，检索水资源综合利用的代际公平配置模式，研究相关的科学文献，运用 CiteSpace 可视化分析的文献计量方法，挖掘核心文献关键词，剖析社交网络分析的可视化结果以及数据统计结果，清晰地展示研究热点与集中趋势。

1. 全球视角

从 Web of Science 数据库中搜索“水资源综合利用的代际公平配置模式研究”的关键词完成检索。关键词是期刊或文献数据库中重要的索引词，反映了文章的核心和本质，是整个研究主题重点描述的高度概括。[①] 首先简要介绍用于关键词热点趋势分析的相关技术和软件，DAS 是根据 Web of Science 和 CiteSpace 软件开发出来解释关键词趋势，以指导水资源合理配置以及代际公平发展轨迹的研究，其过程如图 1.1 所示。再对 Web of Science 中核心合集数据进行了分析，其中包括 SCI - Expanded、SSCI、A&HCI 等引文库，能够快速找到详细信息，并连贯地掌握研究领域发展的方向和趋势。[②]

以 TS = ((“intergenerational equity”)OR(“inter - generational equity”)OR(“inter - generation equity”)OR(“intergenerational justice”)OR(“intergenerational fairness”))OR TS = ((“water resource allocation”)AND((sustainable)OR(sustainablity)))为关键词在 Web of Science 数据库中搜索完

---

① Shu Hsien Liao, “Knowledge Management Technologies and Applications_ Literature Review From 1995 to 2002”, *Expert Systems with Applications*, 2003, 25 (2): 155 - 164.

② M. E. Falagas, E. I. Pitsouni, G. A. Malietzis, et al., “Comparison of Pubmed, Scopus, Web of Science, and Google Scholar: Strengths and Weaknesses”, *Faseb Journal Official Publication of the Federation of American Societies for Experimental Biology*, 2008, 22 (2): 338.

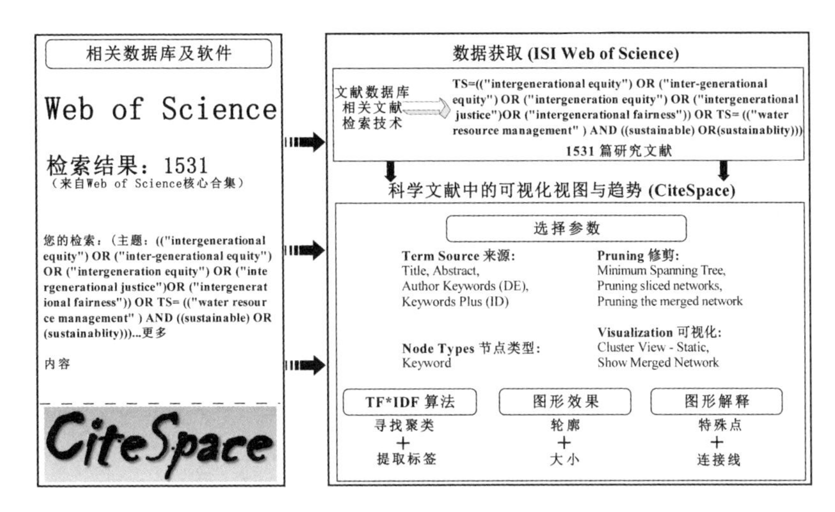

图 1.1　Web of Science 核心集合数据库文献挖掘过程

成检索，并通过选择领域进行过滤，这里通过识别特定类别（研究性文章、综述性文章、会议文章）来确定相关的 1531 篇文献。数据导出后，用 CiteSpace 进行多种功能分析，包括协作地图集（作者、机构和国家）、共现地图集（特征词、关键字、学科类别）和共引地图集（文学、作者和期刊）。CiteSpace 生成的全国合作网络图识别了不同国家进行水资源配置和代际公平理论分布的研究，如图 1.2 所示。

每个节点代表一个不同的国家，这些线表示国家之间的连接。节点半径越大，说明这个国家发表的论文越多。从图 1.2 可以看出，美国、中国、澳大利亚、英国、德国和加拿大的研究占了大多数，这也表明这些国家是水资源管理和代际公平理论的主要研究中心。美国许多学者从全球气候变化和人口增长影响来分析水资源的脆弱性。另外，中国和澳大利亚也是严重缺水的国家，对水资源优化配置提出了许多合理的建议，分析了水资源体系与经济系统以及生态系统的关系，是实现水资源可持续开发利用的基础。此外，从图 1.2 还可以看出，几个主要参与研究的国家之间的合作非常紧密，还有印度、西班牙、法国之间也有很多合作。

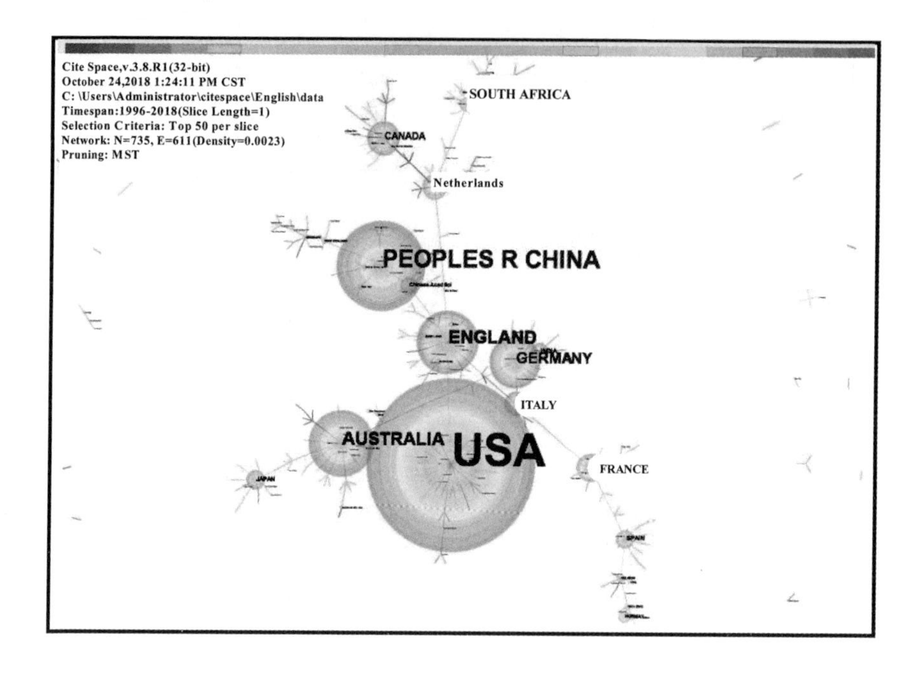

图 1.2　国家合作与联盟

注：这是软件出来的图，越小的圆上面的关键字越小，我们只关注高节点半径较大的这些圆。

用 CiteSpace 生成水资源合理配置和代际公平理论研究的关键词共现图谱，图谱中共有 1002 个关键词节点以及 1810 条关键词间的连线，关键词可视化界面如图 1.3 所示。其中彩色圆形节点代表研究的关键词，圆形大小与关键词出现的频次成正比；各节点之间连线的粗细，则反映该领域各个关键词之间的合作关系及密切程度。

从关键词共现图谱，可以发掘出水资源合理配置和代际公平研究领域全球范围的研究热点。关键词的频次越高代表在相当一段时间内研究者对该问题的关注热度越高，比如图 1.3 中“intergenerational equity”出现的次数最高，为 199，出现初始年份为 1992；其次“sustainability”词频为 140，初始出现年份为 1996；“climate change”词频为 68，初始出现年份也为 1996；“policy”词频为 60，初始出现年份也为 2001；“water re-

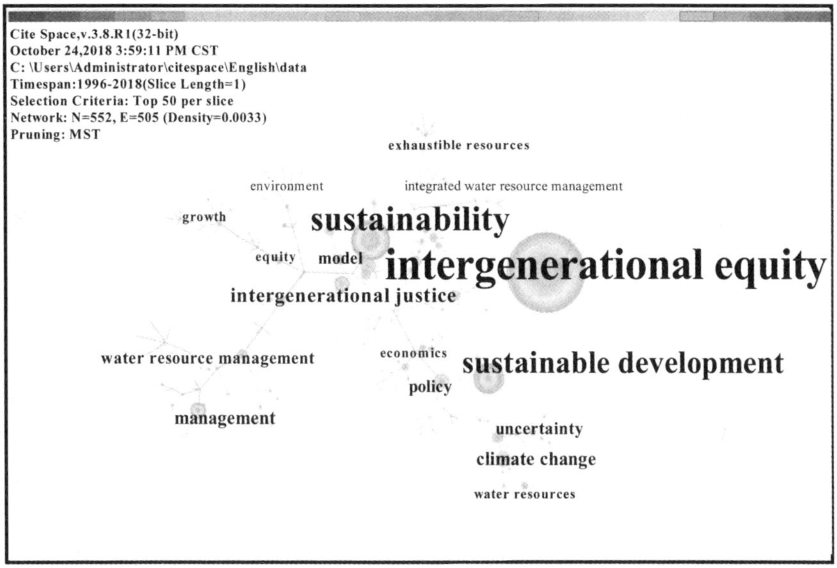

图 1.3　关键词共现知识图谱

source management”词频为 60，初始出现年份也为 2005；“uncertainty”词频为 46，初始出现年份也为 2000；“economics”词频也较高，为 43，年份是 1997；另外“exhaustible resources”“environment”“integrated water resource management”词频分别为 42 、37 和 29，年份是分别是 2003 、1997 和 2004 。其中“intergenerational equity”和“water resource management”是检索主题关键词，因此其频度较高，而“sustainability”“climate change”“exhaustible resources”“policy”“environment”“uncertainty”则是与水资源管理和代际公平共同研究的热点。

通过 CiteSpace 对文献整体进行自动抽取产生聚类标识，最终形成聚类图谱，它可以比较全面、客观地反映该研究领域的前沿热点。[①] 在展

① Chaomei Chen, “Citespace II: Detecting and Visualizing Emerging Trends and Transient Patterns in Scientific Literature”, *Journal of the Association for Information Science and Technology*, 2014, 57 (3): 359 - 377.

现关键词出现频次的图 1.3 基础上，通过 CiteSpace 自动聚类，得到可视化聚类图谱，如图 1.4 所示。图中 Modularity 代表网络模块度，它的值越大，表示网络聚类效果越好，该聚类图谱中 Modularity 值为 0.8486，说明研究文献整体聚类效果较好。Mean Silhouette 用来衡量网络聚类同质性指标，越接近 1，反映该类的同质性越高，这里为 0.764，说明整个聚类体现了较高的同质性。TFIDF 是指聚类标签关键词，强调该研究的主流趋势。① 从图 1.4 中发现，三个重要聚类可以分析水资源管理和代际公平理论的发展过程，每个阶段提取的关键词与水资源管理和代际公平研究发展有着密切关系。

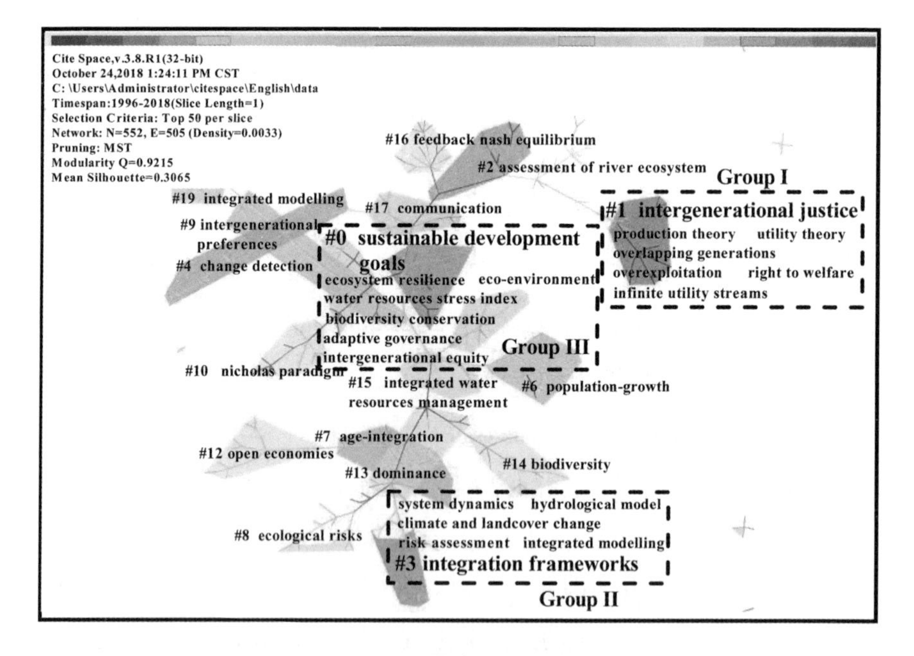

图 1.4 聚类知识图谱

① Chaomei Chen, Fidelia Ibekwe - Sanjuan, Jianhua Hou, "The Structure and Dynamics of Cocitation Clusters: A Multiple - Perspective Cocitation Analysis", *Journal of the American Society for Information Science & Technology*, 2010, 61 (7): 1386 - 1409.

Group Ⅰ：The ID = 1 cluster label was "intergenerational justice", Size = 27, Silhouette = 0.643, Label (TFIDF) = 13.11, and the associated keywords were: production theory, utility theory, overlapping generations, overexploitation, right to welfare, infinite utility streams.

Group Ⅱ：The ID = 3 cluster label was "integration frameworks", Size = 26, Silhouette = 0.598, Label(TFIDF) = 11.8, and the associated keywords were: system dynamics, climate and landcover change, risk assessment, integrated modelling, hydrological model.

Group Ⅲ：The ID = 0, cluster label was "sustainable development goals", Size = 27, Silhouette = 0.623, Label (TFIDF) = 9.15, and the associated keywords were: ecosystem resilience, eco – environment, water resources stress index, biodiversity conservation, adaptive governance, intergenerational equity.

上述自动聚类标签视图是从不同角度展示研究领域的分布情况，而时间区视图和时间线视图更着重于描绘各个研究领域随时间的演变趋势以及相互影响。时间线视图可显示共引网络中节点随时间变化的结构关系以及文献的历史跨度，如图 1.5 所示。时区视图则侧重于从时间维度上表示文献关键词等方面的知识演进，如图 1.6 所示。以时间为横轴，各个节点表示每个时间段中的热点关键词，其连线表示相应关键词在该时间段上的演变过程。另外，通过各时间段之间的联系可以看出各个时间段之间的传承关系。从时间轴与时间区示意图上提取的三个关键类，就可以看出水资源合理配置和代际公平理论从 Group Ⅰ到 Group Ⅱ再到 Group Ⅲ的一个发展趋势。

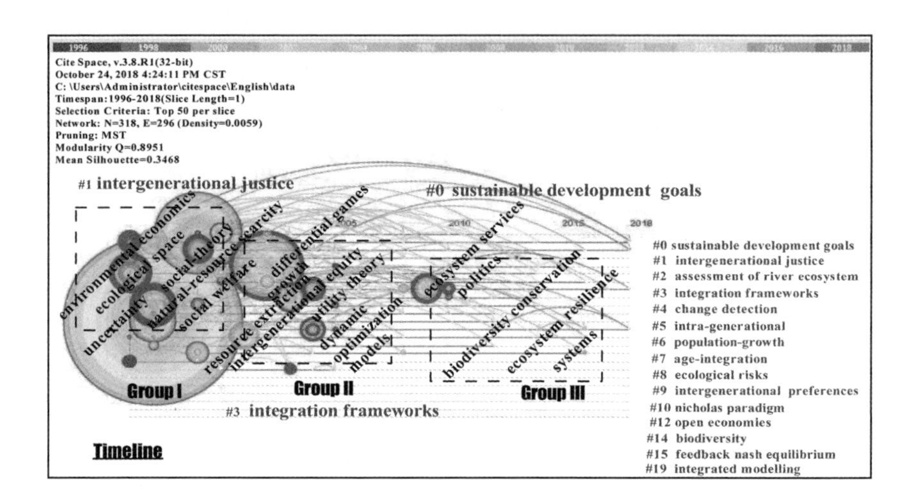

图 1.5　聚类视图（时间轴）

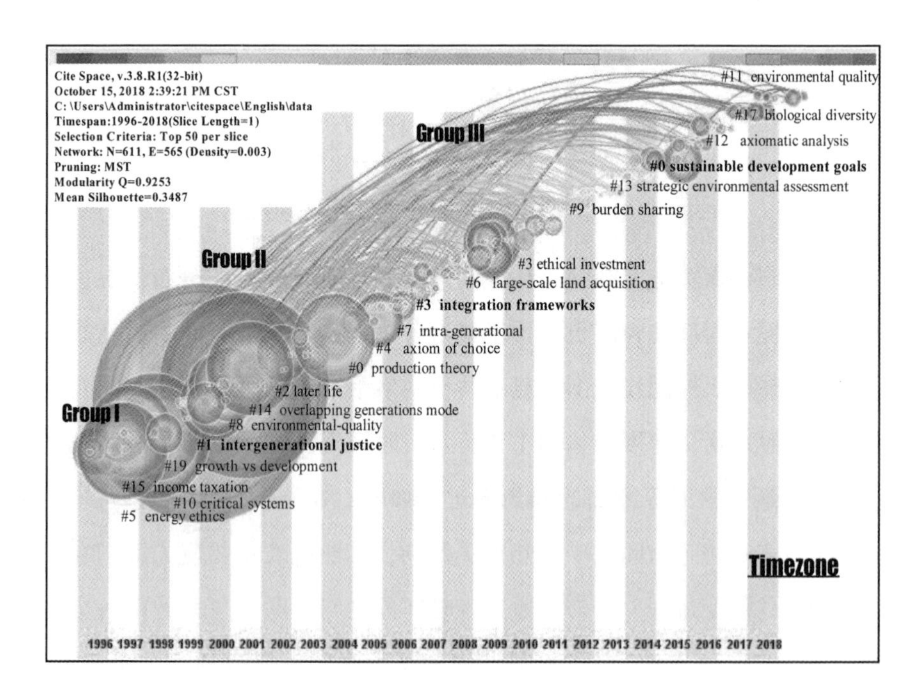

图 1.6　聚类视图（时间区）

由上述文献图谱分析可知，水资源配置问题起源很早，在1933年，美国就建立了世界第一个水域管理机构——田纳西流域管理局，为水资源规划、管理以及水库调度等提供解决方案。约1940年，有研究便谈到水库的调度优化方法[①]，随后美国陆军工程师兵团（USACE）设计了水资源模拟模型以解决美国密苏里河流域6座水库的运行调度问题。[②] 由于全球现有的淡水资源正在迅速枯竭，对可持续水资源开发的研究越来越集中，由于数学优化、规划理论的完善，水资源优化配置已经有比较健全的基础，水资源理论和优化状况得到迅速提升。[③] 例如，把系统动力学的有效性作为一个决策支持工具实现可持续水资源管理[④]；基于nature-society水周期理论开发一种分层水循环健康评价体系以保证水资源最优分配[⑤]；研究基于系统水资源评价的工具和指标，全面评估基于综合资源管理概念的水服务系统的重要性[⑥]；也有研究从

---

① A. Maass, *Design of Water Resource Systems*, Harvard University Press, 1962, 207 -216.

② W. A. Hall, J. A. Dracup, *Water Resources Systems Engineering*, McGraw Hill Series in Water Resources and Environmental Engineering, 1970.

③ Claudia Baldwin, Mark Hamstead, *Integrated Water Resource Planning: Achieving Sustainable Outcomes*, Routledge, 2017; N. L. Van, "Assessing and Planning Future Estuarine Resource Use: A Scenario-Based Regional-Scale Freshwater Allocation Approach", *Science of The Total Environment*, 2019, 657: 1000 - 1013; S. Chen, D. Shao, X. Tan, "Nonstationary Stochastic Simulation-Based Water Allocation Method for Regional Water Management", *Journal of Water Resources Planning and Management*, 2018, 145: 04018102.

④ Yuhuan Sun, Ningning Liu, Jixia Shang, "Sustainable Utilization of Water Resources in China: A System Dynamics Model", *Journal of Cleaner Production*, 2016, 142: 120 -130; Xi Xi, Kim Leng Poh, "Using System Dynamics for Sustainable Water Resources Management in Singapore", *Procedia Computer Science*, 2013, 16 (4): 157 -166.

⑤ Shanghong Zhang, Weiwei Fan, Yujun Yi, et al., "Evaluation Method for Regional Water Cycle Health Based on Nature-Society Water Cycle Theory", *Journal of Hydrology*, 2017, 551: 352 -364.

⑥ Xue Xiaobo, Mary E. Schoen, Ma Xin Cissy, et al., "Critical Insights for a Sustainability Framework to Address Integrated Community Water Services: Technical Metrics and Approaches", *Water Research*, 2015, 77: 155 -169.

大数据的视角提出了帮助改善水供给系统运营效率的措施和方法。[①] 总的来说，这些方法已被证明能够有效地提供可持续的水资源管理。然而，这些研究大多只从代内视角来看待水资源配置，如何应对今世后代的水资源竞争仍然是可持续水资源配置的一个障碍。

代际公平理论隐含在对可持续发展的国际承诺中。代际公平的概念在1977年就被提出，还说明了代际公平问题就是当前决策的后果如何在后代人之间进行公平分配的问题[②]；诺贝尔经济学奖获得者 Solow 也认为，资源利用可持续也就是当前这代人需要公平对待下一代，留给下一代的遗产不少于他们继承的遗产[③]，这同样也隐藏了代际公平的概念。之后，美国著名国际法学者 Weiss 发展了代际公平理论，提出代际公平三原则，指出代际享有资源、环境、机会三方面的公平性。[④] 经济学家们对代际公平理论的发展作出了巨大贡献，比如，有专著分析了贴现与代际公平的关系[⑤]；也有专著研究了代际公平和可持续发展的关系，解决了代际公平的长期问题。[⑥] 还有一些研究为避免常见的折现效用标准的缺点，用可持续性标准来描述代际公平问题。例如，《京都议定书》草拟参与者之一、著名经济学家 Chichilnisky，在1996年提出了“可持续的偏好”的概念，这种偏好对所有世代的福利都很敏感，并且要求两代

① K. Thompson, R. Kadiyala, “Leveraging Big Data to Improve Water System Operations”, *Procedia Engineering*, 2014, 89: 467 – 472.

② Talbot Page, “Discounting and Intergenerational Equity”, *Futures*, 1977, 9 (5): 377 – 382.

③ R. M. Solow, “On the Intergenerational Allocation of Natural Resources”, *Scandinavian Journal of Economics*, 1986, 88 (1): 141 – 149.

④ E. B. Weiss, “In Fairness to Future Generations”, *Environment Science & Policy for Sustainable Development*, 1990, 32 (3): 6 – 31.

⑤ John Rawls, “Justice as Fairness”, *Philosophical Review*, 1958, 2: 164 – 194.

⑥ John Rawls, “The Sense of Justice”, *Philosophical Review*, 1963, 72 (3): 281 – 305.

人之间的平等，既不独裁于“现在”，也不独裁于“未来”。[①]之后，Alvarez-Cuadrado 和 Van Long 进一步完善了这一点，并提出了一个权衡功利主义和 Rawls 主义的“mixed Bentham-Rawls”福利函数标准，这项标准为代际公平的实现提出了量化依据，并且确定了一条资源利用的最优路径。[②]

水资源可持续发展需要考虑当代人和后代人的需要，在做当前这一代的水资源管理的风险判断时要考虑下一代水资源利用可能产生的结果。[③] 因此，“代际公平”在水资源管理决策中是至关重要的因素，一些水资源管理研究包含了对代际公平的有力支持。例如，有研究开发了一个基于代际问题和环境政策遵从性的感知模型，该模型考虑了自然资源的使用和污染，如水资源的分配和重新分配。[④] 有学者举例说明了澳大利亚默里达令盆地当前水资源分配问题中的代际水资源规划问题。[⑤] 还有研究把地下水可持续性作为一种价值驱动的过程，从代内和代际公平角度平衡环境、社会和经济。[⑥] 从这些研究可以看出，虽然目前这一代

---

① Graciela Chichilnisky, “An Axiomatic Approach to Sustainable Development”, *Social Choice & Welfare*, 1996, 13 (2): 231 – 257.

② Francisco Alvarez-Cuadrado, Ngo Van Long, “A Mixed Bentham-Rawls Criterion for Intergenerational Equity: Theory and Implications”, *Journal of Environmental Economics & Management*, 2009, 58 (2): 154 – 168.

③ G. J. Syme, B. E. Nancarrow, “Achieving Sustainability and Fairness in Water Reform”, *Water International*, 2006, 31 (1): 23 – 30.

④ G. J. Syme, B. E. Nancarrow, “Incorporating Community and Multiple Perspectives in The Development of Acceptable Drinking Water Source Protection Policy in Catchments Facing Recreation Demands”, *Journal of Environmental Management*, 2013, 129 (18): 112 – 123.

⑤ G. J. Syme, “Acceptable Risk and Social Values: Struggling With Uncertainty in Australian Water Allocation”, *Stochastic Environmental Research & Risk Assessment*, 2014, 28 (1): 113 – 121.

⑥ T. Gleeson, W. M. Alley, D. M. Allen, et al., “Towards Sustainable Groundwater Use: Setting Longterm Goals, Backcasting, and Managing Adaptively”, *Ground Water*, 2012, 50 (1): 19 – 26; Jiuping Xu, Chunlan Lv, Liming Yao, “Intergenerational Equity Based Optimal Water Allocation for Sustainable Development: A Case Study on The Upper Reaches of Minjiang River, China”, *Journal of Hydrology*, 2019, 568: 835 – 848; Elias Salameh, Arwa Tarawneh, “Assessing the Impacts of Uncontrolled Artesian Flows on The Management of Groundwater Resources in the Jordan Valley”, *Environmental Earth Sciences*, 2017, 76 (7): 291.

人使用的所有水显然对后代的水供应有潜在影响，但到目前为止，水资源管理还没有制订明确的标准来解决今世后代之间的取水竞争问题。随着人口、需求的增加、气候的变化以及流域污染的日趋严重，对水资源综合利用的代际公平配置模式进行研究，确保子孙后代水资源可持续利用非常必要。

2. 国内视角

从 CNKI 知识网络数据库以关键词“代际公平”包含“资源”或者“水资源配置”包含“可持续”检索收集相关数据，共得到 1321 条信息。由于中国知网的论文较全，为得到较为理想、与研究切合度更高的引文数据，对导出的文献信息进行再次筛选，将来源数据库设置为中国学术期刊网络出版总库，删除相关度较低的论文，最后检索得到 733 条相关信息。随后，用 CiteSpace 软件将数据转换为可识别数据，将时间区间设置为 1965—2019 年，时间跨度设置为 1 年。选择关键词进行初步可视化共现分析，以探索水资源综合配置的代际公平模式研究的热点和前沿的演进。

采用图谱修剪算法的 Pruning 裁剪方法，可生成中文关键词共现知识图谱，共有 592 个关键词节点以及 1112 条关键词间的连线，关键词可视化界面如图 1.7 所示。再通过 CiteSpace 自动抽取产生的聚类标识，对文献整体进行自动抽取，最终形成聚类图谱如图 1.8 所示。聚类图谱可以比较全面、客观地反映水资源配置以及代际公平理论的研究热点。图中不同的线条颜色代表不同的年份，系统统计出了几个最大的、最相关的主题聚类。如“协调度”“水资源管理”“代际补偿”“可持续发展”“评价”和“集对分析”。

从上述关键词热点图谱可发现资源代际公平和流域水资源管理研究的热点，词频的次数越大，表明该关键词相关研究的热度较大。图

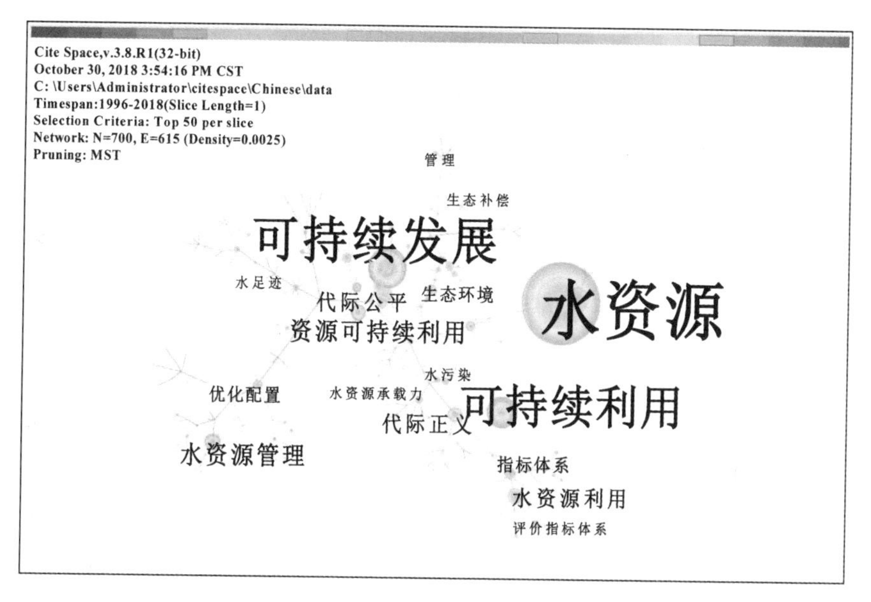

图 1.7　CNKI 收录文献关键词图谱

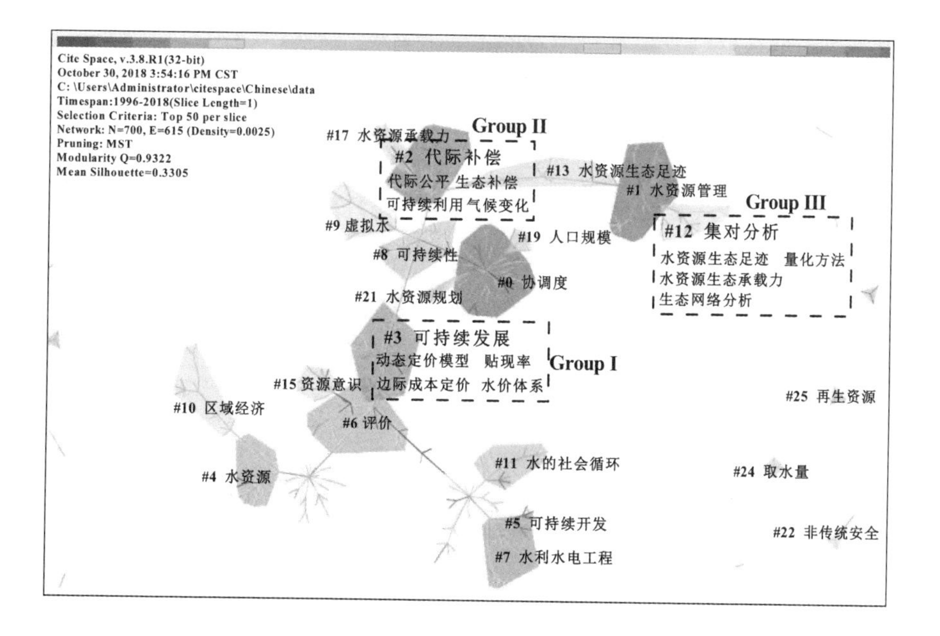

图 1.8　CNKI 收录文献聚类图谱

中“水资源”“可持续发展”“可持续利用”“水资源管理”和“水资源可持续利用”出现的次数很高，分别为284、189、126、49和42，出现初始年份都在1996—1999年；其次“代际正义”“代内公平”“优化配置”“生态环境”“水资源承载力”和“评价指标体系”出现的频次也较高，分别为21、20、18、16、15和14，初始年份都在2000—2009年；另外“生态足迹”词频为7，“水环境保护”词频为6，初始年份都是2011年，“水足迹”和“水污染”词频为8，初始年份是2012年，“水资源生态足迹”和“生态补偿”词频分别是8和6，初始年份是2013年；“水资源生态承载力”词频为5，初始年份是2014年。“模糊综合评价”词频为8，初始年份是2015年。由此，可以看出国内学者逐渐把代际正义与资源生态环境整合研究。初始年份为检索结果中首次出现的年份，是一参照值，并不具有客观定性。通过关键词图谱聚类分析图1.8，可以将目前研究内容主要归纳为以下3个方面，见表1.1。

表1.1　　关键词词频列表（词频≥4）

编号	词频	初始年	关键词	词频	初始年	关键词	词频	初始年	关键词
Ⅰ	284	1996	水资源	189	1997	可持续发展	129	1999	可持续利用
	49	1997	水资源管理	42	1999	资源可持续利用	25	1997	水资源利用
	21	1998	指标体系	10	1999	流域水资源	10	1997	开发利用
	9	1997	管理	9	1999	持续水资源管理	7	1999	水利工程
Ⅱ	21	2000	代际正义	20	2000	代际公平	18	2002	优化配置
	16	1997	生态环境	15	1999	水资源承载力	14	1997	评价指标体系

续表

编号	词频	初始年	关键词	词频	初始年	关键词	词频	初始年	关键词
Ⅲ	7	2011	生态足迹	6	2011	水环境保护	8	2012	水足迹
	8	2012	水污染	8	2013	水资源生态足迹	6	2013	生态补偿
	5	2014	资源生态承载力	8	2015	模糊综合评价	4	2018	综合评价

从表1.1可以看出，“Ⅰ”中“水资源”“可持续发展”“水资源管理”“水资源可持续利用”“指标体系”“可持续水资源管理”等水资源管理要遵循可持续发展等概述词；“Ⅱ”中“代际正义”“代际公平”“优化配置”“生态环境”“水资源承载力”等水资源可持续利用与代际公平和生态环境关系概述词；“Ⅲ”中“生态足迹”“水环境保护”“水足迹”“水污染”“水资源生态足迹”和“生态补偿”等政府综合治理生态环境确保水资源可持续发展的措施词。

从CNKI文献可视化分析可以总结出国内对资源代际公平和水资源可持续管理的研究现状和发展趋势。有研究者基于地区投入产出模型，运用结构分解分析（SDA）方法，将水资源消耗影响因素量化分解为技术性、结构性（中间需求效应）和系统性（最终需求效应）三个因素，用实际案例对水资源管理阶段进行评价①；也有研究者在复杂性理论上建立具有复杂配水网络图、动力学配水模型、模拟仿真演化、预测分析模块的复杂水资源配置框架，并对利用知识图概化配水网络图、多

① 王苗苗、马忠、惠翔翔：《基于SDA法的水资源管理评价——以黑河流域张掖市为例》，《管理评论》2018年第30期。

目标动态配水行为构建和综合集成预测等方法体系进行详细说明[①]；通过对流域生态环境产权的明确界定，学者们科学厘清生态保护投入补偿和污染补偿，综合考虑流域生态环境服务的水量分摊和水质补偿，并将其统一纳入流域生态补偿标准测算，针对性地提出了流域上下游之间的生态补偿标准[②]；通过分析水资源总量限制下水资源差别化配置的问题，以高效、公平和生态环境保护为原则，构建了社会效用最大化的凸规划模型，再求解模型得到水资源配置的最优方案，构建配置方案合理性评价指标，有利于最严格的水资源管理制度的落实。[③] 这些研究为中国水资源配置提供了一定的理论借鉴和实践基础。

代际公平是建设生态文明、实现可持续发展的一个基本社会条件，在生态文明建设中实现代际公平，主要内容包括实现代际劳动付出和成果获得的对等性，实现经济社会发展进程中人类活动对于自然影响的可控性在代际的延续[④]，实现文化的多样性延续。有研究者提出资源在代际的永续利用是可持续发展的核心问题，这一问题在当代人利益激励和后代人主体缺位的条件下是不可能自然实现的，所以，对世代赖以生存的自然资源进行公平合理的代际管理和分配，是实现可持续发展的必由之路。[⑤] 也有研究者从经济学的角度研究了代际公平的理论内涵，分析代际不公平所导致的经济福利损失[⑥]；针对资源短缺和能源危机问题日

---

① 李建勋、解建仓、申静静等：《基于复杂性理论的水资源配置框架及方法体系》，《水电能源科学》2017 年第 1 期。

② 马永喜、王娟丽、王晋：《基于生态环境产权界定的流域生态补偿标准研究》，《自然资源学报》2017 年第 32 期。

③ 金姗姗、吴凤平、尤敏：《总量控制下区域水资源差别化配置优化研究》，《水电能源科学》2017 年第 6 期。

④ 卢黎歌、李小京：《论代际伦理、代际公平与生态文明建设的关系》，《西安交通大学学报》（社会科学版）2012 年第 32 期。

⑤ 王晔、张慧芳：《可持续发展的代际资源管理》，《经济问题》2005 年第 6 期。

⑥ 宋旭光：《代际公平的经济解释》，《内蒙古农业大学学报》（社会科学版）2003 年第 5 期。

益严重现象指出代际公平是衡量可持续发展实现的标准之一，回顾测定代际公平的不同方法，建立资源与财富代际公平判别模型，并在此基础上提出实现代际公平的对策和机制①，基于艾奇沃斯方框图分析自然资源可持续利用，考虑到客观上当代具有优先权，建议代际在环境污染上采用非合作博弈。② 还有研究者讨论了可持续发展下的公平与效率各自的意义，并给出了实现人类社会可持续发展所应遵循的公平与效率的三个耦合原则③；以人与自然共同创造价值的二元价值论为基础，阐述自然资源参与分配的理论依据，通过对分配的两个层次的分析，提出自然资源在代偿水平的分配中应得到代偿金，剖析西方经济学要素贡献分配论在自然资源参与分配问题上的缺陷，论证以二元价值论为基础的要素贡献分配论是短期内兼顾公平与效率、长期内兼顾代际公平与生态效率的合理分配的制度。④ 也有学者明确指出水资源可持续利用必须要遵循代际公平原则。⑤

综合国内外研究现状分析可以看出，代际公平理论为自然资源的分配利用提供了强有力的理论依据⑥，而水资源作为人类不可缺少的自然资源，它的合理配置、综合治理等研究一直备受关注。因此，代际公平理论对水资源综合管理的意义非常重大，但是目前水资源管理策略大多局限于代内考虑，而代际间的水资源公平分配是保证水资源可持续利

① 张勇：《"代际公平"问题的测定和对策研究》，《科学管理研究》2005 年第 23 期。

② 颜俊：《可持续发展中的代际关系研究》，《中国人口·资源与环境》2007 年第 17 期。

③ 徐玉高：《可持续发展中的公平与效率问题》，《清华大学学报》（哲学社会科学版）2000 年第 4 期。

④ 罗丽艳：《自然资源参与分配——兼顾代际公平与生态效率的分配制度》，《中国地质大学学报》（社会科学版）2009 年第 9 期。

⑤ 隋丹、王漫天：《水资源可持续利用伦理研究》，《上海管理科学》2012 年第 34 期。

⑥ Lee H. Endress, Sittidaj Pongkijvorasin, James Roumasset, "Intergenerational Equity With Individual Impatience in a Model of Optimal and Sustainable Growth", *Resource & Energy Economics*, 2014, 36 (2): 620 - 635; R. C. Lind, "Intergenerational Equity, Discounting, and The Role of Cost-Benefit Analysis in Evaluating Climate Policy", *Energy Policy*, 1995, 23 (4 - 5): 379 - 389.

用的核心问题，也是水资源管理中的一个难点。代际公平内含代内维度，它要求公平协调近期与远期、当代与后代之间对水资源的利用，而不是掠夺性地开采和利用，也就是说，当代人对水资源应该合理配置、利用，不应破坏后一代人享有的正常利用水资源的权利。因此，在水资源综合利用的代际公平配置模式研究中，对水资源可持续的设想综合了经济学对可持续性和代际公平的一般理解，从而向水资源管理提出了新的挑战。

（二）研究现状评述

通过国内外文献分析水资源合理配置和资源代际公平相关研究的现状，总结出水资源合理配置目前主要还存在的问题有以下几点。

1. 可持续管理方式有待加强

水资源可持续利用是指在一定时期内全社会消耗的水资源总量与后代能获得的水资源量的比值是合理的，这是对水资源在其过度开发利用阶段的最基本要求。社会公平是可持续发展的一个组成部分，具有代内、代际（空间、时间）两个维度。代内公平是许多环境问题的根本，对于单向、多用途的水资源配置来说尤其如此。因此，保证水资源利用代内公平是水资源管理决策中的核心问题，也是大部分现有研究的重点。而代际公平则意味着当代人必须满足其当前的需要，同时也不会损害后代人满足他们自身需要的能力。代际公平理论依据可以解决代际公平理念存在的合理性问题，在诸多关于代际公平的理论中，最具影响力的是公共信托理论和 Rawls 正义论。公共信托理论主张地球上所有自然资源都是人类共有财产，当代人受后代人委托保管所有资源，但是不得随心所欲超出合理限度使用或占有这些资源。而代际正义实质是通过一些法律制度实现有关利益或者负担在当代人和子孙后代之间进行公平分配，这些制度不会对当代人以及子孙后代享受自然资源的自由和机会造成限制。

在国际社会对可持续性的承诺中隐含着代际平等，如果要实现生态、经济和社会的可持续性，就必须在水资源管理决策中考虑代际公平问题。为了保证当前和未来几代人之间水资源的最佳分配，水资源综合利用的代际公平配置模式从时间和空间两个维度权衡了水资源分配的社会公平性，以确保水资源的可持续管理。

2. 可持续经济解释不够充分

可持续原则实际上是代际间的水资源利用公平性原则，它要求近期与远期、当代与后代之间要公平协调水资源的利用，而不是任意掠夺开采利用，甚至破坏，即当代人对水资源要合理利用，不要使后代人正常利用水资源的权利遭到破坏。现有大部分水资源配置研究要求不同时代的水资源利用权力及总社会福利不会衰减，尽管各用水部门的用水量及其相关系数会随时间变化而变化，其产生的综合效益值差别也很大，但后一代人的总社会福利不应小于前一代人的总社会福利，这样才能实现可持续发展的基本要求。然而，在水资源的实际利用过程中，可持续发展片面地强调经济有效性，而忽略了环境和社会的有效性，虽然整个社会经济得到高速发展，但是人类自身的生存环境却持续恶化，造成水资源的无效利用、不公平利用以及不可持续利用的严峻局面。水资源综合利用的代际公平配置模式研究将水资源可持续发展转化为经济术语，首先考虑动态效率，即选择一个可行的水资源消费路径，使经济处于 Pareto 最优；其次，要保证资源总福利函数不会随时间而减少，水资源消费路径满足代际公平的条件。也就是说水资源可持续发展是指当且仅当经济增长是动态有效的并且产生的总福利函数值是不随时间递减的。

3. 可持续量化准则有待研究

许多现有研究都在强调保护水资源生态系统，实现水资源可持续利用和发展。就时间维度而言，可持续发展的用水须考虑当代人和后代人的需要，在做当前这一代的水资源管理风险判断时要考虑下一代水资源利用可能产生的结果，因此，“代际公平”在水资源管理决策中是至关重要的因素。但是，目前的关键问题是还没有找到一种标准来解决今世后代之间争夺优质水资源的竞争，实现水资源利用代际公平，寻求水资源有效跨期配置致使其管理难度加大。水资源综合利用的代际公平配置模式研究以经典代际公平理论为基础，利用经济学可持续标准对今世后代公平取水进行定量判断。这种可持续的水资源开发路径满足了两种条件，一是实现了当代人与后代人之间水资源的最优利用；二是实现了整体效用的最大化。

4. 水环境中的不确定性过高

由于流域自然径流的变化受到全球气候变化和人类活动增加的影响。一方面，水资源开采方式和程度导致了气候变化，同时供水系统也容易受气候变化影响；另一方面，人类各种活动也会造成水资源短缺、水污染和水生态退化，特别是在人口稠密的地区。由于水体的随机性特征，需要将流域的流量和水量分配看作一个在每个节点和整个系统中具有显著不确定性的决策系统，所以几乎不能够通过直接求解模型来获得精确的优化结果。针对水资源因气候等原因产生的不确定信息，采用不同的不确定变量对信息进行描述。此外，由于决策信息的不确定，无法直接对模型进行求解，可以建立期望值模型和机会约束模型来满足决策者的不同要求。因此，水资源综合利用的代际公平配置模式研究基于可持续发展的视角和水资源对环境变化的响应，提出相应于水资源合理配置主要平衡关系的适应策略，以支持区域水资源可持续发展、利用。

5. 代际配置系统性研究缺乏

由于气候变化和人类活动的影响，水资源时空分布变化突出，水极端事件频发，尤其随着城镇化、工业化和农业现代化进程的加快，各类用水户大量增加，用水类型不断增多，水资源利用形势越来越复杂，加上退水增多，退水水质混杂，污水处理技术也还有待改进，水环境污染大大减少了可用的优质水资源。然而，水资源的缺乏往往对当代和未来几代人都有影响，因此，满足目前和今后几代人共同需求的用水方式是保证水资源可持续发展的必要前提。水资源综合利用的代际公平配置模式研究以经典代际公平理论为基础，利用经济学可持续标准对今世后代公平取水进行定量判断，从探寻水资源最优利用的代际公平路径、代际公平配置一般模式以及考虑污染的代际配置模式三个方面分别建立存储—消耗动态经济模型、代际分配一般模型和基于水污染跨期迭代的配置模型，并通过案例分析表明所建立模型的合理有效性和科学实用性。在协调代际代内用水需求、平衡经济增长和流域环境的基础上，再对流域管理局和子区域管理者之间的利益冲突进行分析，构建出水资源代际配置综合模型，最终形成水资源综合利用的代际公平配置模式的技术与方法体系，为水资源的可持续开发及系统高效配置提供理论和技术保障。

（三）新模式可行性分析

水资源的缺乏以及当今和未来几代人之间的水资源获取竞争都对当前的水资源配置战略提出了质疑。基于分析研究对象——水资源综合配置，对代际公平理论以及水资源短缺、时空变异性等问题的研究背景进行了总结，然后对国内外研究现状进行了回顾并形成以下研究思路。首先，从水资源合理配置的背景分析入手，分析该问题中需要完善的代际水资源利用的问题；其次，提出基于建模技术来解决问题，其中建模技术的使用主要基于代际公平理论、不确定理论以及非合作博弈理论构建模型以解决代际间水资源公平分配的问题；最后，将所提出的方法应用到案例中以验证这些方法在水资源管理问题中的有效性与可行性。

区域水资源合理配置应考虑水资源消耗与存储，找到一条最优利用路径，解决今世后代的用水冲突。在长期发展过程中，无论是水消耗还是水存储都是动态的，它们之间的平衡关系也只能是动态平衡。研究者考虑了水资源再生产函数的离散 logistic 特征，将经济学中衡量资源利用代际公平的 mixed Bentham-Rawls 可持续准则代入水资源存储消耗经典动态经济框架，允许贴现效用和水资源最稀缺年代的效用水平在一定程度的跨期权衡，找到了水资源最优利用的代际公平路径。该路径既要实现当代人与后代人之间水资源的最优利用，又要保证后一代人的总社会福利不小于前一代人的总社会福利，最终保持可持续发展的基本要求。最后将该方法应用到岷江上游流域供需的案例中，以验证其可行性与有效性。

在水资源最优利用路径上设计了一个代际公平一般配置模式。为了满足当前和未来两代人的水资源需求，将 Gini 系数和修正后的 mixed Bentham-Rawls 标准作为衡量水资源配置社会公平的两个指标加以整合，使其能够从空间和时间两个维度对水资源配置的社会公平性进行权衡，同时保证水资源配置的代际和代内公平。另外将经济效益平均效率作为水资源可持续利用的必要工具，并以生态用水需求作为保证环境可持续性的约束条件，协调社会发展和水资源管理。此外，为了保证评价的科学性和准确性，采用模糊随机变量来描述一些具有不确定性的水资源参数，为流域管理局提供了一个更合理、跨时期的配水模式。最后将该方法应用于岷江上游流域在满足都江堰灌区用水后上游五个用水区域的分水案例，以证明提出的模型的实用性和有效性。

在水环境日益恶化的背景下，探讨了水污染的代际问题，提供了一种考虑水污染累积的代际配置模式。由于流域吸收污染的能力以及相关污水处理技术的能力有限，一些水污染会在流域中集聚下来，长期以来会减少可用水资源，可能造成两代人之间获取优质水源的不平等。模型考虑到水污染的动态积累过程，即水污染存量的真实大小受流域环境吸收能力、污染物排放率和节能减排技术的影响，流域当年的污染存量在一定程度上取决于上一年的污染存量，并因水资源消耗量增加而增加，因减排能力增加而减少。再分析几代人从水消费和水污染中同时获得效用，采用世代交叠模型阐述水资源经济增长与环境质量之间的潜在冲突，同时考虑将水消耗和水污染的二元效用函数整合在 mixed Bentham-Rawls 准则中，实现整体福利函数最大化，在考虑水污染的代际问题下保证了当代人与后代公平取水，为流域管理局提供了一个综合水质、水量更全面的代际分水方案。为了验证该方法的有效性和可行性，将其应用到污染比较严重的四川沱江流域中。

在前面的研究基础上，最终探讨了一种水资源代际公平配置的综合模式。建模技术主要通过建立一个双层模型以缓解流域管理局分水同时确保代内、代际公平与子区域管理者追求社会经济效益效率目标间的冲突。具体来说，模型上层决策者首先采用 Gini 系数作为指标衡量水资源配置代内公平，再分析对水消耗和水环境的偏好程度，同时考虑将水消耗和水污染的二元效用函数整合在 mixed Bentham-Rawls 准则中，最大化社会福利功能，衡量水资源配置的代际公平。由此，上层决策者通过时间和空间两个维度对用水代际、代内公平进行权衡，以此促进区域用水可持续发展。模型下层决策者将获得的水资源分配到生活、工业和农业三个用水部门，以谋求最大的社会经济效益效率，并把结果反馈给上层决策者，影响后续决策。为了证明该方法的可操作性，将其应用到沱江流域，结果分析表明，代际公平的综合配置模式更能够合理控制水资源利用率，减少多年积累的污染量，增加可以利用的水资源，提高水资源分配的公平性，获得更高的社会福利，提高整个社会经济效益效率。该模式综合了当代与后代公平用水、平衡了经济增长与流域环境质量，解决了水资源利益相关者之间的冲突，能同时保证水资源配置实现公平性、有效性以及可持续性。

第二章　代际公平量化分析框架

代际公平、效率和伦理问题自现代规范经济学出现以来，一直受到密切关注。代际公平是可持续发展的根本所在，在书中第一章对代际公平的含义、原则进行了探讨，但是，代际公平的具体量化分析方法却一直备受争议。

一　代际贴现率

贴现率分析是代际公平量化分析研究中的常用工具之一，社会贴现率取决于数字，估计它们的方法取决于假定进行社会成本效益分析的制度环境。社会贴现率普遍被认为是正的，理由是投资回报率是正的。但是，如果消费和生产活动造成环境污染，即使私人投资的回报率为正，社会投资回报率也可能为零。因此，如果使用成本效益分析法对代际公平这样的长期生态经济问题进行折算分析，一旦折算不当就会损坏后代人的社会福利，不能实现代际公平。

在代际贴现率研究中，为了得到一个确切的结果，常假设在任意一个时期、一个时期 t 的效用函数是跨期可加的，并且任何时期的效用都可以用公式（2.1）表示。[①]

$$U(C_t) = \frac{C_t^{1-\theta}}{1-\theta} \tag{2.1}$$

其中，U 是效用函数，C 是成本，θ 是反映效用函数曲率的参数。

根据这一假设，Ramsey 公式（2.2）如下。[②]

$$r = \rho + \theta g \tag{2.2}$$

其中，r 是代际贴现率，ρ 是纯时间偏好率，g 是人均消费量。Ramsey 公式（2.2）表明，代际贴现率 r 是同时由 ρ，θ，g 三个因素决定的。该公式忽略了长期环境的不确定性，虽然简化了分析，但是也降低了其合理性，根本不可能评估遥远未来的环境风险。之所以需要对未来经济利益进行直观的贴现，是因为当代人一方面对未来存在不耐烦情绪；另一方面又期望自身的收入和消费水平持续上升。[③]

在 Ramsey 公式（2.2）中，拟用纯时间偏好率 ρ 反映当代人普遍都天生缺乏耐心，喜欢立即消费而不是推迟消费。因此，当 ρ 值越大，则说明当代人越不关心当代负面因素对后代人的影响。事实上，当代人对一些项目的折算方法，是由当代人期待该项目在未来的预期回报而决定的，正是这种预期回报造成了积极的纯时间偏好贴现。多数学者认为 ρ 值应该接近零，这表示在当代人与后代人之间，没有任何理由使后代人的社会福利仅仅因为其出生时间晚于当代人就应该低于当代人的社会福利。关于 ρ 的取值，现在还没有完善的计量方法进行客观地确定，仍然存在多种争议。g 是判断我们应该留给未来多少资源的关键因素。在实践中，研究者通常使用人均消费量代替对社会福利的衡量。实际上，g

---

① Kenneth J. Arrow, "Discounting, Morality, and Gaming", *Discounting and Intergenerational Equity*, 1999, 13 – 21.

② F. P. Ramsey, "A Mathematical Theory of Saving", *Economic Journal*, 1928, 38 (152): 543 – 559.

③ 白瑞雪：《生态经济学中的代际公平研究前沿进展》，《社会科学研究》2012 年第 6 期。

应由当代人的收入、当代人的主观幸福感，或一些相关的基本需求（人类从生态系统中获得的一切，包括自然的无形效益）共同决定，当代人所节约的自然资本已经留给了我们的子孙后代。①

代际公平是对后代人生存机会、整个社会总福利的保护。保证代际公平是当代人对子孙后代的责任，不仅是一个经济问题，也是一个道德问题。贴现率越高，越说明当代人只注重当代的投资和经济增长，认为眼前的损益才是重要的，但是可能会造成更多的环境破坏，不注重将来发生的经济损益。这种折算本身就不一定公平，因为权衡折算项目重要性的是当代人，而非后代人。多数学者认为，贴现率的使用，应当根据所分析项目涉及的时间期限、不确定性的程度、分析项目涉及的范围和相关政策涉及的范围进行选择。在某些制度设置下，社会贴现率可能为零，甚至可能为负。因此，还没有纯粹的经济学准则来指定贴现率的选择，但是以项目特定贴现率作为保护环境资源的方式却是不正确的。②

二　代际公平的长期问题

有学者认为，使用贴现效用模型研究代际公平这样的长期问题并不合适，Pareto 最优以其综合性优势逐渐得到了研究者们的重视。③ 经典的 Koopmans-Diamond 概念框架是研究代际公平长期问题的开端，它将代际公平问题表示为无穷效用流集合上的社会评价排序问题，其中，效用流

① Ralf Buckley, "The Economics of Ecosystems and Biodiversity: Ecological and Economic Foundations", *Austral Ecology*, 2011, 36 (6): e34 - e35.

② John P. Weyant, Paul R. Portney, "Discounting and Intergenerational Equity", *Reviews in Clinical Gerontology*. 1999, 45 (1): 177 - 181.

③ John Roemer, Kotaro Suzumura, *Intergenerational Equity and Sustainability*, Palgrave Macmillan, 2007.

$U=(u_1, u_2, \cdots, u_t, \cdots)$ 的向量 u_t 代表第 t 代人所享有的效用。[①] 在满足 Koopmans-Diamond 框架基本规范要求的条件下，研究者们建立了多种代际福利模型，并且已经扩展涉及 Pareto、匿名或连续性要求的无限效用流排序。[②] 接下来主要介绍朝着 John Rawls 公正储蓄原则发展并应用于代际公平问题的一些重要准则。

（一）传统的差异原则

传统的差异原则是指，在两个人的情况下，除非收入的分配能使两个人都过得更好，否则最好是公平分配。经济学家通常把 Rawls 的差异原则称为最大最小准则，并将其应用于解决代际公平问题。[③] 主要有两类模型。

模型 1：单一资本存量

考虑一个连续时间模型。在每一代人中，所有的个体都是相同的，受到同样的对待。第 t 代的代表性个体消费 $c(t)$，并得到效用水平 $u(c(t))$，其中 $u(\cdot)$ 是一个递增函数。资本存量 $k(t)$，贬值速度 $\delta>0$，

---

① Tjalling C. Koopmans, "Stationary Ordinal Utility and Impatience", *Econometrica*, 1960, 28 (2): 287 – 309; Peter A. Diamond, "The Evaluation of Infinite Utility Streams", *Econometrica*, 1965, 33 (1): 170 – 177.

② Toshihiro Ihori, Jun Ichi Itaya, "Fiscal Reconstruction and Local Government Financing", *International Tax & Public Finance*, 2004, 11 (1): 55 – 67; Geir B. Asheim, Bertil Tungodden, "Resolving Distributional Conflicts Between Generations", *Economic Theory*, 2004, 24 (1): 221 – 230; Urmee Khan, Maxwell B. Stinchcombe, "Planning for the Long Run: Programming with Patient, Pareto Responsive Preferences", *Journal of Economic Theory*, 2018, 176: 444 – 478; Matthew D. Adler, Nicolas Treich, "Utilitarianism, Prioritarianism, and Intergenerational Equity: A Cake Eating Model", *Mathematical Social Sciences*, 2017, 87: 94 – 102.

③ E. Burmeister, P. J. Hammond, "Maximin Paths of Heterogeneous Capital Accumulation and the Instability of Paradoxical Steady States", *Econometrica*, 1977, 45 (4): 853 – 870; Avinash Dixit, Peter Hammond, "On Hartwick's Rule for Regular Maximin Paths of Capital Accumulation and Resource Depletion", *Review of Economic Studies*, 1980, 47 (3): 551 – 556; Elon Kohlberg, "A Model of Economic Growth with Altruism Between Generations", *Journal of Economic Theory*, 1976, 13 (1): 1 – 13.

如公式（2.3）所示。

$$y(t)=f(k(t)) \tag{2.3}$$

其中，$f(\cdot)$ 是一个严格凸的生产函数，满足 $f(0)=0$，$f'(0)>\delta$ 并且 $f'(\infty)<\delta$，那么资本存量的增长率如公式（2.4）所示。

$$k(t)=f(k(t))-c(t)-\delta(k(t)) \tag{2.4}$$

其中，$k(0)=k_0>0$，可行性要求对所有的 t，有 $k(t)\geqslant 0$。差异原则要求最弱势群体的消费效用最大化。

【定义 2.1】[1] 非负时间路径 $c(\cdot)$ 是可行的消费路径，如果方程（2.5）有解。

$$k(t)=f(k(t))-c(t)-\delta(k(t)) \tag{2.5}$$

此时 $k(0)=k_0$ 且对所有的 t，有 $k(t)\geqslant 0$。

【定义 2.2】[2] 在可行的消费路径 $c(\cdot)$ 中，c_m 被认为是最坏的消费水平，如公式（2.6）所示。

$$c_m=\inf\{c(t);\ t\in(0,\ \infty)\} \tag{2.6}$$

【定义 2.3】[3] 消费路径 $c(\cdot)$ 的极大极小性能如公式（2.7）所示。

$$P(c(\cdot))=\mu(c_m) \tag{2.7}$$

在给定初始库存 k_0 下，用 $S(k_0)$ 表示所有可行消费路径的集合。

【定义 2.4】[4] $S(k_0)$ 中的可行消费路径 $c^*(\cdot)$ 满足差异原则，当且仅当满足公式（2.8）。

$$P(c^*(\cdot))\geqslant P(c(\cdot)) \tag{2.8}$$

对所有 $c(\cdot)\in S(k_0)$。

然后得到以下命题。

---

① John Rawls, *Theory of Justice*, Belknap Press of Harvard University Press, 1999, 35-74.

② John Rawls, *Theory of Justice*, Belknap Press of Harvard University Press, 1999, 35-74.

③ John Rawls, *Theory of Justice*, Belknap Press of Harvard University Press, 1999, 35-74.

④ John Rawls, *Theory of Justice*, Belknap Press of Harvard University Press, 1999, 35-74.

【性质 2.1】[1] 对于所有的 $k_0 \in (0, \hat{k}_G)$，并且 $\hat{k}_G$ 满足 $f'(\hat{k}_G)=\delta$，差异原则的唯一可行的消费路径是在 $\dot{k}=0$ 处通过设定净资本形成的固定消费路径，如公式（2.9）所示。

$$c(t)=f(k_0)-\delta k_0, \quad t\in[0, \infty) \tag{2.9}$$

性质的证明过程见。

模型 2：多种资本存量

模型有两个资本存量和一个消费商品。假设其中一种资本存量是人为资本，记为 K；另一种是自然资本，记为 X。这些存量的净投资为 $\dot{K}=K$ 和 $\dot{X}=X$。经济的转型面定义，如公式（2.10）所示。

$$C=T(K, \dot{K}, X, \dot{X}) \tag{2.10}$$

其中 C 是消费商品的产出。在一般情况下，假设 $T_{\dot{K}}<0$，$T_{\dot{X}}<0$，这是因为更多的当前投资意味着减少当前消费。将库存的（隐含）价格定义为以放弃的消费为基础的对该库存的投资成本。

$$P_K \equiv -T_{\dot{K}}>0$$

$$P_X \equiv -T_{\dot{X}}>0$$

将库存（隐含的）租用率定义为该库存对消费品流动的边际贡献。

$$R_K \equiv T_K$$

$$R_X \equiv T_X$$

【定义 2.5】[2] 资产的净回报率（记为 ρ_i），是资产价格的比例变化率（即资本利率）和投资于该资产的租金率这两个部分的总和，如公式（2.11）所示。

---

① John Roemer, Kotaro Suzumura, *Intergenerational Equity and Sustainability*, Palgrave Macmillan, 2007, 181 – 200.

② John Roemer, Kotaro Suzumura, *Intergenerational Equity and Sustainability*, Palgrave Macmillan, 2007, 181 – 200.

$$\rho_i = \frac{\dot{P}_i}{P_i} + \frac{R_i}{P_i}, \quad i = K, \ X \tag{2.11}$$

【定义 2.6】[①] 如果所有资产的净回报率都是一样的，那么无套利条件就可以成立，如公式（2.12）所示。

$$\frac{\dot{P}_K}{P_K} + \frac{R_K}{P_K} + \frac{\dot{P}_X}{P_X} + \frac{R_X}{P_X} \equiv \rho(t) \tag{2.12}$$

【定义 2.7】[②] 净投资（用 N 表示）为所有库存变动的价值总和公式（2.13）所示。

$$N = P_K \dot{K} + P_X \dot{X} = -T_{\dot{K}} \dot{K} + T_{\dot{X}} \dot{X} \tag{2.13}$$

但是差异原则可能会导致零储蓄，因此一些研究者反对将差异原则直接应用于代际公平观点。于是有研究者建议地将两代人之间适用于正义的差异原则作出必要修改。这些修改有两种选择。在第一种选择中，由于个人关心他们的直系后代，个人的福利不仅包括他消费初级商品的效用，还包括他后代的消费超过他的程度，这需要区分一个人的消费效用和他的福利，这种方式的修改是将差异原则应用于福利水平而不是消费效用水平，以此证明了最大目标与正向净储蓄和消费时间路径的增加是一致的，在这种情形下，不需要假设当代知道后代的喜好；在第二种选择中，建议在无限代的效用流与年代中最弱势成员的效用水平之间进行权衡，在这种情况下考虑代际公平问题。接下来，介绍这两种选择的经济模型。

（二）修正的差异原则

1. 修正的差异原则：考虑直系后代[③]

没有资本积累，公正的制度几乎不可能得到发展和维持。为了取得

---

① John Roemer, Kotaro Suzumura, *Intergenerational Equity and Sustainability*, Palgrave Macmillan, 2007, 181 - 200.

② John Roemer, Kotaro Suzumura, *Intergenerational Equity and Sustainability*, Palgrave Macmillan, 2007, 181 - 200.

③ John Roemer, Kotaro Suzumura, *Intergenerational Equity and Sustainability*, Palgrave Macmillan, 2007, 181 - 200.

合理的结果，必须修改差异原则，辅之以公正的节约原则。因此，在处理代际公平问题时，Rawls假设初始情况下的双方都是家庭的首领，所采用的原则必须是所有的前几代人都遵循的。例如，当代人通过继承祖辈的遗产，来确定他们应该为他们的后代预留多少遗产。Alvarez-Cuadrado和Van Long用一个简单连续的时间模型来说明这一观点。①

连续时间模型

假设第t代的代表性个体消费为$C(t)$，用$\dot{C}(t)$表示相邻世代间消费的变化率，若$\dot{C}(t)$为正，表示后代的消耗量超过当代。假设代表t代人的福利是与$C(t)$以及$\dot{C}(t)$两者相关的递增函数，如公式（2.14）所示。

$$u(t)=u(C(t),\ \dot{C}(t)) \tag{2.14}$$

其中u表示一个人的福利，而不是他消费的效用。这一提法意味着，当代愿意接受的消费稍微减少，如果这将导致后代消费有足够大的增加。

选择最大的数$\bar{U}$使得满足公式（2.15）。

$$u(C(t),\ \dot{C}(t))\geqslant\bar{U},\ t\in[0,\ \infty) \tag{2.15}$$

其中$C(t)$属于可行消费路径集。在形式上，社会规划目标如公式（2.16）所示。

$$\max\bar{U} \tag{2.16}$$

$\bar{U}$满足公式（2.17），

$$u(C(t),\ \dot{C}(t))\geqslant\bar{U},\ t\in[0,\ \infty) \tag{2.17}$$

并受资源约束。

这里，将$\dot{C}(t)$的左右极限分别用公式（2.18）和公式（2.20）表示如下。

---

① Francisco Alvarez-Cuadrado, Ngo Van Long, "A Mixed Bentham-Rawls Criterion for Intergenerational Equity: Theory and Implications", *Journal of Environmental Economics & Management*, 2009, 58 (2): 154-168.

$$\dot{C}(t^{+}) = \lim_{h \to 0^{+}} \left[\frac{C(t+h) - C(t)}{h} \right] \tag{2.18}$$

$$\dot{C}(t^{-}) = \lim_{h \to 0^{-}} \left[\frac{C(t) - C(t-h)}{h} \right] \tag{2.19}$$

那么，第 t 代代表个体的效用函数如公式（2.20）所示。

$$U\left(C(t),\ \frac{C(t+h) - C(t)}{h},\ \frac{C(t) - C(t-h)}{h}\right) \tag{2.20}$$

2. 修正差异原则：考虑弱势群体①

为达到 Rawls 主义和功利主义共同考虑的目标，Chichilnisky 提出了一项社会福利函数，它具有三个可取特性。对当前非独裁、对未来非独裁和 Pareto 最优。这个社会福利是两项的加权和，第一项是传统的折现效用之和，而第二项的值只取决于所考虑的效用序列的极限行为，并且每一项的权重必须严格为正。② Alvarez-Cuadrado 和 Van Long 则在 Chichilnisky 社会福利准则上用关注最弱势群体的动态方法提出了另一种公平储蓄原则（Mixed Bentham-Rawls 准则）来实现资源利用的代际公平。③

Mixed Bentham-Rawls 准则

标准的功利主义可能会导致通常贫穷的后代作出巨大牺牲。Alvarez-Cuadrado 和 Van Long 提出的方法权衡了 Rawls 主义和功利主义，既能避免在积累的早期阶段强加过高的储蓄率，又能避免牺牲后代的利益。考虑一个有着无数代人的经济体。由于我们希望把重点放在几代人之间的

---

① John Roemer, Kotaro Suzumura, *Intergenerational Equity and Sustainability*, Palgrave Macmillan, 2007, 181－200.

② Graciela Chichilnisky, "An Axiomatic Approach to Sustainable Development", *Social Choice & Welfare*, 1996, 13 (2): 231－257.

③ Francisco Alvarez-Cuadrado, Ngo Van Long, "A Mixed Bentham-Rawls Criterion for Intergenerational Equity: Theory and Implications", *Journal of Environmental Economics & Management*, 2009, 58 (2): 154－168.

分配正义问题上，于是做了一个简化的假设，即每一代人都有相同的收入和相同的品味。因此，假定每一代人都不存在公平问题。

假设 c_t 表示第 t 代分配给代表个体的（各种商品和服务的）消费向量，$u_t \equiv u(c_t)$ 是每个个体的效用［u_t 是实数，并且 $u(\cdot)$ 是实值函数］。我们把“效用”解释为个人的“生活水平”，而不是他们在消费或思考子女和孙辈的生活前景时获得的某种幸福。现在考虑两个备选项目，分别用 1 和 2 表示，项目 i（其中 $i=1$，2）产生一个无限效用流，如公式（2.21）所示。

$$\{u_t^i\}_{t=1,2,\cdots} \equiv \{u_1^i,\ u_2^i,\ \cdots,\ u_t^i,\ u_{t+1}^i,\ \cdots\} \tag{2.21}$$

其中，u_t^i 表示 $u_t(c_t^i)$。

为了简化问题，假设函数 $u(\cdot)$ 是有界的。

【性质 2.2】[①]（有界性）效用是有界的，如果满足公式（2.22）。

$$0 \leqslant u(c) \leqslant B \tag{2.22}$$

其中，B 是可能的最高效用水平。使用符号 u^i 表示 $\{u_t^i\}_{t=1,2,\cdots}$，粗略地说，社会福利函数准则是一种对所有可能的效用流进行排序的方法。让集合 S 表示所有可能的效用流集合，那么社会福利 $W(\cdot)$ 则是将集合 S 中元素映射到实数集的函数。它必须保证能够对所有可能的效用流序列进行排序，因此称之为“完备性”。

【性质 2.3】[①]（完备性）社会福利函数必须对所有可能的效用序列进行排序。完备性通过下面两个社会福利函数的例子来说明。

例 2.1：贴现效用和（贴现功利主义），如公式（2.23）所示。

① Francisco Alvarez-Cuadrado，Ngo Van Long，“A Mixed Bentham-Rawls Criterion for Intergenerational Equity：Theory and Implications”，*Journal of Environmental Economics & Management*，2009，58（2）：154－168.

$$W^d(U^i)=u_0^i+\frac{u_1^i}{1+\delta_1}+\frac{u_2^i}{(1+\delta_1)(1+\delta_2)}+\frac{u_3^i}{(1+\delta_1)(1+\delta_2)(1+\delta_3)}+\cdots \tag{2.23}$$

这里对所有的 t 都有 $\delta_t>0$。根据这个标准，当且仅当 $W^d(U^1)>W^d(U^2)$ 时，效用流 U^1 的排名高于效用流 U^2。因此，单个个体的效用水平小幅下降（不管他已经处于多么不利的地位）可以通过其他个体效用水平的提高来证明是合理的。

例 2.2：极大极小福利函数，如公式（2.24）所示。

$$W^m(U^1)=\inf\{u_t^i\}_{t=0,1,2,\cdots} \tag{2.24}$$

根据这个标准，效用流 U^1 的排名高于效用流 U^2，当且仅当 U^1 流中最糟糕一代的效用水平高于 U^2 流中最糟糕一代的效用水平时，也就是说当且仅当满足公式（2.25）时。

$$\inf\{u_t^1\}_{t=0,1,2,\cdots}>inf\{u_t^2\}_{t=0,1,2,\cdots} \tag{2.25}$$

极大极小福利函数已经被指出不能够很好地解决资源代际分配问题，并且它对非最贫穷的几代人的效用并不敏感。① 根据极大极小福利函数，任何一代人，只要不是最弱势那一代，其效用的增加都不会提高社会福利 W^m。

Chichilnisky 认为，一个社会福利函数 $W(\cdot)$ 被认为对现在的独裁和对未来的独裁都是不可取的。①于是，她提出了社会福利函数要满足下列两个公理。

【公理 2.1】②社会福利函数对现在的非独裁。

① Graciela Chichilnisky, "An Axiomatic Approach to Sustainable Development", *Social Choice & Welfare*, 1996, 13 (2): 231 - 257.

② John Roemer, Kotaro Suzumura, *Intergenerational Equity and Sustainability*, Palgrave Macmillan, 2007, 181 - 200.

【公理 2.2】[①] 社会福利函数对未来的非独裁。

Chichilnisky 提出的福利函数是两项的加权和，第一项是通常的贴现效用流，而第二项的定义方式是它的值只取决于效用序列的极限行为。Chichilnisky 福利函数满足完备性和强 Pareto 性以及公理 1 和公理 2，如公式（2.26）所示。

$$W^C(U^i)=(1-\theta)\sum_{t=1}^{\infty}\lambda_t u_t^i+\theta\varphi(U^i) \tag{2.26}$$

其中，$0<\theta<1$，$0<\lambda_t<1$，$\sum_{t=1}^{\infty}\lambda_t<\infty$，并且 φ（U^i）的定义如公式（2.27）所示。

$$\varphi(U^i)\equiv\lim_{t\to\infty}u_t^i \tag{2.27}$$

社会福利函数 W^C 是两个函数的加权平均值（凸组合），第一个函数 $\sum_{t=1}^{\infty}\lambda_t u_t^i$ 的正权重 $1-\theta$ 意味着对未来的非独裁，而第二个函数 $\varphi(U^i)\equiv\lim_{t\to\infty}u_t^i$ 的正权重 θ 意味着对现在的非独裁。但是 Chilchinisky 的福利函数 W^C 的一个主要问题是，对于许多增长模型，包括我们熟悉的单部门增长模型，在这个目标函数下不存在资源利用的最优路径。[②]

Alvarez-Cuadrado 和 Van Long 对 Chichilnisky 社会福利准则进行了修正，将 Chichilnisky 准则中的第二个部分 $\varphi(U^i)$ 用极大极小效用函数进行了替换，由此产生的社会福利函数记为 W^{mbr}，上标的 mbr 是指 “mixed Bentham-Rawls”，其具体表述如公式（2.28）所示。

$$W^{mbr}(U^i)=(1-\theta)\sum_{t=1}^{\infty}\beta_t u_t^i+\theta\inf\{u_0^i,u_1^i,\cdots,u_n^i,\cdots\} \tag{2.28}$$

---

① John Roemer, Kotaro Suzumura, *Intergenerational Equity and Sustainability*, Palgrave Macmillan, 2007, 181－200.

② Francisco Alvarez-Cuadrado, Ngo Van Long, “A Mixed Bentham-Rawls Criterion for Intergenerational Equity: Theory and Implications”, *Journal of Environmental Economics & Management*, 2009, 58 (2): 154－168.

其中$0<\beta<1$。这个社会福利函数是两个函数的加权平均值，第一个函数是标准的贴现效用和；第二个函数是 Rawls 准则部分，它特别强调最弱势群体的效用。在贴现效用部分给予正权重$1-\theta$意味着未来的非独裁，这与 Chichilnisky 福利函数准则一样。另外，Alvarez-Cuadrado 和 Van Long 也给予了 Rawls 部分的正权重θ以保证对现在的非独裁，即社会福利函数W^{mbr}有如下性质。

【性质 2.4】[①] 社会福利函数W^{mbr}满足对现在的非独裁。

【性质 2.5】[②] 社会福利函数W^{mbr}满足对未来的非独裁，并且 mixed Bentham-Rawls 准则是一个可持续偏好。

从前面分析可知，无论初始资本存量有多小，极大极小原则都会导致零储蓄。没有资本积累，公正的制度几乎不可能得到发展和维持。因此，在处理代际公平问题时，为了取得合理的结果，mixed Bentham-Rawls 标准修改了最大限度原则，以公正的节约原则作为补充。同时，mixed Bentham-Rawls 标准与传统功利主义标准形成了鲜明的对比，它避免在早期积累阶段强加过高的储蓄率，不至于让早期贫困人口作出巨大牺牲。因此，mixed Bentham-Rawls 标准主张"当人们贫穷而储蓄困难时，应降低资源储蓄率；而在资源充足的时期，由于负担更小，人们可能的合理储蓄会更多"。另外，mixed Bentham-Rawls 准则与 Chichilnisky 准则最大的差异是，它确定了一条资源利用的最优路径。关于这一点，Alvarez-Cuadrado 和 Van Long 将 mixed Bentham-Rawls 准则考虑在一个简单的经济增长模型中，证明了它确实会产生最优的资源消费路径，并且

---

① Francisco Alvarez-Cuadrado，Ngo Van Long. "A Mixed Bentham-Rawls Criterion for Intergenerational Equity：Theory and Implications"，*Journal of Environmental Economics & Management*，2009，58（2）：154－168.

② Francisco Alvarez-Cuadrado，Ngo Van Long，"A Mixed Bentham-Rawls Criterion for Intergenerational Equity：Theory and Implications"，*Journal of Environmental Economics & Management*，2009，58（2）：154－168.

非常符合 Rawls 的代际正义观，性质如下：

【性质 2.6】①假设一个经济体只有单一的资本存量，记为 K，资本生产函数为 $F(K)$，它的资本边际产量为正且递减，满足 $F(K)\geqslant 0$，$F'(K)\geqslant 0$，$F''(K)<0$。假设 $\delta>0$ 是折旧率，$\rho>0$ 是贴现率，C 是资本消耗，则总投资为 $I=F(K)-C$。那么，资本可行的消费路径 $C(\cdot)>0$ 必须同时满足公式（2.29）、公式（2.30）和公式（2.31）。

$$\dot{K}=F(K)-C-\delta K \tag{2.29}$$

$$K(t)\geqslant 0 \tag{2.30}$$

$$K(0)=K_0>0 \tag{2.31}$$

当第 t 代的消费水平为 $C(t)$ 时，效用函数为 $u(t)\equiv u(C(t))$，其中 $u(\cdot)$ 是一个递增函数。对于任何消费路径 $C(\cdot)>0$，让 $\underline{C}=\inf\{C(\cdot)\}$ 代表最低消费水平，那么相应效用函数 $\underline{u}=u(\underline{C})$ 则代表最低的效用水平。

在这样的假设条件下，可以用 Rawls 主义和功利主义混合目标 mixed Bentham-Rawls 来解决规划问题，如公式（2.32）所示。

$$W^{mbr}(u)=(1-\theta)\sum_{t=1}^{\infty}u(C(t))(1+\rho)^{-t+1}+\theta\underline{u} \tag{2.32}$$

并且，该公式具有以下性质。第一，如果 K_0 低于修正黄金准则的资本存量 $\hat{K}$ $[F'(\hat{K})=\rho+\theta]$，解决方案将需要积极的储蓄，但对于处于积累早期阶段的这几代人来说，所需的储蓄低于标准的功利主义目标所要求的。而消费将在一段初始时间间隔内保持不变，但最终消费将上升，资本存量将接近修正黄金准则水平 $\hat{K}$。

第二，如果初始值 K_0 高于修正黄金准则的资本存量 $\hat{K}$，解决方案将

① John Roemer, Kotaro Suzumura, *Intergenerational Equity and Sustainability*, Palgrave Macmillan, 2007, 181-200.

是单调地接近一个中间资本存量 $\bar{K}$，这里 $K_0 > \bar{K} > \hat{K}$，一旦资本存量达到 $\bar{K}$，消费将保持不变。

详细证明过程见。[①]

因此，水资源作为一种可耗竭的可再生资源，如果能够找到一条保证代际公平的最优利用路径，那么对水资源可持续管理是非常有意义的研究。笔者将 Alvarez-Cuadrado 和 Van Long 综合考虑了 Rawls 主义和功利主义的 mixed Bentham-Rawls 目标应用到水资源配置中，作为考察水资源配置是否实现代际公平的重要指标。

---

① John Roemer, Kotaro Suzumura, *Intergenerational Equity and Sustainability*, Palgrave Macmillan, 2007, 181－200.

第三章　水资源最优利用的代际公平路径

由于气候变化、人口增加、基础设施发展和水体污染，淡水供应逐渐减少，与水资源相关的危机增加，导致了用水者之间的严重冲突，不可持续的水资源开发可能对经济发展、社会稳定和水生生态系统产生重大负面影响。[①] 因此，对可持续水资源开发的研究越来越多[②]，考虑到代际公平隐含在可持续发展的国际承诺中，也有一些以态度为基础的研究表明了水资源管理对代际公平强有力的支持。[③] 这些成果虽然对水资源可持续管理作出了重大贡献，但是依然没有找到一个可量化的标准来解

① Eliasson Jan, "The Rising Pressure of Global Water Shortages", *Nature*, 2015, 517 (7532): 6; T. A. Larsen, S. Hoffmann, C. Lüthi et al., "Emerging Solutions to the Water Challenges of an Urbanizing World", *Science*, 2016, 352 (6288): 928 – 933.

② Fangjie Cong, Yanfang Diao, "Sustainable Evaluation of Urban Water Resources and Environment Complex System in North Coastal Cities", *Procedia Environmental Sciences*, 2011, 11: 798 – 802; Suinyuy Derrick Ngoran, Xiong Zhi Xue, Presley K., "Signatures of Water Resources Consumption on Sustainable Economic Growth in Sub-Saharanafrican Countries", *International Journal of Sustainable Built Environment*, 2016, 5 (1): 114 – 122; Starkl Markus, Brunner Norbert, López Eduardo, "A Planning-Oriented Sustainability Assessment Framework for Peri-Urban Watermanagement in Developing Countries", *Water Research*, 2013, 47 (20): 7175 – 7183; Graham Strickert, Kwok Pan Chun, "Unpacking Viewpoints on Water Security: Lessons from the South Atchewan River Basin", *Water Policy*, 2016, 18 (1): wp2015195.

③ Matthew W. George, Rollin H. Hotchkiss, "Reservoir Sustainability and Sediment Management", *Journal of Water Resource Planning and Management*, 2017, 143 (3): 04016077; Erling Holden, Kristin Linnerud, David Banister, "Sustainable Development: Our Common Future Revisited", *Global Environmental Change*, 2014, 26 (26): 130 – 139.

决水资源在代际间的公平分配问题，或实现水资源在时间维度上的可持续利用。经济学家们主张的可持续发展体现了后代的福利同当代的福利一样重要，Alvarez-Cuadrado 和 Van Long 同时权衡了 Rawls 主义和功利主义，提出 mixed Bentham-Rawls 准则来照顾后代的利益，并证明在这个条件下能够实现最优储蓄，找到资源利用的最优路径，完全能够处理代际公平问题。[①] 水资源作为一种稀缺、可耗竭、可再生的资源，找到一条最优的利用路径，保证今世后代公平用水，才能真正实现可持续利用。在 Chichilnisky 工作的基础上[②]，讨论了代际公平下水资源可持续利用标准的含义，并把 mixed Bentham-Rawls 可持续准则应用于标准的水资源生产—消费经济模型，形成了具有动态效率和总福利函数不随时间下降的水资源最优经济增长模型框架，确定了水资源利用的最优路径，最终解决了今世后代在获得优质水资源方面的竞争。

一　问题抽象

水资源可持续利用的主要优先事项是提供安全饮用水，处理公共废水以及合理的水资源开发利用。然而，基础设施的快速老化、人口增长和全球变暖造成了水资源的极度匮乏，当前的水管理战略难以协调近期与远期之间、当代与后代之间对水资源的公平利用，迫切需要研究代际间的分配战略和水生生态系统的政策作为替代方案。以代际公平为主要驱动力，探寻水资源可持续开发的最优路径，该方法的流程如图 3.1 所示。

---

① Francisco Alvarez-Cuadrado，Ngo Van Long，"A Mixed Bentham-Rawls Criterion for Intergenerational Equity：Theory and Implications"，*Journal of Environmental Economics & Management*，2009，58（2）：154 –168.

② Graciela Chichilnisky，"An Axiomatic Approach to Sustainable Development"，*Social Choice & Welfare*，1996，13（2）：231 –257.

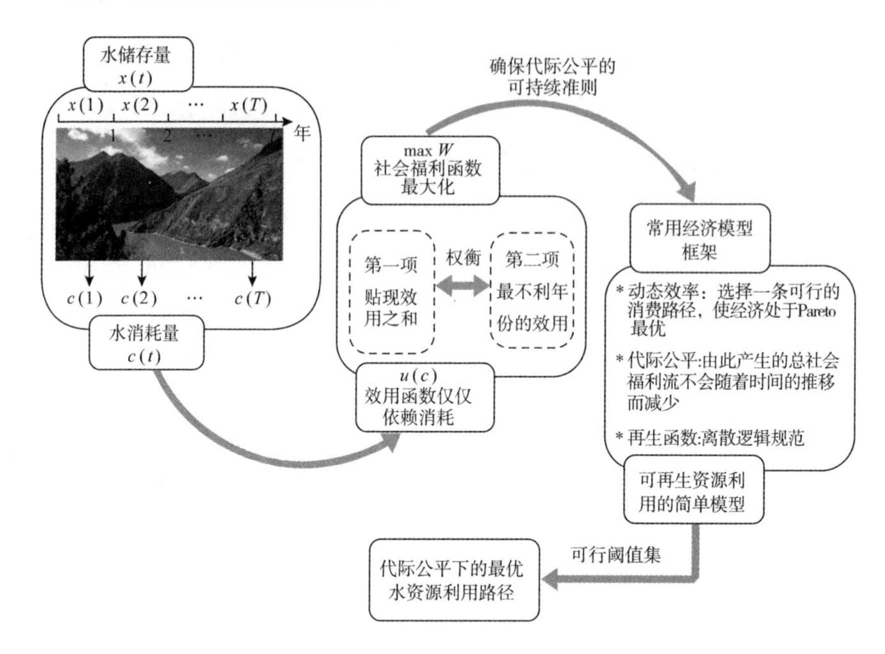

图 3.1　水资源最优利用路径流程

（一）代际公平与可持续发展

代际公平和可持续发展一直是许多学科的哲学家、经济学家和学者持续关注和争论的焦点。① 代际公平理论认为，人类作为一个物种，与当代其他成员以及过去和未来的其他代人共同拥有地球的自然和文化环境，每一代人都是地球未来几代人的受托人或保管人，也是前几代人资源管理工作的受益者，这种情况要求我们承担一定的义务来照顾我们的遗产，正如它赋予我们使用遗产的某些权利一样。② 可持续发展最流行

① Erling Holden, Kristin Linnerud, David Banister, "Sustainable Development: Our Common Future Revisited", *Global Environmental Change*, 2014, 26 (26): 130 - 139; Lee H. Endress, Pongkijvorasin, James Roumasset, "Intergenerational Equity With Individual Impatience in a Model of Optimal and Sustainable Growth", *Resource and Energy Economics*, 2014, 36 (2): 620 - 635.

② E. B Weiss, "In Fairness to Future Generations", *Environment Science & Policy for Sustainable Development*, 1990, 32 (3): 6 - 31.

的定义是“既能满足当代人的需要，又不损害子孙后代满足其需要的能力的发展”①。当代人对自然资源的使用、储蓄、投资和节约模式显然会影响到子孙后代使用该资源的机会，作为对未来的公平承诺，可持续发展要求协调发展和公平利用自然资源。② 值得强调的是，可持续发展概念体现了一种基本信念，即后代的福祉同当代的福祉一样重要，也就是说，对于所有世代，不论他们在过去什么时候出现或将来什么时候出现，都应有平等的机会享受有价值的生活。③ 因此，经济学家倾向于定义可持续性为跨时期的资源公平分配，这就是代际公平。④ 比如，Solow 认为，资源利用可持续也就是指当前这代人需要公平对待下一代，留给下一代的遗产不少于他们继承的遗产；也就是说，总福利函数不会随时间推移而减少⑤，当中也蕴含了代际公平的理念。Chichilnisky 抓住可持续性概念，推导出现在和未来的任何一代人都不应该扮演独裁角色的一个社会福利函数准则，确保资源的可持续利用。⑥ 也有经济学家明确区分了“最优性”和“可持续性”，前者被定义为“未来福利的贴现值最大化”，后者被定义为“随着时间的推移，社会总福利的维持或改善”⑦。因此，要将具有规范性的、有意义的可持续性定义转化为经济术语，就需要包括

---

① WCED, *Our Common Future*, Oxford University Press, 1987, 11 (1): 53 - 78.

② Emilio Padilla, “Intergenerational Equity and Sustainability”, *Ecological Economics*, 2004, 41 (1): 69 - 83.

③ John Roemer, Kotaro Suzumura, *Intergenerational Equity and Sustainability*, Palgrave Macmillan, 2007, 181 - 200.

④ Robert N. Stavins, Alexander F. Wagner, Gernot Wagner, “Interpreting Sustainability in Economic Terms: Dynamic Efficiency Plus Intergenerational Equity”, *Economics Letters*, 2003, 79 (3): 339 - 343.

⑤ R. M. Solow, “On the Intergenerational Allocation of Natural Resources”, *Scandinavian Journal of Economics*, 1986, 88 (1): 141 - 149.

⑥ Graciela Chichilnisky, “An Axiomatic Approach to Sustainable Development”, *Social Choice & Welfare*, 1996, 13 (2): 231 - 257.

⑦ Kenneth Arrow, Partha Dasgupta, Lawrence Goulder, et al., “Are We Consuming too Much?”, *Journal of Economic Perspectives*, 2004, 18 (3): 147 - 172.

动态效率和代际公平。即选择一种可行的资源消费路径，使资源经济处于Pareto前沿，由此产生的总福利函数值不会随着时间的推移而下降。

环境学相关研究人员认为，全球变暖、气候变化以及可持续发展的结果都与代际公平问题直接相关。① 特别地，在水资源管理规划面临的问题中，环境污染大大减少了可用的优质水资源，尤其在比较容易干旱的地区，水资源是可耗竭的，这往往对当代和后代用水都有影响。② 水资源可持续利用就是要确保满足今世后代对优质水源需要的一种利用方式，如果要实现水资源可持续发展规划中的生态、经济和社会三个组成部分，就有必要在水资源管理决策中考虑代际公平，把今后几代人对水资源利用可能面临的后果考虑在当代人用水的风险判断中。③ 随着对代际问题的重视，如何改革水资源管理体制，怎样建立标准解决今世后代在获得优质水资源方面的竞争，对水资源可持续发展越来越重要。④ 由于很难找到一项被普遍接受的标准作为在代际间分配自然资源的基础，所以研究水资源代际分配实现可持续利用，已经成为水资源综合管理的一个新兴的挑战。⑤

---

① Tze Chin Pan, Jehng Jung Kao, "Intergenerational Equity Index for Assessing Environmental Sustainability: An Example on Global Warming", *Ecological Indicators*, 2009, 9 (4): 725 – 731.

② Kostas Bithas, "The Sustainable Residential Water Use: Sustainability, Efficiency and Social Equity", *Ecological Economics*, 2008, 68 (1): 221 – 229.

③ G. J. Syme, E Kals, B. E. Nancarrow, et al., "Ecological Risks and Community Perceptions of Fairness and Justice: A Cross-Cultural Model", *Human & Ecological Risk Assessment an International Journal*, 2006, 12 (1): 102 – 119; G. J. Syme, B. E. Nancarrow, J. A. McCreddin, "Defining the Components of Fairness in the Allocation of Water to Environmental and Human Uses", *Journal of Environmental Management*, 1999, 57 (57): 51 – 70.

④ G. J. Syme, "Acceptable Risk and Social Values: Struggling with Uncertainty in Australian Water Allocation", *Stochastic Environmental Research & Risk Assessment*, 2014, 28 (1): 113 – 121; T. Gleeson, W. M. Alley, D. M. Allen, et al., "Towards Sustainable Groundwater Use: Setting Long-Term Goals, Backcasting, and Managing Adaptively", *Ground Water*, 2012, 50 (1): 19 – 26.

⑤ Dustin Garrick, Jim W. Hall, "Water Security and Society: Risks, Metrics, and Pathways", *Annual Review of Environment & Resources*, 2014, 39 (1): 611 – 639.

（二）代际公平社会福利准则

为了避免通常的贴现效用准则的缺陷，经济理论借鉴可持续发展准则来处理可持续发展必须要面对的两大主要挑战，代际公平问题和诸如关心环境可持续与经济持续发展之间的冲突问题。[①] 自从在 Koopmans-Diamond 框架中，用无穷效用流集合上的社会评价排序来表达代际公平问题之后，就出现许多经济模型来处理相邻两代之间的资源转移问题。[②] 但是在很多经济模型框架下会导致资源零储蓄，如果没有资本积累，公正的制度几乎不可能得到发展和维持。比如，Rawls 的差异原则，也就是极大极小准则，虽然主张资源的公平分配，但是它忽略了代际因素导致的常值效用，可能产生资源零储蓄，与可持续发展的概念相矛盾。[③] 而"绿色黄金准则"只考虑长期而忽略当代的需要，它会导致对"未来的独裁"。[④] 为了兼顾当前和未来的共同需求，Chichilnisky 提出了两个体现可持续发展理念的公理，并推导出它们所隐含的福利标准，将标准贴现效用之和与极限效用序列的加权作为一种度量方法，以避免对当前和未来都非独裁。[⑤]

虽然 Chichilnisky 的社会福利函数准则在许多经济模型中都有很好

---

① Geoffrey Heal, *Valuing the Future: Economic Theory and Sustainability*, Columbia University Press, 1998; Vincent Martinet, *Economic Theory and Sustainable Development: What can We Preserve for Future Generations?*, Routledge, 2012.

② Geir B. Asheim, Bertil Tungodden, "Resolving Distributional Conflicts Between Generations", *Economic Theory*, 2004, 24 (1): 221 - 230; E. Burmeister, P. J. Hammond, "Maximin Paths of Heterogeneous Capital Accumulation and the Instability of Paradoxical Steady States", *Econometrica*, 1977, 45 (4): 853 - 870.

③ Ngo Van Long, Robert D. Cairns, "Maximin: A Direct Approach to Sustainability", *Environment and Development Economics*, 2006, 11 (3): 275 - 300.

④ Graciela Chichilnisky, G. Heal, A. Beltratti, "The Green Golden Rule", *Economics Letters*, 1995, 49 (2): 175 - 179.

⑤ Graciela Chichilnisky, "An Axiomatic Approach to Sustainable Development", *Social Choice & Welfare*, 1996, 13 (2): 231 - 257.

的定义，并且可以对所有的效用序列进行排序，但是该准则不存在一个效用流会产生的资源利用的最优路径。于是，在 Chichilnisky 社会福利函数准则基础上，Alvarez-Cuadrado 和 Van Long 提出了一种修正准则，mixed Bentham-Rawls 可持续标准，它将 Chichilnisky 社会福利函数准则中的第二项极限效用序列替换为随时间变化的最小效用水平，考虑标准贴现效用总和和 Rawlsian 部分（强调最不利年代效用）的加权平均值，决定了一个内生的最小效用水平是永久持续的，该标准引入了代际公平观点，即要求某些代人（尤其是后代）的福利不能为了其他代人（特别是当代）牺牲太多。[①] mixed Bentham-Rawls 准则具有一些好的性质，比如完备性、强 Pareto 性，与 Chichilnisky 的社会福利函数准则一样都满足对现在和未来的非独裁。更重要的是，如果把 mixed Bentham-Rawls 准则考虑在一个基本的可再生资源存储消耗经济模型中，能够确定一条资源消费的最优路径，并且与 Rawls 的代际正义观非常符合。[②]

（三）动态最优开发利用路径

以往的水资源评价和管理方法导致了对环境的过度开发，使用的水资源远远超过了环境的再生能力和吸收能力。[③] 为了应对水资源短缺对人类健康、经济活动和后代的威胁，水资源开发利用必须确保可持续性，也就是说，水资源利用必须保持动态有效，在 Pareto 边界上有一条可行

---

① Francisco Alvarez-Cuadrado，Ngo Van Long，"A Mixed Bentham-Rawls Criterion for Intergenerational Equity：Theory and Implications"，*Journal of Environmental Economics & Management*，2009，58（2）：154 - 168.

② John Roemer，Kotaro Suzumura，*Intergenerational Equity and Sustainability*，Palgrave Macmillan，2007，181 - 200.

③ Emilio Padilla，"Intergenerational Equity and Sustainability"，*Ecological Economics*，2004，41（1）：69 - 83.

的经济消费路径，并且由此产生的总社会福利是不会随时间推移而下降。[①]

水资源是一种可耗竭的再生资源，依据 Alvarez-Cuadrado 和 Van Long 的研究结果[②]，把 mixed Bentham-Rawls 准则考虑在水资源存储消耗经济模型中，就能够确定一条水资源最优开发路径，解决代际间用水竞争，确保水资源可持续利用。为了清楚地描述水资源最优开发路径的含义，用 Dasgupta 和 Heal[③] 以及 Solow[④] 开发的两种群模型来评估 mixed Bentham-Rawls 可持续标准，并且该模型已经是在一些研究中用来作为比较各种可持续标准的基准。[⑤] 在水资源存储—消耗经济框架中，为保证水资源再生函数为凸函数，假设其为具有离散的 Logistic 规范的经典一阶差分方程，那么满足该经济框架的所有的水资源存储消耗都是一条可行的消费路径。在处理水资源规划实际问题时，把最大化 mixed Bentham-Rawls 社会福利目标函数考虑在水资源利用动态经济框架中，找到水资源存储消耗最优利用路径。此方案让消费者的瞬时效用仅仅依赖于当年的水资源消耗量，既关注水资源最缺乏年代的效用水平，同时也关注时间轴上所有年代效用水平的贴现问题；既避免在早期积累阶段强加过高的水资源储蓄率，让当代人作出巨大牺牲，同时又避免水资源零储蓄、没

---

① Robert N. Stavins, Alexander F. Wagner, Gernot Wagner, "Interpreting Sustainability in Economic Terms: Dynamic Efficiency Plus Intergenerational Equity", *Economics Letters*, 2003, 79 (3): 339 - 343.

② Francisco Alvarez-Cuadrado, Ngo Van Long, "A Mixed Bentham-Rawls Criterion for Intergenerational Equity: Theory and Implications", *Journal of Environmental Economics & Management*, 2009, 58 (2): 154 - 168.

③ Partha Dasgupta, Geoffrey Heal, "The Optimal Depletion of Exhaustible Resources", *The Review of Economic Studies*, 1974, 41 (5): 3 - 28.

④ R. M. Solow, "Intergenerational Equity and Exhaustible Resources", *The Review of Economic Studies*, 1974, 41: 29 - 45.

⑤ Vincent Martinet, "A Characterization of Sustainability With Indicators", *Journal of Environmental Economics & Management*, 2011, 61 (2): 183 - 197.

有资本积累、不能让后代获得公平享用水资源的权利，保证水资源利用代际公平。

二 方法框架

水资源最优利用的代际公平路径，就是一项水资源代际分配标准，可以解决今世后代在获得优质水资源方面的竞争，同时能够避免在使用水资源时造成任何形式的福利损失。为建立探寻代际公平下水资源最优利用路径的数学模型，首先给出一些假设。

第一，流域的承载力、最小生态需水量以及最小的耗水量都是已知的；

第二，流域水资源为优质水源，每一年水资源产生的效用全部来自当年水资源的总消耗。

（一）以建模技术规划水消耗

在建模前，给出了确定水资源动态最优利用路径的一些参数，所需要的符号主要如下。

第一，指标。t：年份，$t=1$，2，…，T。

第二，参数。ρ：正的贴现率。θ：强调最弱势年代效用的权重。$1-\theta$：标准贴现功利主义部分的正权重。K：流域的承载力。$r(t)$：第 t 年水资源再生率。$x(t)$：第 t 年水资源储量水平。$WEC(t)^{\min}$：第 t 年最小生态需水。

第三，决策变量。$c(t)$：第 t 年用水量。

（二）水资源的福利函数准则

环保主义者担心这一代人不会为后代留下足够的自然资本。Alvarez-

Cuadrado 和 Van Long 在 Chichilnisky 研究工作的基础上，提出了一种兼顾经济发展需要和最弱势群体利益的社会福利标准。[①] 此准则在允许调节贴现效果的同时，也允许折现效用之和与最不有利世代的效用水平之间存在一定程度的跨期权衡。假设 c_t 表示从第 t 代分配给代表个体的消费向量，并且效用函数只取决于分配给每一代的总消费；也就是说，$u_t = u(c_t)$ 是个体的效用 [u_t 是实数，$u(\cdot)$ 是实值函数]。那么，由 Alvarez-Cuadrado 和 Van Long 给出的社会福利函数记为 W，如公式（3.1）所示。

$$W(U) = (1-\theta)\sum_{t=0}^{\infty}\beta^t u_t + \theta\inf\{u_0, u_1, \cdots, u_t, \cdots\}, 0 < \beta < 1 \quad (3.1)$$

其中 $U = \{u_0, u_1, \cdots, u_t, \cdots\}$，是一个无限效用流。

为了在 T 年内确定水资源开发利用的可持续发展路径，假定 $c(t)$ 为代表在第 t 年的用水量，效用函数仅取决于年用水量总量，即 $u = u(c(t))$。类似于 Alvarez-Cuadrado 和 Van Long 提出的可再生资源的可持续利用路径[②]，社会福利函数记为 W，如公式（3.2）所示。

$$W(U) = (1-\theta)\sum_{t=1}^{T}u(c(t))(1+\rho)^{-t+1} + \theta\underline{U} \quad (3.2)$$

其中 $0<\theta<1$ 是赋予 Rawls 准则（极大极小福利函数）部分的权重。$\underline{U} = \{u(c(1)), u(c(2)), \cdots, u(c(T))\}$ 是一个有限效用流，并且 ρ 是正的贴现率。其中第一个函数如公式（3.3）所示。

$$\sum_{t=1}^{T}u(c(t))(1+\rho)^{-t+1} = u(c(1)) + \frac{u(c(2))}{1+\rho} + \frac{u(c(3))}{(1+\rho)^2} + \cdots + \frac{u(c(T))}{(1+\rho)^{T-1}} \quad (3.3)$$

---

① Francisco Alvarez-Cuadrado, Ngo Van Long, "A Mixed Bentham-Rawls Criterion for Intergenerational Equity: Theory and Implications", *Journal of Environmental Economics & Management*, 2009, 58 (2): 154 - 168.

② Francisco Alvarez-Cuadrado, Ngo Van Long, "A Mixed Bentham-Rawls Criterion for Intergenerational Equity: Theory and Implications", *Journal of Environmental Economics & Management*, 2009, 58 (2): 154 - 168.

是标准贴现效用和。第二个函数如公式（3.4）所示。

$$\underline{U}=\inf\{u(c(1)),\ u(c(2)),\ \cdots,\ u(c(T))\} \tag{3.4}$$

是极大极小福利函数，它关注的是最弱势年代的效用水平。

（三）水资源利用的最优路径

标准贴现效用之和和最不利世代的效用水平加权平均这样一个可持续标准能够保证水资源利用对现在和将来都非独裁，如公式 3.2 所示。然而，它并没有提供一个独特的函数来最大化用于增长理论的经典最优控制框架。因此，这里使用额外的水资源系统属性来指定这个特定的标准，这些属性可以应用于通常的经济建模框架。

1. 经济模型框架

假设时间是连续的，经济体是无穷多代的延续，设 $c(t)$ 为影响第 t 代的控制变量或消费流，存储变量为 $x(t)$。该存储根据下面微分方程进行演化，如公式（3.5）所示。

$$\begin{cases}\dfrac{dx(t)}{dt}\equiv \dot{x}(t)=f(x(t),\ c(t))\\ x(0)=x_0\end{cases} \tag{3.5}$$

任何可行路径 $\{C(\cdot),\ X(\cdot)\}$ 都是该微分方程的解，使得对任意代 t，都有 $x(t)\geqslant 0$，$c(t)\geqslant 0$。

当第 t 代的消耗为 $c(t)$，相应效用为 $U(t)=U((t))$，其中 $U(\cdot)$ 是一个递增函数。对于所有消费路径 $c(\cdot)$，让 $\underline{c}=\inf_t\{c(\cdot)\}$ 代表最低消费水平，并且 $\underline{U}=U(\underline{c})$。

该经济框架包含两种标准解释。[①] 第一，Ramsey-Solow 最优增长模

---

① Charles Figuieres, Ngo Van Long, Mabel Tidball, "The MBR Intertemporal Choice Criterion and Rawls' Just Savings Principle", *Mathematical Social Sciences*, 2016, 85: 11-22.

型，当 x 为单一资本存量，资本消费动态路径为 $\dot{x}=f(x, c)=F(x)-c-\delta x$，其中 $F(\cdot)$ 是生产函数，且 $F(x)\geqslant 0$，$F'(x)\geqslant 0$，$F''(x)<0$，$\delta>0$是折旧率；第二，基本的可再生资源模型，当 x 是一种自然资源，那么消耗路径为 $\dot{x}=f(x, c)=G(x)-c$，其中 $G(\cdot)$ 是凸函数，且在 x^M 取得最大值，称为最大可持续产量。

水资源作为一种稀缺、可再生的自然资源，其消费自然也满足该动态经济框架。现在考虑水资源在有限的 T 年内跨时间开发利用的基本模型，并且时间以离散的周期演化 $t\in T_+=\{1, 2, \cdots\}$。[①] 假设第 t 年初的蓄水量为 $x(t)$，并且第 t 年水资源消耗量为 $c(t)$，因此，代表性消费者的瞬时效用取决于 $c(t)$。则水资源增长函数可以用差分方程表示，如公式（3.6）所示。

$$x(t+1)-x(t)=f(x, t)=G(x)-c(t) \tag{3.6}$$

为方便计算，假设水资源再生函数 $G(\cdot)$ 为一个经典一阶差分方程为特征的 Logistic 规范，[②] 如公式（3.7）所示。

$$G(x)=rx(t)\left(1-\frac{x(t)}{K}\right) \tag{3.7}$$

其中，r 是流域水资源增长率，K 是流域承载能力。

那么水资源增长函数如公式（3.8）所示。

$$x(t+1)-x(t)=rx(t)\left(1-\frac{x(t)}{K}\right)-c(t) \tag{3.8}$$

2. 最优利用路径

在上述经济模型框架下，Alvarez-Cuadrado 和 Van Long 已经证明，用

---

① Partha Dasgupta, Geoffrey Heal, "The Optimal Depletion of Exhaustible Resources", *The Review of Economic Studies*, 1974, 41 (5): 3-28; R. M. Solow, "Intergenerational Equity and Exhaustible Resources", *The Review of Economic Studies*, 1974, 41: 29-45.

② R. M. May, "Simple Mathematical Models with very Complicated Dynamics", *Nature*, 1976, 261 (5560): 459-467.

综合 Rawls 主义和功利主义的“mixed Bentham-Rawls”可持续准则处理规划问题，会产生最优的资源消费路径。[①] 那么，在同样条件下水资源利用也会实现社会福利最优增长规划，如公式（3.9）所示。

$$\max W(U) = (1-\theta)\sum_{t=1}^{T} u(c(t))(1+\rho)^{-t+1} + \theta \inf\{u(c(1)), u(c(2)), \cdots, u(c(T))\} \tag{3.9}$$

使得 $x(t+1) - x(t) = rx(t)\left(1 - \frac{x(t)}{K}\right) - c(t)$，$x(0) = x_0 > 0$。

3. 达到可持续的阈值

首先，该模型讨论的传统问题就是水资源可持续消耗水平和水资源存储保护问题，因此模型应该包括两个可持续性约束。第一个限制是确保可持续的消费水平 c，如公式（3.10）所示。

$$c(t) \geqslant c(t)^{\min}, \ \forall t \tag{3.10}$$

其中，$c(t)^{\min}$表示第 t 年基本生活用水的最低需水量。

其次，确保一部分水资源存储量 x 是受保护的。由于生态水是鱼类、野生动物、水娱乐等相关环境资源所必需的，在水的开发过程中必须保证生态水的需求，如公式（3.11）所示。

$$x(t) - c(t) \geqslant WEC_t^{\min}, \ \forall t \tag{3.11}$$

其中，$WEC_t^{\min}$表示第 t 年流域最低生态需水量。

假设效用函数仅依赖于消费，也就是有 $u = u(c)$，并且 $u(\cdot)$ 是一个递增函数。对于任何消耗路径 $c(\cdot)$，假设 $\underline{c} = \inf\{c(\cdot)\}$ 是最低的消费水平，并且让 $\underline{U} = U(\underline{c})$ 是相应的生活水平，如公式（3.12）所示。

$$u(c(t)) \geqslant \underline{U}, \ \forall n \tag{3.12}$$

---

① John Roemer, Kotaro Suzumura, *Intergenerational Equity and Sustainability*, Palgrave Macmillan, 2007, 181 - 200.

（四）存储消耗动态经济模型

快速老化的基础设施、人口增长和全球变暖都对当前的水资源管理策略提出了质疑。研究试图找到一条区域水资源的最优跨期开发路径，即在复杂、动态的水资源生态经济系统中，科学地在今世后代之间配置水资源，确保代际公平，实现水资源可持续利用。在 Chichilnisky 以及 Alvarez-Cuadrado 和 Van Long 研究的基础上，提出了一个水资源利用的可持续标准，以平衡经济发展的需要和对最不利年份（受气候或其他原因影响最大的一年）的关注，该可持续标准降低了贴现效果，并在一定程度上允许水的跨期权衡，如公式（3.2）所示。为了确定最优的水资源开发增长方案，将该准则应用于一般的经济建模框架，并考虑水资源再生产函数的离散逻辑规范，如公式（3.8）所示。这条可持续的水资源开发路径满足了两大条件。一是实现了当代人与后代之间水资源的最优利用；二是实现了总的社会福利最大化。为了说明该方法，还定义了一组可实现的可持续性阈值，即公式（3.10）至公式(3.12）。由此可以得到水资源最优利用的代际公平路径问题的全局模型，如公式（3.13）所示。

$$\max W(U) = (1-\theta)\sum_{t=1}^{T} u(c(t))(1+\rho)^{-t+1} + \theta \underline{U}$$

s. t.

$$\begin{cases} x(t+1) - x(t) = rx(t)\left(1 - \dfrac{x(t)}{K}\right) - c(t), \\ c(t) \geqslant c(t)^{\min}, \\ x(t) - c(t) \geqslant WEC_t^{\min}, \\ u(c(t)) \geqslant \underline{U}, \\ \rho > 0, \\ 0 < \theta < 1, \\ t = 1, 2, \cdots, T \end{cases} \tag{3.13}$$

其中，$\underline{U}=\inf\{u(c(1)),\ u(c(2)),\ \cdots,\ u(c(T))\}$。

三　岷江上游水资源最优利用方案

以中国四川省中部岷江上游流域水资源利用方案作为实例，验证代际公平最优利用路径规划的实用性和有效性。首先介绍案例的基本情况；然后针对水资源的优化开发方案给出一系列的数值结果并进行结果分析；最后提出了相应的政策建议。

（一）背景描述

岷江上游流域面积为 25426km^2，流经松潘、黑水、茂县、理县、汶川后进入都江堰灌区。据《四川省统计年鉴》（2010—2017）和《岷江流域综合规划报告》（2010—2017）报道，1950—2016 年，岷江上游径流量下降了 6.71×10^8m^3。如图 3.2 所示，20 世纪 50 年代至 60 年代初，岷江上游年径流量普遍增加；然而，从 60 年代中期开始，年径流明显减少。从 70 年代到 90 年代初，年径流值相对较高，较为稳定，只是下降缓慢。然而，自 90 年代中期以来，径流明显减少。与此同时，都江堰灌区向岷江上游的引水却在不断增加，50 年代，都江堰年平均引水量为 49.85×10^8m^3；21 世纪初上升到 60.00×10^8m^3；2015 年继续上升到 80.09×10^8m^3。

岷江来水的减少和都江堰灌区用水量的增加必然会导致冲突。因此，岷江上游水资源的可持续开发利用已成为日益增加的水文、生态和环境研究的重点。

（二）参数选择

根据《四川省统计年鉴》（2010—2017）收集了 1998—2017 年岷江

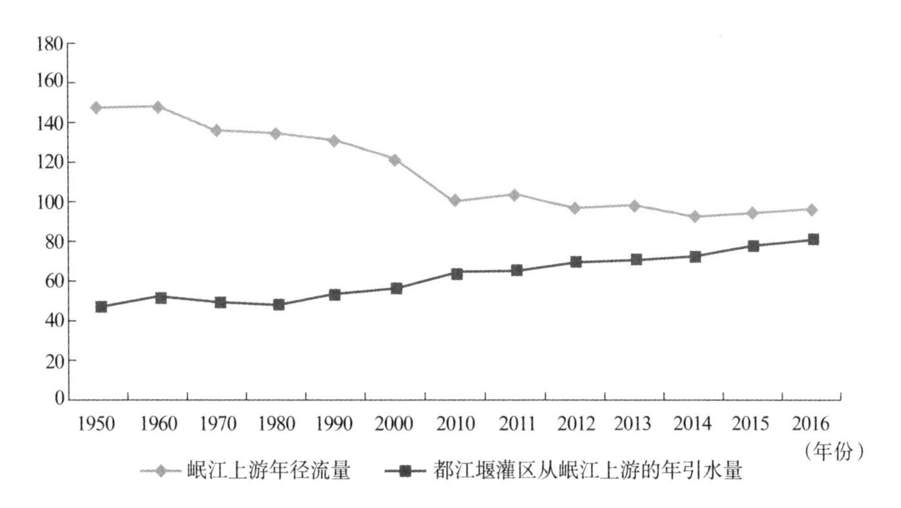

图 3.2 1950—2016 年岷江上游年径流量与都江堰灌区年引水量对比

上游年度总库存量 $x_0(t)$ 和实际供水情况 $c_0(t)$。而岷江上游流域承载力 $K=1000$ 则来自《岷江流域综合规划报告》（2010—2017）。再利用水资源增长函数 $x(n+1)-x(n)=r(n)x(n)\left(1-\frac{x(n)}{K}\right)-c(n)$，可以确定岷江上游每年的水增长率 $r_0(t)$，相关数据见表 3.1。

表 3.1 1998—2017 年岷江上游流域部分数据 （单位：$10^8 m^3$）

年份	$x_0(t)$	$c_0(t)$	$r_0(t)$	年份	$x_0(t)$	$c_0(t)$	$r_0(t)$
1998	128.09	109.57	1.2241	2008	119.46	100.11	1.0390
1999	155.23	108.49	0.5612	2009	128.64	101.67	1.1036
2000	120.33	96.44	1.0024	2010	150.67	108.99	0.6546
2001	130.00	100.56	0.6858	2011	125.45	99.78	0.9783
2002	107.00	95.37	1.1984	2012	133.00	99.45	0.9752
2003	126.14	98.55	0.8887	2013	146.00	100.11	0.6505
2004	125.55	97.45	1.0658	2014	127.00	95.30	0.6839

续表

年份	$x_0(t)$	$c_0(t)$	$r_0(t)$	年份	$x_0(t)$	$c_0(t)$	$r_0(t)$
2005	145. 11	102. 33	0. 5781	2015	107. 52	99. 20	1. 6912
2006	114. 50	99. 22	0. 8958	2016	170. 61	102. 00	0. 5556
2007	106. 10	98. 22	1. 1765	2017	147. 23	109. 50	0. 8762

（三）结果分析

根据岷江上游流域相关参数的直接选定以及间接计算，按照水资源最优利用的代际公平路径规划方案，从不同方案对比分析、寻找最优初始存储以及社会福利函数权重变化三个方面对计算结果进行全面分析讨论。

1. 三种方案结果对比分析

首先，考虑 Mix Bentham-Rawls 准则目标函数下的最优利用方案和可行方案。水资源初始存储量 $x(0) = 128.09 \times 10^8 m^3$，根据已知的水资源每一年的存储量 $x(t)$ 和消耗量 $c(t)$ 可以得到水资源每一年的增长率 $r_0(t)$，见表 3.1。然而，在实际规划操作中，流域管理局并不知道当年水资源的实际增长率，它只能根据历史数据估计。因此，考虑用前三年的平均值来确定一组新的增长率值，$r_1(t) = \{1.2241, 0.5612, 1.0024, 0.9284, 0.8306, 0.9205, 0.8932, 0.8814, 0.8984, 0.891, 0.8903, 0.8932, 0.8915, 0.8917, 0.8921, 0.8918, 0.8919, 0.8919, 0.8919\}$，根据这组新的增长率 r_1 得到的水资源利用方案被认为是可行方案。其次，假设效用函数为对数函数，即 $u(c(t)) = \ln(c(t))$，时间偏好率的标准值为 $\rho = 0.05$。最后，对目标函数中的 Rawlsian 效用部分和标准贴现效用部分赋以相等的权重，即 $\theta = 0.5$。每年的用水量为 $c(t) = \beta(t)x(t)$，其中$\beta(t)$是根据不同$x(t)$值的变化而变化的。

最大化社会福利函数结果 $\max W$，以及现有方案、最优方案和可行方案下每一年水资源存储量$x(t)$和水资源消耗量$c(t)$见表3.2。这三种情况下总的社会福利值分别为31.55，34.69和33.85。在最优方案中，最大社会福利函数值比现有方案增加了9.95%，虽然在可行方案中得到的最大福利函数值比在最优方案中得到的值略小，但仍然比现有方案高了6.80%。

表3.2　现有方案、最优方案和可行方案下的三组结果

年份	现有方案			最优方案			可行方案		
	$x_0(t)$ (10^8m^3)	$c_0(t)$ (10^8m^3)	β_0	$x_{Opt}(t)$ (10^8m^3)	$c_{Opt}(t)$ (10^8m^3)	β_{Opt}	$x_{Fea}(t)$ (10^8m^3)	$c_{Fea}(t)$ (10^8m^3)	β_{Fea}
1998	128.09	109.57	0.8554	128.09	76.13	0.5944	128.09	76.57	0.5978
1999	155.23	108.49	0.6989	188.67	76.13	0.4035	188.23	76.57	0.4068
2000	120.33	96.44	0.8015	198.44	88.32	0.4451	197.40	76.6	0.3881
2001	130	100.56	0.7735	269.56	110.32	0.4093	279.61	125.48	0.4488
2002	107	95.37	0.8913	294.28	156.95	0.5333	341.13	151.33	0.4436
2003	126.14	98.55	0.7813	386.21	180.16	0.4665	376.49	176.8	0.4696
2004	125.55	97.45	0.7762	416.71	201.3	0.4831	415.78	194.3	0.4673
2005	145.11	102.33	0.7052	474.47	197.09	0.4154	438.45	205.13	0.4679
2006	114.5	99.22	0.8666	421.52	216.03	0.5125	450.33	212.82	0.4726
2007	106.1	98.22	0.9257	423.93	241.3	0.5692	459.89	217.49	0.4729
2008	119.46	100.11	0.838	469.95	245.45	0.5223	463.71	220.29	0.4751
2009	128.64	101.67	0.7903	483.31	241.05	0.4988	464.82	223.18	0.4802

续表

年份	现有方案			最优方案			可行方案		
	$x_0(t)$ (10^8m^3)	$c_0(t)$ (10^8m^3)	β_0	$x_{Opt}(t)$ (10^8m^3)	$c_{Opt}(t)$ (10^8m^3)	β_{Opt}	$x_{Fea}(t)$ (10^8m^3)	$c_{Fea}(t)$ (10^8m^3)	β_{Fea}
2010	150. 67	108. 99	0. 7234	517. 85	224. 19	0. 4329	463. 83	226. 23	0. 4877
2011	125. 45	99. 78	0. 7954	457. 09	229. 39	0. 5019	459. 31	231. 22	0. 5034
2012	133	99. 45	0. 7477	470. 47	232. 46	0. 4941	449. 54	239. 97	0. 5338
2013	146	100. 11	0. 6857	480. 97	226. 44	0. 4708	430. 32	256. 28	0. 5955
2014	127	95. 3	0. 7504	416. 92	240. 59	0. 5771	392. 67	372. 66	0. 6491
2015	107. 52	99. 2	0. 9226	342. 58	322. 58	0. 9416	232. 70	189. 95	0. 8163
2016	170. 61	102	0. 5979	400. 89	380. 89	0. 9501	201. 99	182	0. 901
max$W$	31. 55			34. 69			33. 85		

三种方案下不同年份的用水量及水资源消耗率变化情况如图 3. 3 所示。在现有方案下，几乎所有的水资源消耗率都在 0. 7—0. 9，但是，对于 mixed Bentham-Rawls 准则目标函数下提出的优化方案，其消耗率都在 0. 4—0. 6，说明该方案能够合理控制水资源利用率，实现可持续利用。由于最初的库存很小，仅为 $128.09\times10^8m^3$，在最优方案中前三年用水量分别为 $76.13\times10^8m^3$、$76.13\times10^8m^3$ 和 $88.32\times10^8m^3$；在可行方案中前三年用水量也比较低，分别为 $76.57\times10^8m^3$、$76.57\times10^8m^3$ 和 $76.00\times10^8m^3$；这两种方案前三年的耗水量都远低于现有方案前三年的用水量，分别为 $109.57\times10^8m^3$，$108.49\times10^8m^3$ 和 $96.44\times10^8m^3$。由此可以看出，前三年用水量的减少增加了水资源的年蓄水量，从第四年，也就是 2001 年开始，新方案的年供水量超过了现有方案，随着经济的发展和人口的增长，供水也在稳步增长，从而获得了更高的总社会福利。

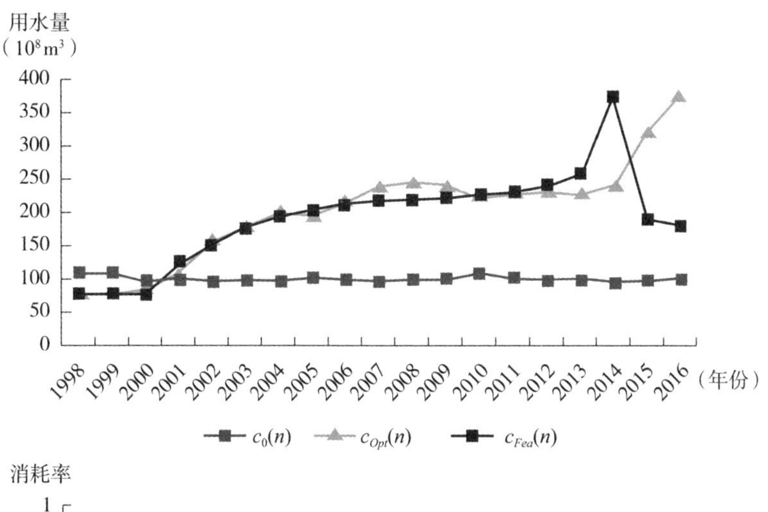

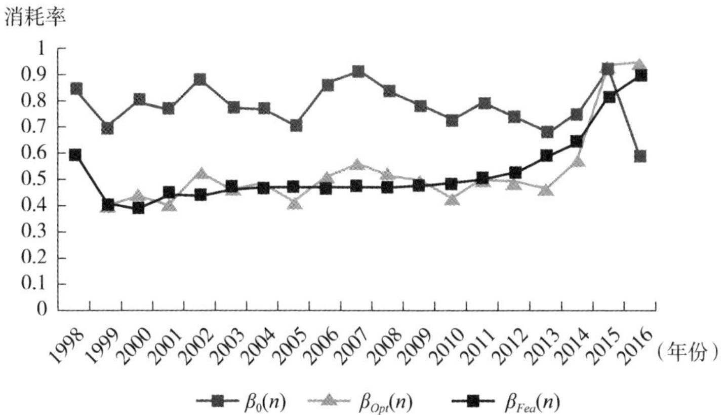

图 3.3 三种方案中不同年份用水量及消耗率变化情况

2. 寻找最优初始存储

为比较不同初始存储水平下的结果，下面给出一系列可行水资源开采方案的数值计算方法。变异系数（$C.V$）是标准差与均值的比值，用于比较不同初始库存量下每年的用水量偏差，它可以表示为 $C.V=\frac{\sigma}{\mu}$，其中 $\sigma=\sqrt{\frac{1}{T}\sum_{t=1}^{T}(c(t)-\mu)^2}$，$\mu=\frac{1}{T}\sum_{t=1}^{T}c(t)$。变异系数越小，耗水量偏离程度越小，风险越小，水资源跨年分布越公平，就能保证水资源利用代际公平。反之，变异系数越大，水资源消耗偏离程度越大，风险则越大。根据表3.3，最大变异系数为0.388，对应的初始水资源库存水平是$100 \times 10^8 m^3$，这表明，较低的初始库存水平导致较低的初始消费水平，这与对最贫穷年份施加的高储蓄率有关。而当初始水资源库存量为$500 \times 10^8 m^3$时，变异系数最小，为0.0842，这表明在这样的初始存储下，年用水量偏差最小，年供水量趋于稳定。如图3.5所示，只要初始水资源储量水平在$350 \times 10^8 m^3$以上，耗水量变化系数就相对较小，并在［0.0842，0.1306］这个区间内相对稳定的变动，这也说明了初始水资源丰富的优势。

表3.3　初始存量变化时水资源消耗变异系数与最大社会福利函数值

$x(0)$ ($10^8 m^3$)	100	200	300	400	450	500	550	600	650	700
年份	$C_{Fea}(t)$ ($10^8 m^3$)	$C_{Fea}(t)$ ($10^8 m^3$)	$C_{Fea}(t)$ ($10^8 m^3$)	$C_{Fea}(t)$ ($10^8 m^3$)	$C_{Fea}(t)$ ($10^8 m^3$)	$C_{Fea}(t)$ ($10^8 m^3$)	$C_{Fea}(t)$ ($10^8 m^3$)	$C_{Fea}(t)$ ($10^8 m^3$)	$C_{Fea}(t)$ ($10^8 m^3$)	$C_{Fea}(t)$ ($10^8 m^3$)
1998	58.38	122.04	176.08	213.15	225.7	247.16	276.26	292.11	324.09	339.71
1999	58.38	122.04	176.08	213.15	222.38	226.2	238.26	246.94	260.6	266.94
2000	71.33	123.73	176.16	213.15	222.38	226.48	235.08	243.7	245.89	250.78
2001	101.61	153.91	179.38	213.16	222.38	226.93	226.45	230.74	228.72	237.54
2002	130.21	174.12	193.68	213.15	222.46	226.2	226.25	226.02	228.43	227.66
2003	159.26	194.39	206.99	216.97	222.38	226.2	226.25	226.03	228.43	227.43
2004	185.3	206.39	213.4	218.25	222.39	227.2	226.25	226.02	228.43	227.4
2005	195.45	211.97	216.81	219.53	222.38	226.2	226.25	226.02	228.43	227.4
2006	201.34	215.95	219.77	221.13	222.38	226.2	226.25	226.08	228.43	227.4
2007	212.24	219.32	221.57	222.03	222.39	226.2	226.25	226.02	228.43	227.4
2008	215.06	222.23	222.77	222.73	222.5	226.2	226.25	226.02	228.43	227.4

续表

$x(0)$ (10^8 m^3)	100	200	300	400	450	500	550	600	650	700
年份	$C_{Fea}(t)$ (10^8m^3)	$C_{Fea}(t)$ (10^8m^3)	$C_{Fea}(t)$ (10^8m^3)	$C_{Fea}(t)$ (10^8m^3)	$C_{Fea}(t)$ (10^8m^3)	$C_{Fea}(t)$ (10^8m^3)	$C_{Fea}(t)$ (10^8m^3)	$C_{Fea}(t)$ (10^8m^3)	$C_{Fea}(t)$ (10^8m^3)	$C_{Fea}(t)$ (10^8m^3)
2009	219.17	221.83	223.68	223.22	222.84	226.2	226.25	226.02	228.43	227.4
2010	222.04	223.93	223.19	225.58	224.76	226.19	226.25	226.03	228.43	227.4
2011	225.8	227.2	226.75	227.73	227.79	229.1	226.38	226.03	228.43	227.4
2012	233.41	230.67	231.81	232.48	233.32	234.56	232.8	227.11	228.43	227.4
2013	239.33	241.3	242.1	241.64	244.34	237.99	244.72	238.2	233.71	236.64
2014	259.47	260.94	259.78	262.22	264.38	257.57	258.2	257.97	254.85	260.58
2015	290.13	296.33	297.1	293.33	289.4	294.54	308.36	302.4	293.25	289.22
2016	296.22	282.56	281.24	281.06	275.05	280.46	258.47	275.84	279.15	275.3
$C.V$	0.388	0.2409	0.1524	0.1019	0.0871	0.0842	0.0926	0.1002	0.1096	0.1122
$\max W$	33.82	35.65	36.52	37.04	37.19	37.31	37.4	37.47	37.52	37.57

在标准参数值下，当初始资源存量水平增加时，可行方案选择了一条增加社会福利价值的路径；在水资源初始存量水平 $500\times10^8m^3$ 左右，总的社会福利函数值趋于稳态，如图 3.4 所示。从表 3.3 可以看出，初始库存水平为 $300\times10^8m^3$ 时的最大社会福利值比初始库存水平为 $100\times10^8m^3$ 时的最大社会福利值大了近 7.98%，但比初始库存水平为 $500\times10^8m^3$ 的最大社会福利值小了约 2.16%。随着水资源初始资源存储持续增长到 $700\times10^8m^3$ 时，最大社会福利值就只比初始存储为 $500\times10^8m^3$ 时大了 0.69%。因此，最初较高的库存水平可以使未来所有年份享有较高的福利水平。通过比较每组初始储量下水资源消费变异系数的大小和社会福利函数值的增长趋势，可以得出，水资源初始存储 $500\times10^8m^3$ 在可行方案中似乎是最优的初始库存水平。

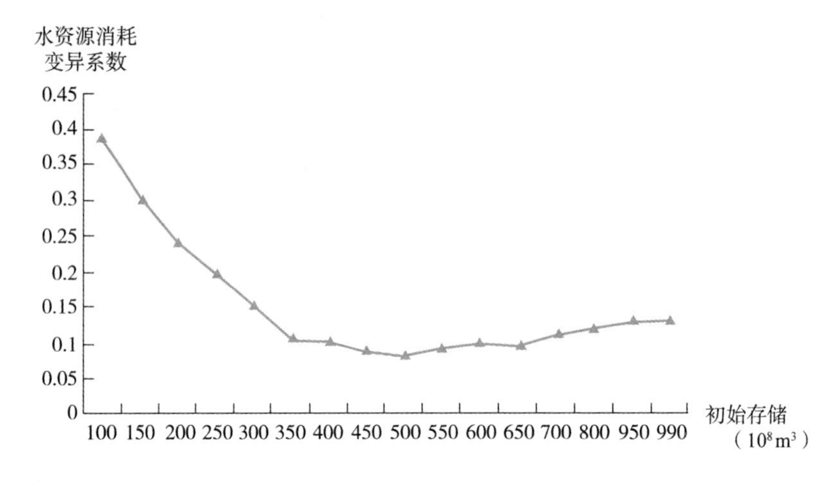

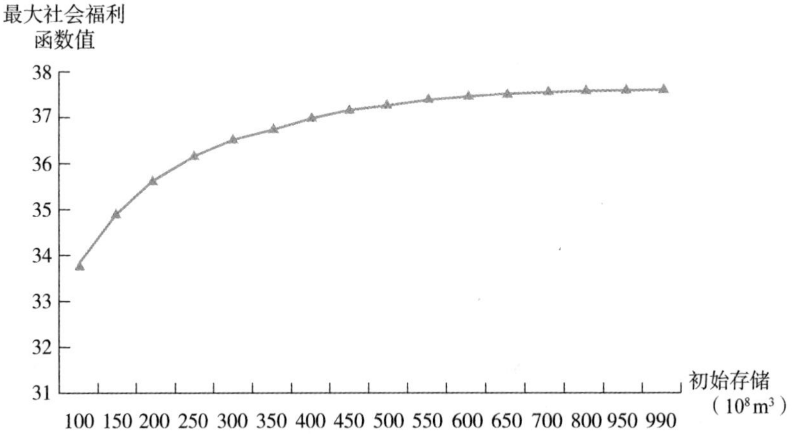

图 3.4　消费变异系数和最大社会福利函数值的变化趋势图

3. 福利函数不同权重

社会福利函数准则是标准贴现效用的总和和特别强调最弱势群体的 Rawlsian 部分效用的加权平均值，其中，标准贴现效用总和的正权重 $1-\theta$意味着对未来的非独裁，而 Rawlsian 部分效用的正权重 θ 则确保了对当前的非独裁。因此，福利函数准则中不同的权重会导致不同的水资源配置策略，这也是流域主管部门考虑可持续水资源开发的另一个重要因素。

表 3.4　　　　较高初始存储下福利函数权重变化时模型结果

	年份	$\theta=0.25$			$\theta=0.5$			$\theta=0.75$		
		$x_{Fea}(t)$ (10^8m^3)	β_{Fea}	$C_{Fea}(t)$ (10^8m^3)	$x_{Fea}(t)$ (10^8m^3)	β_{Fea}	$C_{Fea}(t)$ (10^8m^3)	$x_{Fea}(t)$ (10^8m^3)	β_{Fea}	$C_{Fea}(t)$ (10^8m^3)
$x_{Fea}(0)=850$ (10^8m^3)	1998	850	0.4097	348.24	850	0.408	346.5	850	0.4076	343.25
	1999	657.83	0.4144	272.58	659.59	0.410	270.59	662.8	0.4102	260.26
	2000	511.58	0.4932	252.33	515	0.487	250.97	527.96	0.4873	244.53
	2001	509.71	0.4646	236.83	514.41	0.456	234.79	533.24	0.4564	231.04
	2002	504.89	0.4488	226.61	511.53	0.446	228.1	533.28	0.4459	231.02
	2003	485.91	0.4663	226.59	490.96	0.465	228.07	508.99	0.4645	231.27
	2004	489.27	0.4631	226.59	492.95	0.462	228.11	507.77	0.4627	231.02
	2005	485.88	0.4663	226.59	488.09	0.467	228.07	499.99	0.4673	231.02
	2006	479.47	0.4726	226.59	480.25	0.475	228.07	489.32	0.4749	231.12
	2007	477.1	0.4749	226.59	476.43	0.479	228.07	482.7	0.4787	231.02
	2008	472.79	0.4792	226.59	470.62	0.485	228.07	474.16	0.4846	231.02
	2009	468.12	0.484	226.59	464.36	0.491	228.07	465.11	0.4911	231.02
	2010	463.93	0.4884	226.59	458.46	0.499	229.21	456.31	0.4999	231.02
	2011	459.06	0.4936	226.59	450.59	0.506	228.07	446.46	0.5062	231.02
	2012	453.9	0.5069	230.1	443.27	0.516	228.87	435.8	0.5163	231.02
	2013	444.94	0.5405	240.49	434.55	0.541	234.92	424.13	0.5406	231.02
	2014	424.7	0.6147	261.07	418.76	0.610	255.55	410.92	0.6102	242.27
	2015	381.54	0.7679	293	380.3	0.769	292.28	384.55	0.7685	300.35
	2016	299	0.9331	279	298.22	0.933	278.22	295.29	0.9329	275.29
max$W$		53.75			37.64			21.54		

在较高初始存储和较低初始存储下目标函数取不同权重的模型结果见表3.4和表3.5。若水资源初始库存水平较高时，如 $x_{Fea}(0)=850\times10^8m^3$ 第一年消费水平就相应较高，然而，如果这一消耗远远大于水资源再生能力，资源存量水平就会开始下降。在1998—2001年，随着目标函数中Rawlsian部分的权重 θ 增加，每年水资源的消费水平会降低。例如，当 θ 赋值0.25、0.5和0.75时，1998年初始消耗分别为 $348.24\times10^8m^3$、$346.5\times10^8m^3$ 和 $343.25\times10^8m^3$。因此，初始水资源储量水平的任何下降都会导致模型中初始耗水量水平的同时下降。若水资源初始库存水平较低时，如 $x_{Fea}(0)=128.09\times10^8m^3$，在1998年、1999年，随着目标函数中Rawlsian部分的权重 θ 增加，当年的水资源的消费水平会随之升高，例如，当 θ 赋值0.25、0.5、0.75时，1998年初始消耗分别为 $67.87\times10^8m^3$、$76.25\times10^8m^3$ 和 $85.38\times10^8m^3$。

当初始库存水平分别为 $X_{Fea}(0)=850(10^8m^3)$ 和 $X_{Fea}(0)=128.09(10^8m^3)$ 时，mixed Bentham-Rawls准则分配给极大极小福利函数部分的权重 θ 与初始消费水平之间的关系如图3.5所示。当初始库存水平较低时，随着准则中极大极小部分的重要性增加，当 $\theta=1$ 时，初始消费水平增加到最大值0.793。但是，如果初始库存水平较高，无论目标函数中的权重如何变化，初始消费水平都在区间［0.4101，0.4139］内保持相对稳定。

表3.5　较低初始存储下福利函数权重变化时模型结果

	年份	$\theta=0.25$			$\theta=0.5$			$\theta=0.75$		
		$x_{Fea}(t)$	β_{Fea}	$C_{Fea}(t)$	$x_{Fea}(t)$	β_{Fea}	$C_{Fea}(t)$	$x_{Fea}(t)$	β_{Fea}	$C_{Fea}(t)$
$x_{Fea}(0)=128.09$	1998	128.09	0.5299	67.87	128.09	0.5953	76.25	128.09	0.667	85.38
	1999	196.91	0.3447	67.87	188.54	0.4044	76.25	179.44	0.476	85.38
	2000	217.78	0.4533	98.72	198.15	0.4458	88.33	176.71	0.887	156.7

续表

	年份	$\theta=0.25$			$\theta=0.5$			$\theta=0.75$		
		$x_{Fea}(t)$	β_{Fea}	$C_{Fea}(t)$	$x_{Fea}(t)$	β_{Fea}	$C_{Fea}(t)$	$x_{Fea}(t)$	β_{Fea}	$C_{Fea}(t)$
$x_{Fea}(0)=128.09$	2001	289.82	0.4519	130.97	269.09	0.4467	120.2	165.83	0.515	85.38
	2002	349.93	0.4455	155.9	331.48	0.442	146.53	208.87	0.409	85.38
	2003	382.98	0.4712	180.46	369.02	0.4693	173.2	260.75	0.446	116.18
	2004	420.04	0.4675	196.36	410.15	0.4667	191.43	322.01	0.454	146.08
	2005	441.27	0.4666	205.9	434.82	0.4675	203.26	370.93	0.462	171.41
	2006	452.68	0.4734	214.32	448.16	0.4722	211.61	405.19	0.469	190.42
	2007	460.95	0.4733	218.15	458.74	0.4716	216.33	431.29	0.472	203.45
	2008	464.19	0.4726	219.37	463.64	0.4731	219.37	446.37	0.476	212.42
	2009	466.25	0.4741	221.04	465.68	0.4762	221.74	453.97	0.486	220.59
	2010	467.49	0.4801	224.44	466.19	0.4803	223.93	454.79	0.499	226.76
	2011	464.98	0.4899	227.8	464.11	0.4889	226.92	449.09	0.525	235.71
	2012	459.01	0.5067	232.6	458.97	0.5053	231.91	433.99	0.579	251.37
	2013	447.94	0.539	241.43	448.58	0.5375	241.13	401.75	0.950	381.75
	2014	427.04	0.607	259.21	428.04	0.6057	259.24	234.34	0.915	214.34
	2015	386.06	0.766	295.88	387.15	0.7649	296.12	180.03	0.889	160.03
	2016	301.57	0.9337	281.57	302.65	0.9339	282.65	151.66	0.868	131.66
$\max W$		49.65			34.52			19.23		

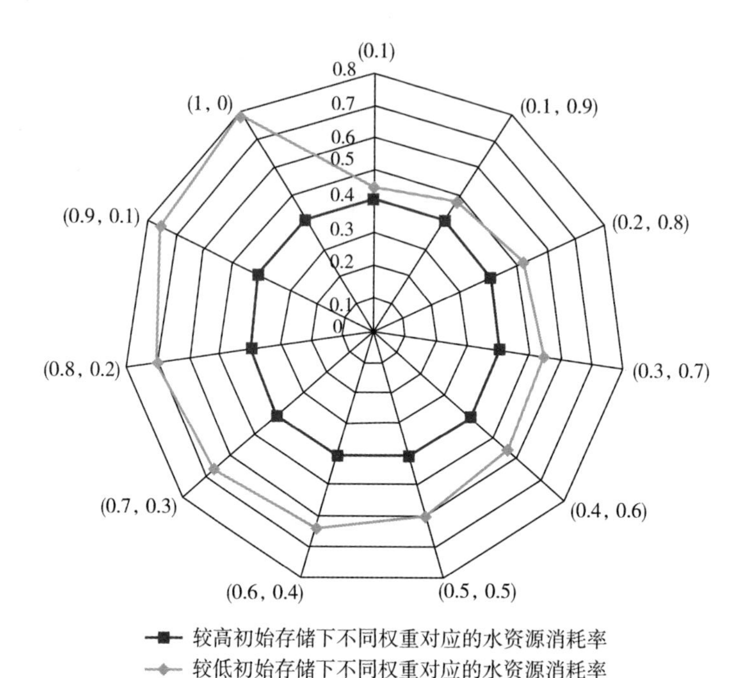

图 3.5 高、低初始库存水平的水资源消耗率比较

(四) 延伸讨论

上述结果表明，将动态效率与总社会福利函数相结合且不随时间减少的最优增长方案，在寻求确保代际公平的综合可持续用水路径时具有显著的决策优势。针对国内目前的水资源危机，根据计算结果和岷江流域上游水资源配置的讨论，提出了一些管理建议，以帮助决策者作出明智的决策。第一，为水问题提供整体解决方案。预计人口增长和全球变暖的影响将对稀缺的水资源造成巨大压力，为了满足日益增长的需求，现有水资源不仅被过度开发，而且分配不均并且利用效率低下，如何确保未来一代的福利水平与现在的福利水平得到同等对待是研究的重点。该跨期水资源最优利用方案，考虑了对后代的重视的标准，保证水资源利用的代际公平和水资源可持续管理。第二，水资源管理协调。对于中国政府来说，水资源协调管理的主要目标之一就是建立合理的水资源配置方案，保证高效的用水系统，从根本上扭转水利发展的局面。[①] 水资源最优利用的代际公平路径考虑了经济效率和社会福利函数的最大化，并将生态需水量作为保证环境可持续性的约束条件，指定了一个可用于确保稀缺水资源可持续利用的最优方案，能够为流域管理者协调近期和远期、当代和后代之间公平用水提供可行有效的建议。第三，重视足够的蓄水量。从模型和数值算例的结果来看，为了恢复水资源的再生能力，在进行水利用提取的同时，需要进行足够的蓄水活动。因此，流域管理者需要特别重视蓄水池与用水开采政策之间的协调，也需要特别重视最不得天独厚的年份的效用，以确保对当前的非独裁。

四　本章小结

利用标准技术表征，在 mixed Bentham-Rawls 准则下保证代际公平的最优水资源开发路径，在同构生产—消费经济模型中，考虑了水资源再生产函数的离散逻辑规范，并得出了一些结论。第一，将代际公平理论考虑在水生生态系统，以审查跨时期的水资源开发利用，并采用一个社会福利标准，找到水资源利用的最优路径，保证了水资源开发利用的可持续性。第二，以 mixed Bentham-Rawls 准则为目标的优化方案比现有方案更能合理控制水资源利用率，水资源储存会增加，获得更高的总社会福利。第三，在社会福利函数准则中，如果极大极小福利函数的权重小

---

① Gong Peng, Yin Yongyuan, Yu Chaoqing, "China: Invest Wisely in Sustainable Water Use", *Science*, 2011, 331 (6022): 1264 - 1265; Jianguo Liu, Wu Yang, "Water Sustainability for China and Beyond", *Science*, 2012, 337 (6095): 649 - 650; Yang Hong, Flower Roger J., Thompson Julian R, "Sustaining China's Water Resources", *Science*, 2013, 339 (6116): 141.

于折现功利主义的权重，则水资源总量增加。流域管理局应确保较高的初始存储水平，使水资源在各个年份得到公平分配，从而实现长期供应，使未来几年都能够享有较高的福利水平。第四，可用水的变化范围越大，分配的水量越小，但经济效益的变化越大。因此，流域管理部门需要制定水文设施和蓄水策略，以应对可用水量的波动。其主要创新在于将 Alvarez-Cuadrado 和 Van Long 提出的 mixed Bentham-Rawls 可持续准则应用于标准的水资源生产—消费经济模型，找到了符合公平储蓄规则的水资源最优利用路径，实现水资源利用的代际公平。另外，以岷江上游流域作为案例，把 mixed Bentham-Rawls 准则为目标的优化方案和现有方案的结果进行对比分析，进一步为流域管理者协调近期和远期、当代和后代之间公平用水提供可行建议。

第四章　水资源代际公平配置一般模式及应用

随着人口和经济的增长，在全世界许多地区的淡水供应已存在严重问题，导致了用水者之间的潜在冲突。因此，合理的水资源配置策略可以对经济发展、社会稳定和水生生态系统产生重大影响①，为了确保公平、有效以及可持续用水，水资源配置研究已经引起越来越多的关注。②然而，这些研究大多只从代内视角看待水资源配置问题，如何应对今世后代的水资源竞争仍然是实施可持续水资源配置方法的重大障碍。就时间维度而言，可持续用水需要考虑当代和后代的需要③，至关重要的是，对代际公平的考虑应该包括在水资源配置管理中，以便当代人对用水风

---

① Eliasson Jan, "The Rising Pressure of Global Water Shortages", *Nature*, 2015, 517 (7532): 6; T. A. Larsen, S. Hoffmann, C. Lüthi, et al., "Emerging Solutions to the Water Challenges of an Urbanizing World", *Science*, 2016, 352 (6288): 928 – 933.

② Shanghong Zhang, Weiwei Fan, Yujun Yi, et al., "Evaluation Method for Regional Water Cycle Health Based on Nature-Society Water Cycle Theory", *Journal of Hydrology*, 2017, 551: 352 – 364; Jiuping Xu, Shuhua Hou, Liming Yao, et al., "Integrated Waste Loadal Location for River Water Pollution Control under Uncertainty: A Case Study of Tuojiang River, China", *Environmental Science & Pollution Research*, 2017, 24 (1): 1 – 19.

③ Kostas Bithas, "The Sustainable Residential Water Use: Sustainability, Efficiency and Social Equity", *Ecological Economics*, 2008, 68 (1): 221 – 229.

险判断能够包括对其子孙后代造成可能结果的考虑。[①] 因此，为了解决当前和未来几代人之间的水资源利用竞争和冲突，提出了一种水资源代际公平配置的一般模式。为了满足今世后代对水资源的需要，利用 Gini 系数和 mixed Bentham-Rawls 准则将水配置代内公平和代际公平结合起来，以便从时间和空间两个维度对水配置的社会公平性进行权衡，实现水资源可持续发展。多目标水资源配置模型还考虑了平均经济效益效率来协调社会发展与水资源管理，并以生态用水需求作为保证环境可持续性的约束条件。此外，由于气候变化和社会发展所带来的水资源变化是不确定的，所以采用模糊随机变量来处理这些不确定参数。最后将考虑代际公平的水资源配置模型的求解结果与现有的分水结果从公平、效率和可持续三个方面进行了对比，还对代际配置模型进行了不确定性分析。

一　问题概述

当代人有可能不会为了子孙后代的利益而限制他们自己对水的使用和满足，因为当代人认为后代将被赋予先进技术，可以提高可用资源的生产力，因而后代人用更少的水资源就可以满足其需要。这种认为可能会破坏和暂停任何可持续利用水资源的行动计划，不可避免地进一步加剧水资源的短缺。要确保水资源可持续利用，必须以代际公平为主要驱动力，研究代际间的配置策略，以确保当代与后代公平使用水资源。该方法包括从时间和空间两个维度讨论水资源配置的社会公平性、优化协

---

① G. J. Syme，B. E. Nancarrow，"Achieving Sustainability and Fairness in Water Reform"，*Water International*，2006，31（1）：23 – 30；G. J. Syme，B. E. Nancarrow，"Incorporating Community and Multiple Perspectives in the Development of Acceptable Drinking Water Source Protection Policy in Catchments Facing Recreation Demands"，*Journal of Environmental Management*，2013，129（18）：112 – 123；G. J. Syme，"Acceptable Risk and Social Values：Struggling with Uncertainty Inaustralian Water Allocation"，*Stochastic Environmental Research & Risk Assessment*，2014，28（1）：113 – 121.

调水资源配置多目标冲突以及制定适应性战略实现水资源可持续发展的三个主要问题，其具体流程如图 4.1 所示。

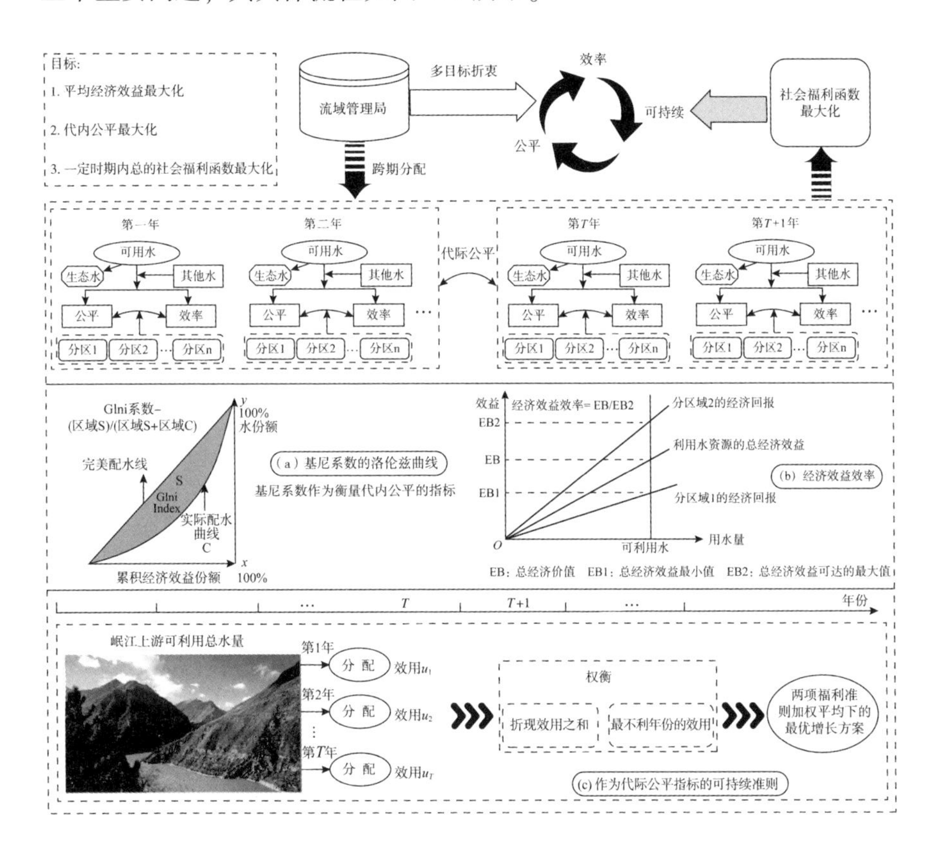

图 4.1　流域管理局的决策框架

（一）公平的时间空间维度

社会公平是可持续发展的一个组成部分，从空间和时间两个维度来看，社会公平具有代内公平和代际公平两个方面。① 代内公平的关注重

① Snorre Kverndokk, Eric Nvdal, Linda Nstbakken, "The Trade-Off Between Intra- and Intergenerational Equity in Climate Policy", *European Economic Review*, 2014, 69 (C): 40 - 58.

点是资源在当代人中或在后代人中进行的公平分配。[①] 虽然保证资源分配的代内公平非常重要，但关于可再生资源公平配置的争论大多集中在代际问题上。[②] 代际公平意味着当代人必须保证在满足其当前需要的前提条件下，不损害后代满足其自身需要的能力。虽然这些未来的需要尚不清楚，但如果得不到足够的自然资源，这些需要是不可能得到满足的。[③] 因此，代际公平内含重要的代内维度，正如在不同的世代之间一样，当代所有成员都有平等的权利使用和受益于地球资源，并且有义务确保自然资源得到良好的照顾。[④]

代内公平是许多环境问题的根本。对于水资源来说尤其如此，因为它是一种共用的、多用途的、单向的资源，因此，水资源配置决策的核心是保证代内公平。[⑤] 采用 Gini 系数作为衡量水资源配置代内公平的指标，因为 Gini 系数是一种常用的不平等测度[⑥]，已经被广泛用于资源分配策略中。[⑦] 为达到水资源配置代内公平，采用相对平均差（各个子区

---

① Snorre Kverndokk, Adam Rose, "Equity and Justice in Global Warming Policy", *International Review of Environmental & Resource Economics*, 2008, 2 (2): 1647 - 1657.

② Erling Holden, Kristin Linnerud, David Banister, "Sustainable Development: Our Common Future Revisited", *Global Environmental Change*, 2014, 26 (26): 130 - 139; Igor Vojnovic, "Intergenerational and Intragenerational Equity Requirements for Sustainability", *Environmental Conservation*, 1995, 22 (3): 223 - 228.

③ Igor Vojnovic, "Intergenerational and Intragenerational Equity Requirements for Sustainability", *Environmental Conservation*, 1995, 22 (3): 223 - 228.

④ E. B Weiss. "In Fairness to Future Generations", *Environment Science & Policy for Sustainable Development*, 1990, 32 (3): 6 - 31.

⑤ Sharachchandra Lele, "Sustainable Development Goal 6: Watering down Justice Concerns", *Wiley Interdisciplinary Reviews Water*, 2017, e1224.

⑥ Corrado Gini, "Measurement of Inequality of Incomes", *Economic Journal*, 1921, 31 (121): 124 - 126.

⑦ Luis Filipe Gomes Lopes, Jo Manuel R. Dos Santos Bento, Artur F. Arede Correia Cristovo, et al., "Exploring The Effect of Land Use on Ecosystem Services: The Distributive Issues", *Land Use Policy*, 2015, 45 (17): 141 - 149; Nishi Akihiro, Shirado Hirokazu, David G. Rand, et al., "Inequality and Visibility of Wealth in Experimental Social Networks", *Nature*, 2015, 526 (7573): 426 - 439.

域每一对可能的经济效益用水量的平均数之差除以所有子区域每一经济效益用水量的平均数之差）来估计水分配的 Gini 系数，如图 4.1（a）所示。

代际公平隐含在对可持续性的国际承诺中。要实现生态、经济和社会的可持续性，就必须将代际公平考虑纳入水资源分配决策之中，找到一种满足今世后代优质水需求的利用方式。[①] 在 Chichilnisky[②] 以及 Alvarez-Cuadrado 和 Van Long[③] 的研究基础上，提出了一种衡量水资源配置代际公平的新的社会福利标准，以平衡最不利世代的发展需要和关切。该准则允许在跨时期水资源配置中进行一定程度的权衡，最大限度地发挥社会福利功能，实现水资源可持续配置路径。此外，该福利函数准则的效用函数仅取决于每年分配给各分区域的总耗水量，两部分效用函数加权平均下确保代际公平的跨期水资源配置方案如图 4.1(c) 所示。

为了保证今世后代之间水资源的最优配置，将代内公平和代际公平结合起来，以确保可持续的水资源管理。然而，由于在设计和执行可持续性政策时可能会出现与水资源使用和相关服务有关的代内公平与代际公平的冲突，该研究分析了两种社会公平维度下代内和代际公平政策偏好的权衡，以实现跨水资源、跨时期分配，保证水资源可持续开发。

---

① G. J. Syme, E. Kals, B. E. Nancarrow, et al., "Ecological Risks and Community Perceptions of Fairness and Justice: A Cross-Cultural Model", *Human & Ecological Risk Assessment an International Journal*, 2006, 12 (1): 102 - 119; G. J. Syme, B. E. Nancarrow, J. A. McCreddin, "Defining the Components of Fairness in the Allocation of Water to Environmental and Human Uses", *Journal of Environmental Management*, 1999, 57 (57): 51 - 70.

② Graciela Chichilnisky, "An Axiomatic Approach to Sustainable Development", *Social Choice & Welfare*, 1996, 13 (2): 231 - 257.

③ Francisco Alvarez-Cuadrado, Ngo Van Long, "A Mixed Bentham-Rawls Criterion for Intergenerational Equity: Theory and Implications", *Journal of Environmental Economics & Management*, 2009, 58 (2): 154 - 168.

（二）优化协调多目标冲突

为了应对水资源短缺给人类健康、经济活动和后代带来的威胁，必须在适当的时候适当分配水资源，以确保可持续性。稀缺资源配置的经济理论认为，水资源最优配置必须同时实现经济效率、社会公平和环境可持续性。[①]

以经济效益为基础的科学有效的水资源配置有助于平衡水资源供求关系。[②] 图 4.1（b）为有效配置水所需条件示意图，其中，经济效益是总经济价值（分配的水和分区域的经济回报的乘积）与最大可实现的总经济价值（总可用水和分区域从所考虑的分区域获得的最大净经济回报的乘积）之比。虽然在使用自然资源方面的“效率”和“可持续性”目标大不相同，在某些情况下甚至存在竞争[③]，但是，“有效用水”是可持续用水的必要手段，从长远来看是促进社会公平的手段。因此，从经济效益和社会公平的目标来看，提高水资源的可持续利用对于政府管理机构来说至关重要。多目标方法已被证明是解决不同目标之间的平衡问题的有效方法。比如，在考虑极端天气不确定性的情况下，用涉及水资源配置公平和经济效率风险控制的多目标模型来解决经济低效率风险[④]；也有研究基于冷却、加热和动力压缩的空气储能系统，使用多目标方法优化热力学和经济目

---

① Kostas Bithas, “The Sustainable Residential Water Use: Sustainability, Efficiency and Social Equity”, *Ecological Economics*, 2008, 68 (1): 221-229.

② R. C. Griffin, *Water Resource Economics: The Analysis of Scarcity, Policies, and Projects*, The MIT Press, 2006, 50-72.

③ Daniel W. Bromley, “The Ideology of Efficiency: Searching for a Theory of Policy Analysis”, *Journal of Environmental Economics & Management*, 1990, 19 (1): 86-107.

④ Zhineng Hu, Changting Wei, Liming Yao, et al., “A Multiobjective Optimization Model with Conditional Value-At-Risk Constraints for Water Allocation Equality”, *Journal of Hydrology*, 2016, 542: 330-342.

标之间的平衡。[①] 在这些成功研究的鼓励下，提出了一种多目标方法，强调公平、效率和可持续性之间的必要权衡和潜在的互补性，并促进协调的水发展和管理，以最大限度地提高公平的社会福利，以确保可持续用水符合社会、经济和环境目标。

（三）适应战略实现可持续

当从可持续性的角度来看待环境政策问题时，需要考虑几个属性，包括普遍存在的风险和不确定性，以及缺乏了或质量较差的信息。[②] 例如，自然河流径流变化受到全球气候变化和人类活动增加的影响[③]；水资源的开采方式和程度会导致气候变化，而供水系统也极易受到气候变化的影响[④]；在许多国家和地区，特别是在人口密集地区，水资源短缺、水污染和生态退化等社会问题也严重影响着水资源配置。[⑤] 因此，由于水体的随机性，需要将河流流量和水量分配看作一个在每个节点和整个系统都具有显著不确定性的决策系统。[⑥] 以往的一些研究考虑了模糊随

---

① Erren Yao, Huanran Wang, Ligang Wang, et al.,“Multiobjective Optimization and Exergoeconomic Analysis of a Combined Cooling, Heating and Power Based Compressed Air Energy Storage System”, *Energy Conversion & Management*, 2017, 138: 199 - 209.

② Stephen R. Dovers,“Sustainability: Demandsonpolicy”, *Journal of Public Policy*, 1996, 16 (3): 303 - 318.

③ L. E. Brown, G. Mitchell, J. Holden, et al.,“Priority Water Research Questions as Determined by UK Practitioners and Policy Makers”, *Science of The Total Environment*, 2010, 409 (2): 256; Ryan Plummer, Jonas Velanikis, Danuta De Grosbois,“The Development of New Environmental Policies and Processes in Response to a Crisis: The Case of the Multiple Barrier Approach for Safe Drinking Water”, *Environmental Science & Policy*, 2010, 13 (6): 535 - 548.

④ Bjorn Stevens, Sandrine Bony,“What are Climate Models Missing”, *Science*, 2013, 340 (6136): 1053 - 1054.

⑤ J. A. Elías-Maxil, Jan Peter Van Der Hoek, Jan Hofman, et al.,“Energyin the Urban Water Cycle: Actions to Reduce the Total Expenditure of Fossil Fuels With Emphasis on Heat Reclamation from Urban Water”, *Renewable & Sustainable Energy Reviews*, 2014, 30 (2): 808 - 820.

⑥ G. J. Syme,“Acceptable Risk and Social Values: Struggling with Uncertainty Inaustralian Water Allocation”, *Stochastic Environmental Research & Risk Assessment*, 2014, 28 (1): 113 - 121.

机环境中的水流，模糊随机变量可以用具有相应的概率分布的三种不同的情景来判断。低水平、中等水平和高水平，用来表示降雨变化、气温升高等多种气象水文因素的需水量和水流不确定性。[①] 在这些成功应用基础上，利用模糊随机变量处理水资源配置问题中的概率和离散区间不确定性。因此，基于对可持续发展的洞见和对环境变化的响应，提出了几种情景和适应策略，通过代际公平对今世后代的福祉都很敏感，以实现水资源可持续利用。[②]

二 方法结构

水资源代际公平配置一般模式，从时间和空间两个维度对水配置的社会公平性进行权衡，同时满足了今世后代对水资源的需求，并以平均经济效益效率来协调社会发展与水资源可持续管理。为建立水资源代际公平配置一般模式的数学模型，给出下列一些假设。第一，所有供分配的可用水都来自同一流域。第二，分配给每个分区的最小可用水量、流域的最小生态需水量以及每个分区的最大和最小取水量都是已知的。第三，将各年各分区的有效水量、流域到分区的输水损失率和其他来源的水资源视为模糊随机变量。第四，可用的水具有“好”的质量，因此不考虑水质问题。

① Jiuping Xu, Yan Tu, Ziqiang Zeng, “Bi-level Optimization of Regional Water Resources Allocation Problem under Fuzzy Random Environment”, *Journal of Water Resources Planning and Management*, 2013, 139 (3): 246 – 264; Jiuping Xu, Jingneng Ni, Mengxiang Zhang, “Constructed Wetland Planning-Based Bilevel Optimization Model Under Fuzzy Random Environment: Case Study of Chaohu Lake”, *Journal of Water Resources Planning and Management*, 2015, 141 (3): 04014057.

② Andrea Beltratti, Graciela Chichilnisky, Geoffrey Heal, *Sustainable Use of Renewable Resources*, Springer Netherlands, 1998, 210 – 235.

（一）代际配置模型刻画

为清楚描述水资源代际配置一般模型，先给定相关数学符号如下所示。

第一，指标。i：每个分区，$i=1, 2, \cdots, n$。t：年份，$t=1, 2, \cdots, T$。

第二，确定参数。ABE_{ti}：分区 i 在第 t 年的平均经济效益。EB_{ti}：分区 i 在第 t 年的总经济效益。$Z_i^{\min}$：分区 i 最小含水容量。$Z_i^{\max}$：分区 i 最大含水容量。$D_{ti}^{\min}$：分区 i 在第 t 年的最低用水量要求。$D_{ti}^{\max}$：分区 i 在第 t 年的最高用水量要求。$WEC_{ti}^{\min}$：分区 i 在第 t 年的最低生态用水量。

第三，不确定参数。$\widetilde{AW_t}$：第 t 年可用水量。$\widetilde{\alpha_{ti}^{loss}}$：流域在第 t 年向分区 i 输水损失率。$\widetilde{WS_{ti}}$：分区 i 在第 t 年的其他水量。

第四，决策变量。Q_{ti}：流域在第 t 年向分区 i 供水量。

（二）多目标优化水配置

在考虑到最低限度和正常用水需求的情况下，流域当局需要通过最大限度地提高经济效益以及代内和代际公平来最优地分配每个分区域的水，以保证今世后代可持续用水。为寻找跨期最优配水路径，考虑在 T 年内的一个总体规划过程，以下将讨论实现这些目标的细节。

1. 平均经济效益效率最大化

生活用水的经济效益可以用需求函数来确定①，并且有研究应用线

① G. E. Diaz, T. C. Brown, "Aquarius: A Modeling System for River Basin Water Allocation", *Neuroendocrinology*, 1997, 38 (2): 145－151.

性规划模型的剩余归一化方法计算农业灌溉用水净经济收益。[①] 在这些研究基础上，为有效地获取不同用水户的净经济效益，将在 T 年内平均经济效益描述为总经济效益（各分区平均经济效益与用水量的乘积之和）与最大可实现经济效益（分区域最大平均经济效益与可用水资源的乘积）的比值。

这里，$\widetilde{\alpha_{ti}^{loss}}$是第 t 年流域到分区 i 的输水损失率，$\widetilde{WS_{ti}}$是第 t 年分区 i 的其他水资源量。由于天气、技术等客观因素的变化，参数$\widetilde{\alpha_{ti}^{loss}}$和$\widetilde{WS_{ti}}$不能被精确地赋值。因此，针对这些不确定参数，采用期望值算子法，利用低、中、高三个层次的梯形模糊集及其对应的概率分布来处理，如 $E[\widetilde{\alpha_{ti}^{loss}}]$、$E[\widetilde{WS_{ti}}]$。为确定不同用水户的净经济效益，采用每年单位用水量的年平均经济效益表示，如公式（4.1）所示。

$$EB_{ti} = AEB_{ti} \cdot ((1 - E[\widetilde{\alpha_{ti}^{loss}}]) \cdot Q_{ti}),\ \forall t,\ \forall i \tag{4.1}$$

因此，第 t 年的经济效率描述为各分区平均经济效益与用水量的乘积和与分区最大平均经济效益与可用水量的乘积之和的比值，如公式（4.2）所示。

$$EBE_t = \frac{\sum_{i=1}^{n} AEB_{ti} \cdot (1 - E[\widetilde{\alpha_{ti}^{loss}}]) \cdot Q_{ti}}{\sum_{i=1}^{n} AEB_{t\max}((1 - E[\widetilde{\alpha_{ti}^{loss}}]) \cdot Q_{ti} + E[\widetilde{WS_{ti}}])} \tag{4.2}$$

其中，$AEB_{t\max}$为第 t 年平均值最大的分区的经济效益。

目标是在总的 T 年实现平均经济效益效率最大化，如公式（4.3）所示。

---

① L. Divakar, M. S. Babel, S. R. Perret, et al., "Optimal Allocation of Bulk Water Supplies to Competing Use Sectors Based on Economic Criterion: An Application to the Chao Phraya River Basin, Thailand", *Journal of Hydrology*, 2011, 401 (1): 22–35.

$$\max EBE = \frac{1}{T}\sum_{t=1}^{T}\frac{\sum_{i=1}^{n} AEB_{ti}\cdot Q_{ti}}{\sum_{i=1}^{n} AEB_{t\max}((1-E[\widetilde{\alpha_{ti}^{loss}}])\cdot Q_{ti}+E[\widetilde{WS_{ti}}])}$$

(4.3)

2. 累积代内公平最大化

由于公平的水资源分配可以确保所有分区域的稳定发展，流域当局需要将公平作为水资源配置的一个主要因素。而 Gini 系数已经被有效地应用于衡量资源分配的不平等。① 这里用相对平均差估计水分配 Gini 系数以衡量公平性；也就是说，用水分配公平是以每单位经济效益的用水量的公平分配来衡量的②，初始定义如公式（4.4）所示。

$$Gini = \frac{1}{2n^2\bar{y}}\sum_{i=1}^{n}\sum_{j=1}^{n}|y_i - y_j| \tag{4.4}$$

其中，n 是个体的数量，并且 Gini 系数被定义为每一对个体(y_i，y_j)之间的平均差除以平均大小（$\bar{y}$）。

因此，如果 y 轴为总水量的累积份额，x 轴为经济效益的累积份额，则 Gini 系数有效衡量了水资源配置的公平性；也就是说，最小的 Gini 系数表示水资源被公平分配的最大化。在研究中，因为要考虑 T 年内的配水的公平性，那么累计公平最大化如公式（4.5）所示。

$$\min Gini = \frac{1}{T}\sum_{t=1}^{T}\frac{1}{2n\sum_{t=1}^{n}\frac{Q_{ti}}{EB_{ti}}}\sum_{l=1}^{n}\sum_{s=1}^{n}\left|\frac{Q_{tl}}{EB_{tl}}-\frac{Q_{ts}}{EB_{ts}}\right| \tag{4.5}$$

---

① Luis Filipe Gomes Lopes, Jo Manuel R. Dos Santos Bento, Artur F. Arede Correia Cristovo, et al.,"Exploring The Effect of Land Use on Ecosystem Services: The Distributive Issues", *Land Use Policy*, 2015, 45 (17): 141－149; Nishi Akihiro, Shirado Hirokazu, David G Rand, et al.,"Inequality and Visibility of Wealth in Experimental Social Networks", *Nature*, 2015, 526 (7573): 426－429.

② Corrado Gini, "Measurement of Inequality of Incomes", *Economic Journal*, 1921, 31 (121): 124－126.

3. 社会福利最大化保证代际公平

基于 Chichilnisky① 的研究基础，一个以平衡经济发展需要和对处境最不利的几代人给予关注的福利函数标准被提出。② 该准则不但调节了折现的效果，也允许贴现效用之和跟最不利世代的效用水平在一定程度上的跨期权衡。这里，c_t 表示第 t 代分配给代表个体的消费向量，假设效用函数只取决于分配给每一代的总消费，也就是说，$u_t \equiv u(c_t)$ 是指每个个体的效用［u_t 是实数，$u(\cdot)$ 是一个实值函数］。那么社会福利函数 W 如公式（4.6）所示。

$$W(U) = (1-\theta)\sum_{t=0}^{\infty}\beta^t u_t + \theta \inf\{u_0, u_1, \cdots, u_t, \cdots\}, 0 < \beta < 1 \tag{4.6}$$

其中，$U = \{u_0, u_1, \cdots, u_t, \cdots\}$ 是一个无限效用流。

为实现跨时期水资源分配满足可持续发展，假设 c_t 表示第 t 年分配给子区域的用水量，并且效用函数仅取决于分配给每个分区域的年用水总量，如公式（4.7）所示。

$$u = u(c_t) \tag{4.7}$$

并且满足公式（4.8），

$$c_t = \sum_{i=1}^{n}((1 - E[\widetilde{\alpha_{ti}^{loss}}]) \cdot Q_{ti} + E[\widetilde{WS_{ti}}] - WEC_{ti}^{\min}) \tag{4.8}$$

那么可持续水资源跨时期配置路径则是 $\max W(U)$，如公式（4.9）所示。

$$W(U) = (1-\theta)\sum_{t=1}^{T}u(c_t)(1+\rho)^{-t+1} + \theta \underline{U} \tag{4.9}$$

---

① Graciela Chichilnisky, "An Axiomatic Approach to Sustainable Development", *Social Choice & Welfare*, 1996, 13 (2): 231 - 257.

② Francisco Alvarez-Cuadrado, Ngo Van Long, "A Mixed Bentham-Rawls Criterion for Intergenerational Equity: Theory and Implications", *Journal of Environmental Economics & Management*, 2009, 58 (2): 154 - 168.

其中，ρ 表示贴现率，它是一个正的常数，并且 $\underline{U} = \inf\left\{ \sum_{i=1}^{n}((1 - E[\widetilde{\alpha_{1i}^{loss}}]) \cdot Q_{1i} + E[\widetilde{WS_{1i}}] - WEC_{1i}^{\min}),\ \sum_{i=1}^{n}((1 - E[\widetilde{\alpha_{2i}^{loss}}]) \cdot Q_{2i} + E[\widetilde{WS_{2i}}] - WEC_{2i}^{\min}), \cdots,\ \sum_{i=1}^{n}((1 - E[\widetilde{\alpha_{Ti}^{loss}}]) \cdot Q_{Ti} + E[\widetilde{WS_{Ti}}] - WEC_{Ti}^{\min}) \right\}$。

公式（4.9）中的第一个函数是贴现效用之和，具体计算如公式（4.10）所示。

$$\sum_{i=1}^{T} u(c_t)(1+\rho)^{-t+1} = u(c_1) + \frac{u(c_2)}{1+\rho} + \frac{u(c_3)}{(1+\rho)^2} + \cdots + \frac{u(c_T)}{(1+\rho)^{T-1}} \tag{4.10}$$

第二个函数是极大极小福利函数，如公式（4.11）所示。

$$\underline{U} = \inf\{u(c_1),\ u(c_2),\ \cdots,\ u(c_T)\} \tag{4.11}$$

这一可持续的水资源配置目标同时满足了两个条件。一是保证了当代人与后代之间水资源的最优配置；二是实现了整体效用的最大化。

（三）代际配置模型约束

为了让水资源代际配置一般模型符合实际应用，上述目标中的一些参数都有相应的约束条件。

1. 可用水约束

整个流域内水资源的总和就是流域提供给各个分区总的有效水量，流域系统的年有效水量各不相同，因此第 t 年可用水是不确定的，由随机模糊变量 $\widetilde{AW_t}$ 来表示，并且分配的水量不能超过最初可用水量，即准确描述其数学意义，采用期望值方法将其转化为清晰值，这里，$E[\widetilde{AW_t}]$ 是梯形模糊数 $\widetilde{AW_t}$ 的期望值。相应地，由于分配的水量不能超过最初可用水量，如公式（4.12）所示。

$$\sum_{i=1}^{n} Q_{ti} \leqslant E[\widetilde{AW_t}], \ \forall t \tag{4.12}$$

2. 供水约束

流域分给第 i 个分区的水量和该分区其他水源 $\widetilde{WS_{ti}}$（比如，地下水、降雨等）的总和，应该在该分区最小用水量需求和最大用水量需求之间，由此可以得到如下约束，如公式（4.13）所示。

$$D_{ti}^{\min} \leqslant (1 - E[\widetilde{\alpha_{ti}^{loss}}]) \cdot Q_{ti} + E[\widetilde{WS_{ti}}] \leqslant D_{ti}^{\max}, \ \forall t, \ \forall i \tag{4.13}$$

3. 生态需水量

生态水是鱼类、野生动物、水上游憩等相关环境资源所必需的，在水资源配置过程中必须给予保证，为了保证各个子区域的生态环境可持续发展，不能单顾经济效益而毫无限制地将水资源分配给各个生产部门，必须考虑生态水约束如公式（4.14）所示。

$$(1 - E[\widetilde{\alpha_{ti}^{loss}}]) \cdot Q_{ti} + E[\widetilde{WS_{ti}}] \geqslant WEC_{ti}^{\min}, \ \forall t, \ \forall i \tag{4.14}$$

4. 技术限制

流域每一年向分区 i 提供的水量应该在该分区最小水容量和最大水容量之间，由此可以有如下约束，如公式（4.15）所示。

$$Z_i^{\min} \leqslant Q_{ti} \leqslant Z_i^{\max}, \ \forall i, \ \forall t \tag{4.15}$$

（四）代际配置全局模型

快速老化的基础设施、人口增长、全球变暖以及今世后代之间获取水资源的竞争，都对当前的水资源管理战略提出了质疑。而区域水资源的最优配置是指对不同的水资源在一代人的时间内，或在当前和未来几代人之间进行科学的配置，以确保复杂的水资源生态经济系统内的可持续性、有效性和公平性。为了满足今世后代对水资源的需要，研究把 Gini系数和修正后的混合 Bentham-Rawls 标准作为社会公平指标，从空间和时间两个维度将代内公平与代际公平结合起来，确保可持续的水资源分配。为了协调社会发展和水资源管理，将平均经济效益效率作为实现水资源可持续利用的必要手段纳入多目标水资源配置模型。水资源代际—代内公平配置模型考虑了当前和未来几代人之间的竞争、生态需水量和随机水资源参数，描述了一种跨时期的水资源配置模式。通过整合公式（4.1）到公式（4.15），可构建出考虑了今世后代之间获取水资源竞争的全局最优配置模型，如公式（4.16）所示。

$$\max EBE = \frac{1}{T}\sum_{t=1}^{T}\frac{\sum_{i=1}^{n} AEB_{ti}\cdot(1-E[\widetilde{\alpha_{ti}^{loss}}])\cdot Q_{ti}}{\sum_{i=1}^{n} AEB_{t\max}((1-E[\widetilde{\alpha_{ti}^{loss}}])\cdot Q_{ti}+E[\widetilde{WS_{ti}}])}$$

$$Gini = \frac{1}{T}\sum_{t=1}^{T}\frac{1}{2n\sum_{t=1}^{n}\frac{Q_{ti}}{EB_{ti}}}\sum_{l=1}^{n}\sum_{s=1}^{n}\left|\frac{Q_{tl}}{EB_{tl}}-\frac{Q_{ts}}{EB_{ts}}\right|$$

$$\max W(U) = (1-\theta)\sum_{t=1}^{T}u(c_t)(1+\rho)^{-t+1}+$$

$$\theta\inf\{u(c_1),u(c_2),\cdots,u(c_T)\}$$

$s.\ t.$

$$\begin{cases}\sum_{i=1}^{n} Q_{ti}\leqslant E[\widehat{AW_t}],\forall t\\ D_{ti}^{\min}\leqslant(1-E[\widetilde{\alpha_{ti}^{loss}}])\cdot Q_{ti}+E[\widetilde{WS_{ti}}]\leqslant D_{ti}^{\max},\forall t,\forall i\\ (1-E[\widetilde{\alpha_{ti}^{loss}}])\cdot Q_{ti}+E[\widetilde{WS_{ti}}]\geqslant WEC_{ti}^{\min},\forall t,\forall i\\ Z_i^{\min}\leqslant Q_{ti}\leqslant Z_i^{\max},\forall i,\forall t\\ \rho>0\\ i=1,2,\cdots,n;t=1,2,\cdots,T\end{cases}$$

（4.16）

其中，t 年内水资源总消耗量 $c_t = \sum_{i=1}^{n}(1 - E[\widetilde{\alpha_{ti}^{loss}}]) \cdot Q_{ti} + E[\widetilde{WS_{ti}}] - WEC_{ti}^{\min}$。与以往的优化配水策略相比，该模型具有更全面、更系统的结构。首先，以代际公平理论为指导，将寻求最优经济路径的混合Bentham-Rawls准则纳入水资源配置策略，以确保水资源的可持续利用。其次，整合代内和代际公平，在时间和空间两个维度上满足可持续水资源的需求，然后提出一个保证效率、公平和可持续性的水资源配置优化模型。最后，为了保证评价的科学性和准确性，采用模糊随机变量来描述可用水量、输水损失率等具有不确定性的水资源参数，为流域管理局向每个用水区域分水提供了一个更合理、更全面的跨时期方案。

三　岷江上游水资源代际配置应用

以中国四川中部岷江上游流域的水资源分配规划作为实例，以证明代际配置方法的实用性和有效性。首先对案例基本情况进行描述，然后针对代际配置方案的结果进行分析比较，并且分析了代际配置模型的不确定性；最后向政府和流域管理局提出了相应的管理建议。

（一）案例描述

岷江上游位于四川盆地西北部、阿坝藏族羌族自治州东部、青藏高原东部地区、秦岭纬向构造带、龙门山北东向构造带与马尔康北西向构造带间的三角形地块内。其面积为25426km^2，与四川省阿坝藏族羌族自治州的松潘、黑水、茂县、理县和松潘5县行政辖区基本重合。岷江上游地区年平均地表水量为1.58×10^{10}m^3，占长江流域地表水资源的 1.7%，占全国地表水资源的 0.6%。上游地区人口稀少，以农牧区为主，工业欠发达，污水排放量小，水质为二级及以上。[1]因此，岷江上游是成都平原和四川盆地重要的生命、工业和农业生产水源。

虽然岷江上游水资源相对丰富，但每年向都江堰灌区供水量占岷江上游总供水量的 90% 以上，而向上游松潘、黑水等五个用水分区供水量不足 10%。[2] 随着四川盆地经济社会的发展，对水资源的需求逐年增加，都江堰灌区从岷江上游的引水量也相应增加，因此，岷江上游的供水压力一直在增加。此外，由于 2008 年汶川地震和 2013 年芦山地震，岷江上游生态系统非常脆弱，频繁的地质灾害已经造成了明显的植被和含水土壤的破坏，大大减少了地表和地下水储量。岷江上游来水量的减少和都江堰灌区用水量的增加将导致岷江上游五个分区水资源的短缺，这将对当地农业和制造业造成重大的负面影响，阻碍其经济增长。因此，岷江上游流域管理局必须在上游五个分区有限的可用水资源基础上，科学合理地向各分区供水，才能既保证供水安全，又保证粮食生产安全，实现经济、社会、生态的可持续发展。

（二）数据采集

每个分区的平均生态需水量 WEC_i，最小水需求 D_i^{min} 和最大水需求 D_i^{max} 以及五年内岷江上游五个用水分区的单位水量经济效益 AEB_{ti} 可以根据《四川省统计年鉴》（2010—2014）和《岷江流域综合规划报告》（2010—2014）》的数据计算所得，见表 4.1。

---

① 四川省环境保护厅：《2015 年四川省环境统计公报》。

② 四川省水利厅：《岷江流域综合规划报告（2010—2014）》。

表 4.1　　岷江上游五个分区域的关键参数

分区	AEB_{ti}（元/m^3）					WEC_i	D_i^{min}	D_i^{max}
	2010 年	2011 年	2012 年	2013 年	2014 年	（$10^7 m^3$）	（$10^7 m^3$）	（$10^7 m^3$）
松潘	12.60	12.80	13.10	13.50	13.60	6.46	4.00	100.00
黑水	13.50	13.90	14.20	14.60	14.80	2.79	4.00	100.00
茂县	16.00	16.80	17.10	17.30	17.60	2.08	5.00	100.00
理县	18.00	18.50	18.70	19.00	19.30	3.75	5.50	150.00
汶川	19.00	19.20	19.30	19.60	19.80	3.85	6.00	150.00

其他重要参数，由于气候因素、人口增长、河床渗流和输水技术等原因而不确定，如流域在第 t 年向分区 i 输水损失率，分区 i 在第 t 年的其他水量 WS_{ti}以及整个流域第 t 年可用水量 AW_t，这些数据是很难准确估计的。因此，基于历史数据，把这些不确定数据使用三种不同的场景进行模糊定义为三个层次，低级别、中等级别和高级别，这三个层次的概率分别是 p_1，p_2 和 p_3。数据分析确定了在保证引水至都江堰灌区后，岷江上游五个用水分区每年可分配的可用水量。根据《岷江流域综合规划报告（2010—2014）》的数据，计算出了输水损失率 $\widetilde{\alpha_{ti}^{loss}}$、其他水资源$\widetilde{WS_{ti}}$和可利用水资源$\widetilde{AW_t}$，这里的可用水资源是指保证了都江堰灌区引水后剩下的岷江上游五个用水分区每年可分配的水量。2010—2014 年五个分区不同环境承载力水平下的一些不确定参数，见表 4.2。

表 4.2　　　　　　　　不同环境承载力水平的不确定参数

分区		α_{ti}^{loss}					$WS_{ti}(10^7m^3)$					$AW_t(10^7m^3)$				
		2010	2011	2012	2013	2014	2010	2011	2012	2013	2014	2010	2011	2012	2013	2014
松潘	低	0.41	0.40	0.41	0.38	0.39	3.20	7.67	4.19	1.20	7.00	—	—	—	—	—
	中	0.44	0.50	0.51	0.49	0.49	4.00	8.60	4.50	1.40	7.20	—	—	—	—	—
	高	0.51	0.57	0.53	0.56	0.61	4.21	8.70	4.66	1.45	7.67	—	—	—	—	—
黑水	低	0.48	0.40	0.38	0.51	0.52	4.70	5.20	3.35	7.06	5.14	—	—	—	—	—
	中	0.52	0.42	0.42	0.56	0.55	5.00	5.60	3.45	7.56	5.34	—	—	—	—	—
	高	0.57	0.49	0.52	0.59	0.61	5.34	5.78	3.77	7.67	5.67	—	—	—	—	—
茂县	低	0.33	0.34	0.37	0.46	0.40	3.02	6.43	8.66	5.12	12.10	407.6	260.1	179.3	388	271.3
	中	0.41	0.41	0.41	0.55	0.41	3.10	6.70	8.99	5.88	12.22	467.8	290.2	202.3	318.1	309.4
	高	0.48	0.49	0.63	0.66	0.65	3.67	7.10	9.19	5.99	12.78	537.1	324.3	223.1	348.4	341.3
理县	低	0.38	0.35	0.37	0.31	0.38	4.81	4.23	8.44	12.02	2.99	—	—	—	—	—
	中	0.48	0.51	0.58	0.38	0.58	5.80	4.50	8.99	12.22	3.40	—	—	—	—	—
	高	0.77	0.78	0.67	0.55	0.77	5.99	5.50	9.29	12.77	3.78	—	—	—	—	—
汶川	低	0.33	0.35	0.34	0.29	0.24	7.80	10.30	8.91	8.60	9.20	—	—	—	—	—
	中	0.49	0.45	0.44	0.39	0.39	9.80	11.30	9.90	8.80	9.80	—	—	—	—	—
	高	0.56	0.78	0.56	0.66	0.45	9.99	11.70	10.34	8.99	9.96	—	—	—	—	—

注：表中“低”是指低水平环境承载力；“中”指中水平环境承载力；“高”指高水平环境承载力。

（三）结果讨论

下面对模型计算结果进行全面的讨论，包括相关命题情景分析、代际配置模型和不考虑代际公平的代际模型求解结果的比较分析。

1. 目标函数不同权重

为对福利函数准则下的最优路径进行敏感性分析，把公式（4.9）中的效用函数假设为对数函数，即 $u(c_t) = \ln((1-\alpha_{ti}^{loss}) \cdot Q_{ti} + WS_{ti})$，$t=1, 2, \cdots, 5$，并考虑 ρ 是标准时间偏好率，即 $\rho=0.05$。为了方便讨论该种情形，在这个福利函数准则中，将相同的权重赋给了折扣效用和最不利年份的效用水平，也就是 $\theta=0.5$。

为了充分考虑跨时期水分配对效率、公平和可持续性偏好的影响，这里采用加权方法将多目标函数合并成一个单一的目标问题。[①] 设 g_1 为经济效益效率函数，g_2 为累积代内公平函数，g_3 代表社会福利函数。g_1、g_2 和 g_3 这些函数在使用加权方法之前要经过标准化以消除量纲。因此，公式（4.16）中的目标函数的等价形式如公式（4.17）所示。

$$f(X) = \min\left(-w_1\left(\frac{g_1 - g_1^*}{g_1^{**} - g_1^*}\right) + w_2\left(\frac{g_2 - g_2^*}{g_2^{**} - g_2^*}\right) - w_3\left(\frac{g_3 - g_3^*}{g_3^{**} - g_3^*}\right)\right) \tag{4.17}$$

其中，f 是流域管理局等价目标函数，X 是决策变量的向量，w_1、w_2 和 w_3 分别代表衡量 g_1、g_2 和 g_3 重要性的权重因素，并且 $w_1+w_2+w_3=1$，另外，$g_{[.]}^*$ 代表 $g_{[.]}$ 的最差值，$g_{[.]}^{**}$ 代表 $g_{[.]}$ 的最优值。对于公式（4.17），三个权重 w_1、w_2 和 w_3 可以有 36 组可能的组合值，使得 $w_1+w_2+w_3=1$。各组权重的模型结果如图 4.3、图 4.4 以及图 4.5 所示。

---

① Hyung Eum, Slobodan P. Simonovic, "Integrated Reservoir Management System for Adaptation to Climate Change: The Nakdong River Basin in Korea", *Water Resources Management*, 2010, 24 (13): 3397 - 3417; Yanlai Zhou, Shenglian Guo, "Incorporating Ecological Requirement into Multipurpose Reservoir Operating Rule Curves for Adaptation to Climate Change", *Journal of Hydrology*, 2013, 498 (12): 153 - 164; Lanhai Li, Honggang Xu, Xi Chen, et al., "Streamflow Forecast and Reservoir Operation Performance Assessment under Climate Change", *Water Resources Management*, 2010, 24 (1): 83 - 104.

（1）公平性、有效性、可持续性取值分析

当 Gini 系数值小于 0.2 时，分配具有较高的平等性；当 Gini 系数值在 0.2—0.3 时，分配也是相对平均的。[①] 因此，如图 4.2 所示，该模型计算出的 Gini 系数值处于 0.0894—0.3660，由此可见是比较合理的。从图 4.2 可以看出，*EBE* 的值在 0.8184—0.8843，这意味着该种方式下水资源的配置和利用效率相对较高。Alvarez-Cuadrado 和 Van Long 将 uqf “黄金存储水平” 定义为使长期可持续效用最大化 max*W*（*U*）的库存水平。[②] 在研究中，最大的社会福利函数值为 30.42，即 max*W*（*U*）= 30.42，而图 4.2 显示福利函数 *W* 的值在 28.7—29.8，这说明该种水资源分配方式可以使资源存储接近 “最大可持续产量”。

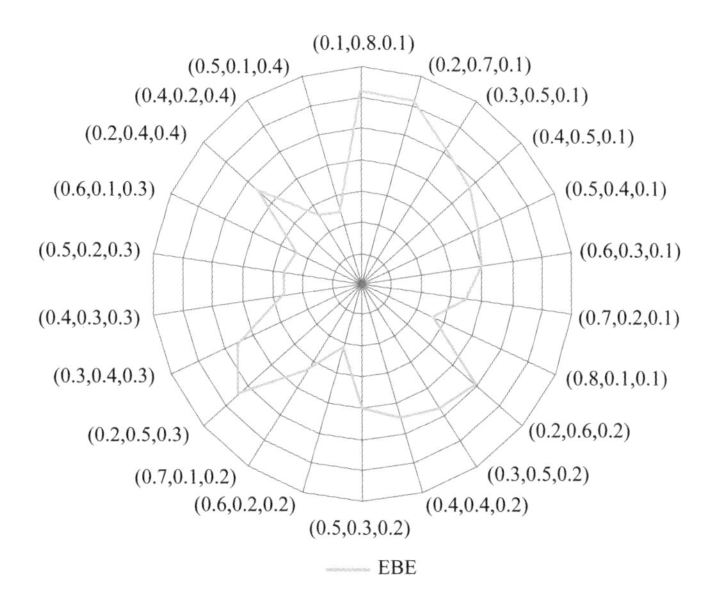

① Corrado Gini, "Measurement of Inequality of Incomes", *Economic Journal*, 1921, 31 (121): 124 - 126.

② Francisco Alvarez-Cuadrado, Ngo Van Long, "A Mixed Bentham-Rawls Criterion for Intergenerational Equity: Theory and Implications", *Journal of Environmental Economics & Management*, 2009, 58 (2): 154 - 168.

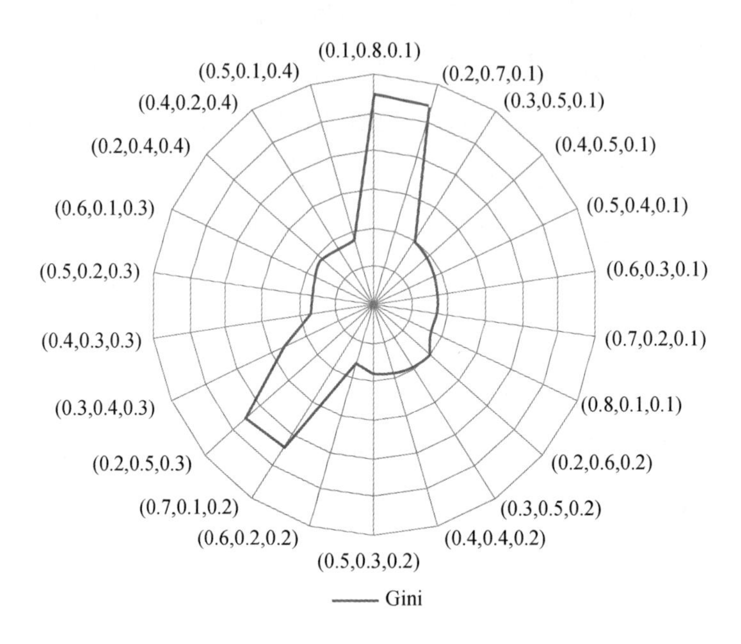

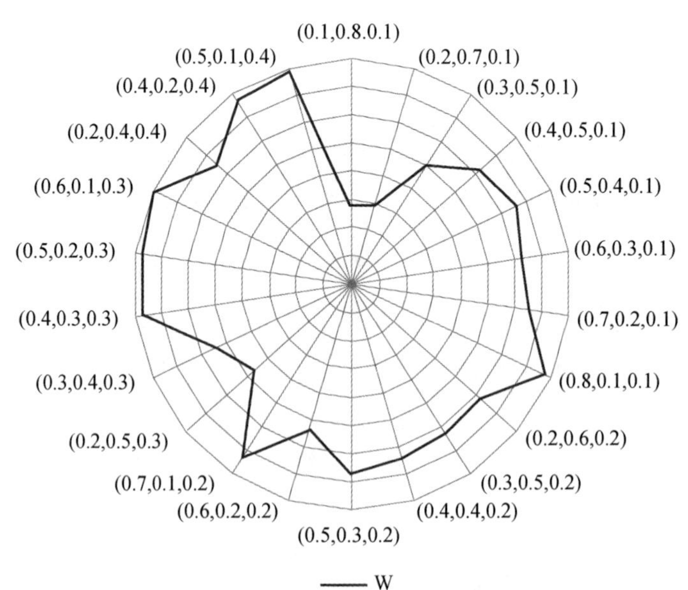

图 4.2 不同目标权重下多目标函数取值

（2）跨时期水资源分配策略分析

第一年到第五年以不同的目标权重分配给每个地区的水量如图 4.3 所示。根据对各目标函数权重的依赖程度，将这些子区域分为不敏感区和敏感区。从图 4.3 可以看出，不管目标函数权重如何取值，对于一些不敏感的区域，比如茂县和汶川，水资源分配量在五年内的波动低于 10%；而在比较敏感的分区，如松潘、黑水和理县，水资源分配量在五年内的波动则超过 10%。这个结果表明，岷江上游敏感地区（松潘、黑水和理县）之间的分水冲突较大。各年通过不同权重集的模型计算分配给松潘的水量变化最大，分别为 151.30（10^7m^3）、1.10（10^7m^3）、190.90（10^7m^3）、183.41（10^7m^3）、6.97（10^7m^3）、紧随其后是黑水，分别为 67.26（10^7m^3）、4.12（10^7m^3）、161.36（10^7m^3）、154.43（10^7m^3）和 20.09（10^7m^3），然后是理县，分别为 0（10^7m^3）、6.57（10^7m^3）、49.81（10^7m^3）、0（10^7m^3）和 45.96（10^7m^3），这个结果进一步证实松潘对目标函数权重的敏感性最高。从松潘的数据来看，当可持续性，也就是社会福利函数准则的权重较大时，流域当局会向该区域分配更多的水，以实现可持续性的目标；当公平权重和经济效益效率权重逐渐增加时，流域当局分配给该地区的水量会减少。因此，模型中的水分配结果取决于流域当局对公平、效率和可持续性的偏好。

（3）总经济效益分析

五年内五个地区不同目标权重下的总经济效益，汶川经济效益最高，其余依次是理县、茂县、黑水和松潘，如图 4.4 所示。五年来，汶川和理县在不同权重下的经济效益分别为 14.16×10^{10}元和 13.26×10^{10}元，经济收益很稳定。然而，在其他地区，由于权重的不同，总体经济效益有所波动，尤其是在松潘和黑水波动最大，以组合（0.1，0.8，0.1）、

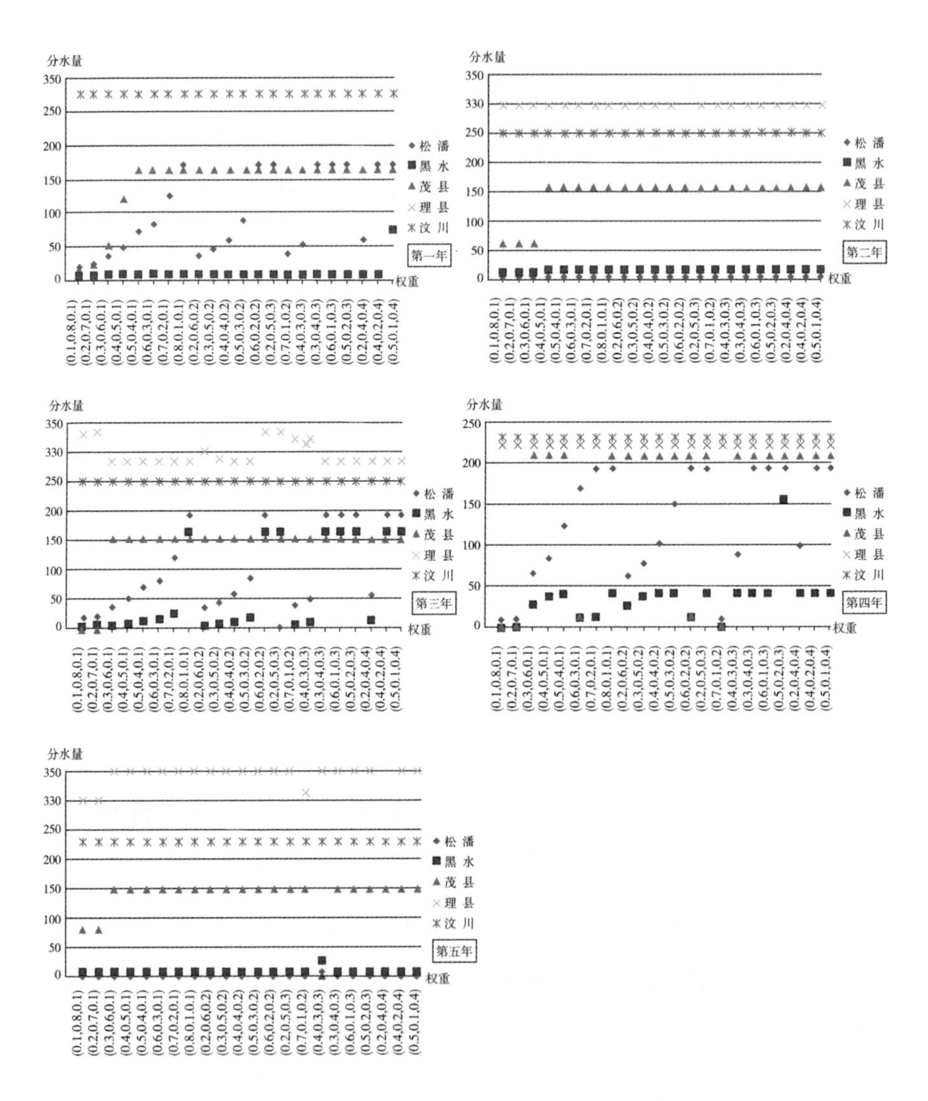

图 4.3 第一年到第五年以不同目标权重分配给每个地区的水量（$10^7 m^3$）

（0.8，0.1，0.1）、（0.2，0.6，0.2）、（0.6，0.2，0.2）、（0.2，0.5，0.3）、（0.5，0.2，0.3）、（0.2，0.4，0.4）和（0.5，0.1，0.4）的计算结果看，如果流域当局更倾向于可持续发展，也就是赋予社会福利函数准则的权重更大时，松潘和黑水能取得最大经济效益，分别为 3.76 ×

10^{10}元和 2.07×10^{10}元。如果流域主管部门设定较低的可持续性权重，比如$w_3=0.1$，若要获得较大的总经济效益，则倾向于选择让效率的权重高于公平性权重。

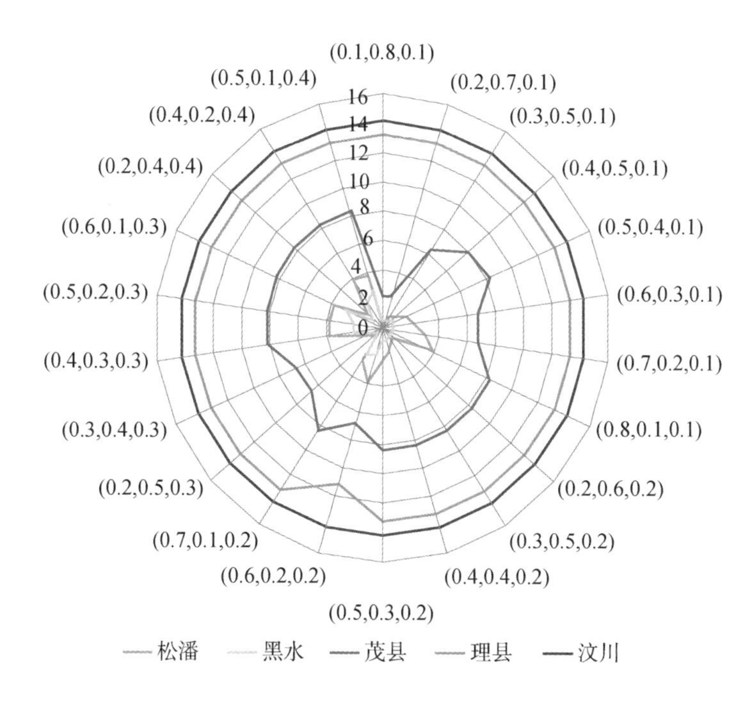

图 4.4 五年内五个地区不同目标权重下总经济效益（10^{10}元）

2. 目标函数相同权重

龙门山断裂带上的 2008 年汶川地震和 2013 年芦山地震，显著改变了岷江流域上游地区的季节性径流。由于总是有旱季和雨季，因此需要将所建立的模型应用于各种可用水量，并考虑引水损失率。给定 η 为基于原始参数的变化率，而“+”和“-”表示增加和减少百分比。如前所述，这里采用平衡权重（$w_1=1/3$，$w_2=1/3$，$w_3=1/3$）作为情景分析的基础，这种情形下水配置的数据见表 4.3。下面我们将讨论关键参数变化的三种情形。

表4.3 等权重下水资源分配策略及相应目标函数值

分区	分配水量($10^7 m^3$)					经济效益(10^{10}元)				
	Q_{1i}	Q_{2i}	Q_{3i}	Q_{4i}	Q_{5i}	EB_{1i}	EB_{2i}	EB_{3i}	EB_{4i}	EB_{5i}
松潘	85.4	6.84	101.53	140.56	2.17	0.57	0.07	0.63	0.9	0.03
黑水	9.9	16.69	166.47	41.57	7.67	0.09	0.17	1.38	0.34	0.09
茂县	164.24	158.14	154.25	209.16	148.78	1.57	1.65	1.67	1.69	1.72
理县	277.31	296.94	285.93	222.23	349.05	2.63	2.71	2.34	2.78	2.82
汶川	274.9	252.18	250.18	231.48	229.84	2.78	2.81	2.82	2.86	2.89
	Gini 系数		经济效益效率			总社会福利		总经济效益		
	0.088		0.885			29.63		40.02		

(1) 总可用水量不同水平

岷江流域上游地区的总有效水量随地质条件的变化而变化，因此在水资源配置中必须考虑这一因素。根据表4.4，每年五个分区水配置量随可用水的变化而变化。在可用水量增加10%的情况下，Gini系数、经济效益效率和社会福利函数值没有明显变化，只有五年内总效益增加了0.87%；然而，当可用水量小于目前总量的10%时，Gini系数也没有明显变化，这说明岷江流域上游地区的水资源配置比较公平，各分区处于均衡状态，同时，经济效益效率和总的社会福利函数值均略有下降时，经济总效益下降了4.5%。因此，为了解决缺水问题，需要制定各种措施来增加总可用水量。例如，合理使用地下水，应用云播种，等等。

表 4.4　　可用水量变化时水资源分配策略及相应目标函数值

η	分区	分配水量($10^7 m^3$)					经济效益(10^{10}元)				
		Q_{1i}	Q_{2i}	Q_{3i}	Q_{4i}	Q_{5i}	EB_{1i}	EB_{2i}	EB_{3i}	EB_{4i}	EB_{5i}
+0.1	松潘	85.37	6.84	100.01	139.74	2.17	0.57	0.07	0.62	0.89	0.03
	黑水	9.90	16.69	166.46	41.57	7.67	0.09	0.17	1.38	0.34	0.09
	茂县	164.24	158.14	154.25	209.16	148.78	1.57	1.65	1.67	1.69	1.72
	理县	277.31	296.94	335.74	222.23	349.05	2.63	2.71	2.73	2.78	2.82
	汶川	274.90	252.18	250.18	231.48	229.84	2.78	2.81	2.82	2.86	2.89
	Gini 系数		经济效益效率		总社会福利			总经济效益			
	0.0882		0.886		29.65			40.39			
-0.1	松潘	85.19	6.84	110.02	137.95	2.17	0.57	0.07	0.68	0.88	0.03
	黑水	9.90	16.69	166.47	40.52	7.67	0.09	0.17	1.38	0.33	0.09
	茂县	164.24	158.14	154.25	183.79	148.78	1.57	1.65	1.67	1.50	1.72
	理县	277.31	276.11	147.71	222.23	349.05	2.63	2.52	1.26	2.78	2.82
	汶川	273.93	252.18	250.18	231.48	229.84	2.77	2.81	2.82	2.86	2.89
	Gini 系数		经济效益效率		总社会福利			总经济效益			
	0.088		0.882		29.56			38.56			

无论可利用水量是增加还是减少，松潘、黑水、汶川得到的总水量都没有变化，如图 4.5 所示。这说明松潘、黑水、汶川已经达到了最大需水量，或者这三个地区能够从其他水资源中获得水来满足最小需水量。为在五年内平衡公平性、有效性以及可持续性，岷江上游管理局在前四

年对松潘、黑水、茂县分水进行了调整，而第五年分水没有变化，这说明第五年分水已经达到稳定状态。因此，在年可用水资源减少的情况下，为了获得平衡经济效益效率和可持续性，流域主管部门可以在一些年份减少对供水比例较低分区的分水，并向平均经济效益较高的分区分水(只要他们当年没有达到最大的需求)。

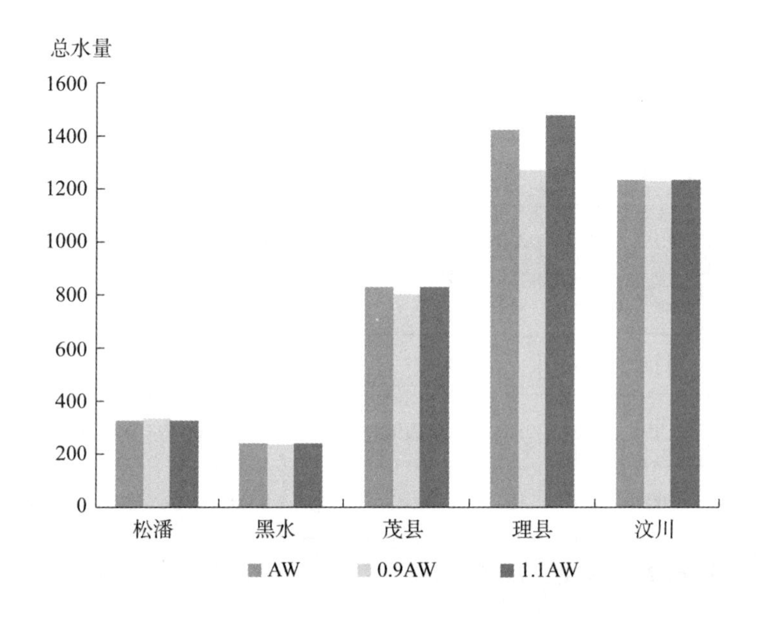

图 4.5 可用水变化时分配给各地区的总水量（$10^7 m^3$）

（2）引水损失率变化

引水损失率，即流域引水至分区域时的损失率，它是流域主管部门每年进行分区配水时考虑的一个重要因素，速率越高，水损失越严重。表4.5显示了五年来引水损失率变动时的配水策略。从表4.5可以看出，当各子区域的引水损失率较目前水平下降15%时，公平性增加8.0%，经济效益效率没有明显变化，总的社会福利函数值略有提高；当引水损失率继续下降，下降50%时，公平性增加19.3%，经济效益效率仍然没有明显变化，总的社会福利函数值增加0.3%。

由此可以看出，河道需要保持合理的水位以保证出水量，加强岷江流域上游地区的水资源保护也是必不可少的。为了实现更高的公平性和经济效益，保持流域可持续发展水平，流域管理部门需要改善河道，降低引水损失率，另外，各分区还可以考虑建设更多的水利工程以调节需水量和保证可用水。

表 4.5　　不同引水损失率的配水策略

η	分区	分配水量($10^7 m^3$)					经济效益(10^{10}元)				
		Q_{1i}	Q_{2i}	Q_{3i}	Q_{4i}	Q_{5i}	EB_{1i}	EB_{2i}	EB_{3i}	EB_{4i}	EB_{5i}
+0.15	松潘	96.00	7.06	144.76	157.21	2.27	0.57	0.07	0.76	0.86	0.02
	黑水	10.84	18.32	186.75	47.38	7.64	0.09	0.17	1.38	0.32	0.08
	茂县	183.35	176.54	172.20	212.17	166.09	1.57	1.65	1.67	1.41	1.72
	理县	321.88	340.46	84.15	244.72	440.24	2.63	2.62	0.62	2.78	2.82
	汶川	310.99	287.46	283.60	256.03	254.22	2.69	2.81	2.82	2.86	2.89
	Gini 系数		经济效益效率		总社会福利			总经济效益			
	0.098		0.880		29.52			7.89			
−0.15	松潘	76.08	6.64	67.49	124.03	2.07	0.57	0.08	0.48	0.91	0.03
	黑水	9.94	15.32	13.34	36.01	7.69	0.10	0.18	0.13	0.35	0.10
	茂县	148.73	143.21	139.69	176.75	134.74	1.57	1.65	1.67	1.69	1.72
	理县	243.58	256.84	278.13	203.52	289.15	2.63	2.71	2.73	2.78	2.82
	汶川	240.27	224.62	223.80	211.22	209.72	2.78	2.81	2.82	2.86	2.89
	Gini 系数		经济效益效率		总社会福利			总经济效益			
	0.081		0.885		29.65			40.15			

续表

η	分区	分配水量($10^7 m^3$)					经济效益(10^{10}元)				
		Q_{1i}	Q_{2i}	Q_{3i}	Q_{4i}	Q_{5i}	EB_{1i}	EB_{2i}	EB_{3i}	EB_{4i}	EB_{5i}
-0.5	松潘	61.40	6.20	65.25	97.08	1.88	0.57	0.09	0.61	0.92	0.03
	黑水	10.42	12.86	122.22	27.45	7.74	0.13	0.18	1.38	0.36	0.12
	茂县	121.89	117.36	114.48	129.82	110.42	1.57	1.65	1.67	1.69	1.72
	理县	189.74	195.30	198.61	170.10	206.48	2.63	2.71	2.73	2.78	2.82
	汶川	185.70	178.97	179.62	175.40	174.16	2.78	2.81	2.82	2.86	2.89
	Gini 系数			经济效益效率		总社会福利			总经济效益		
	0.071			0.885		29.69			40.53		

3. 福利函数不同权重

多目标模型中的社会福利函数是两个函数的加权平均值，一个是标准贴现效用和；另一个是 Rawlsian 效用部分，它特别强调最弱势群体的效用。赋予贴现效用流的正权重 $1-\theta$ 意味着对未来的非独裁，赋予 Rawlsian 效用部分的正权重 θ 确保了对当前的非独裁。因此，不同的权重会产生不同的配水策略，这也是流域当局在考虑分区年配水时考虑的另一个重要因素。其灵敏度分析见表 4.6，随着流域管理局增加赋予社会福利函数准则中的 Rawlsian 效用部分的权重，比如 $\theta=0.8$，这样可以减少在整个五年内总用水量 [(3824.66 < 4083.41) $10^7 m^3$]，经济效益减少 9.3%，公平性降低 8.3%，经济效益效率降低 1.7%，同时总的社会福利函数值大幅下降 39.2%。当 $\theta=0.2$ 时，整个五年内总用水量增加 [(4315.58 > 4083.41) $10^7 m^3$]，经济效益增加 3.9%，Gini 系数值为 0.386，这说明水分配的公平性较低，经济效益效率下降 1.6%，同时总的社会福利函数值为 31.24，增长了 5.4%。因此，在水资源配置决策中，确保当代和后代对水资源需求的满足，在一代的时间内体现出更高的配置平等性、更高的经济效益效率、更大的社会福利功能价值，以保证水资源的可持续利用。

表 4.6　福利函数准则中不同权重（θ 取值不同）的水资源配置策略

	分区	分配水量($10^7 m^3$)					经济效益(10^{10}元)				
		Q_{1i}	Q_{2i}	Q_{3i}	Q_{4i}	Q_{5i}	EB_{1i}	EB_{2i}	EB_{3i}	EB_{4i}	EB_{5i}
θ = 0.5	松潘	85.40	6.84	101.53	140.56	2.17	0.57	0.07	0.63	0.90	0.03
	黑水	9.90	16.69	166.47	41.57	7.67	0.09	0.17	1.38	0.34	0.09
	茂县	164.24	158.14	154.25	209.16	148.78	1.57	1.65	1.67	1.69	1.72
	理县	277.31	296.94	285.93	222.23	349.05	2.63	2.71	2.34	2.78	2.82
	汶川	274.90	252.18	250.18	231.48	229.84	2.78	2.81	2.82	2.86	2.89
	Gini 系数		经济效益效率		总社会福利			总经济效益			
	0.088		0.885		29.63			40.02			
θ = 0.8	松潘	85.40	6.84	101.53	140.56	2.17	0.57	0.07	0.63	0.90	0.03
	黑水	9.90	16.69	166.47	41.57	7.67	0.09	0.17	1.38	0.34	0.09
	茂县	164.24	158.14	154.25	209.16	148.78	1.57	1.65	1.67	1.69	1.72
	理县	277.31	296.94	285.93	222.23	349.05	2.63	2.71	2.34	2.78	2.82
	汶川	274.90	252.18	250.18	231.48	229.84	2.78	2.81	2.82	2.86	2.89
	Gini 系数		经济效益效率		总社会福利			总经济效益			
	0.161		0.870		18.03			36.29			

续表

	分区	分配水量($10^7 m^3$)					经济效益(10^{10}元)				
		Q_{1i}	Q_{2i}	Q_{3i}	Q_{4i}	Q_{5i}	EB_{1i}	EB_{2i}	EB_{3i}	EB_{4i}	EB_{5i}
$\theta = 0.2$	松潘	171.43	6.84	194.90	193.33	2.17	1.18	0.07	1.23	1.26	0.03
	黑水	9.90	16.69	166.47	41.57	7.67	0.09	0.17	1.38	0.34	0.09
	茂县	164.24	158.14	154.25	209.16	148.78	1.57	1.65	1.67	1.69	1.72
	理县	277.31	296.94	285.93	222.23	349.05	2.63	2.71	2.34	2.78	2.82
	汶川	274.90	252.18	250.18	231.48	229.84	2.78	2.81	2.82	2.86	2.89
	Gini 系数			经济效益效率			总社会福利			总经济效益	
	0.386			0.876			31.24			41.59	

4. 考虑和不考虑代际公平结果对比

为了从考虑和不考虑代际公平的优化结果中进行比较讨论，考虑了经济效益效率函数和代际公平函数的 11 组可能权重，其中 w_1、w_2 和 $w_{[\cdot]}$取 0，0.1、0.2、0.3、0.4、0.5、0.6、0.7、0.8、0.9 和 1，且 $w_1 + w_2 = 1$。把修正的 mixed Bentham-Rawls 福利函数作为约束条件，并对贴现效用部分和最不利年份的效用部分赋予相同的权重，即$\theta = 0.5$，相应的计算结果如图 4.6 所示。

未考虑代际公平的 Gini 系数值在 0.1287—0.4255，而考虑代际公平的 Gini 系数值在 0.0864—0.2864。一方面，对于任何一组权重，考虑代际公平的 Gini 系数值都小于未考虑代际公平的 Gini 系数值，这表明模型中考虑代际公平的因素同时也能保证更高的代内公平，才能最终实现社会公平。另一方面，在考虑代际公平时，经济效益效率跟不考虑代际公平的结果没有显著变化，但是，考虑代际公平因素后，社会总福利价值

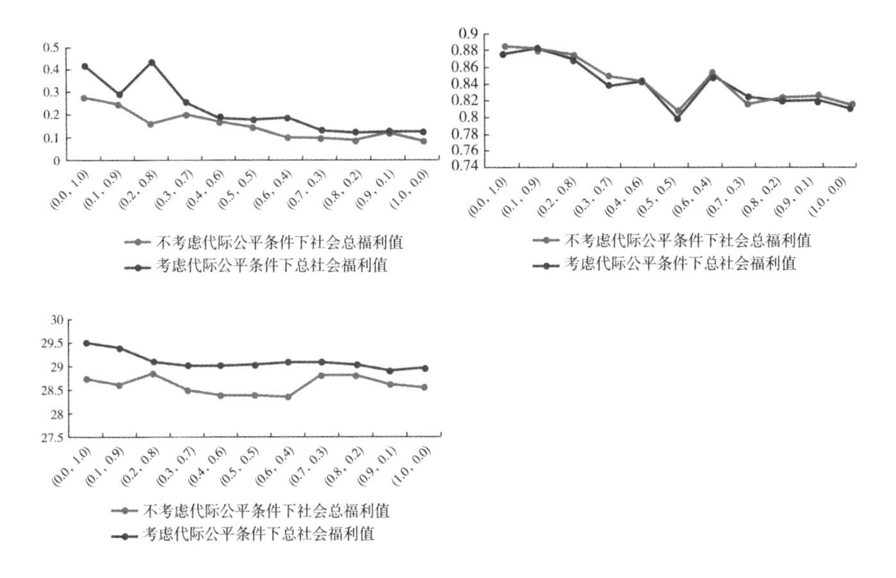

图 4.6　考虑和不考虑代际公平的结果对比

较高，在 28.96—29.51，这说明考虑了代际公平的水资源配置更加接近“最大可持续产量”［$\max W(U)=30.42$］。结果表明，该优化模型最小化了 Gini 系数值，保证了水资源配置代内公平，最大化了资源配置代内公平，最大化了总社会福利函数值，保证了水资源跨期配置代际公平，综合考虑水资源的可持续利用，为流域管理局提供了一个更好的解决方案。

5. 模型不确定性分析

流域水资源配置模型中的不确定性主要来源于与参数估计、输入数据和模型结构相关的不确定性。① 在代际水分配模型中，由于监测方法

① L. I. Yi-Ping, Chun Yan Tang, Y. U. Zhong-Bo, et al., “Uncertainty and Sensitivity Analysis of Large Shallow Lake Hydrodynamic Models”, *Advances in Water Science*, 2012, 23 (2): 271 - 277; Alan F. Blumberg, F. Asce, Nickitas Georgas, et al., “Quantifying Uncertainty in Estuarine and Coastal Ocean Circulation Modeling”, *Journal of Hydraulic Engineering*, 2008, 134 (4): 403 - 415.

和主观判断的原因，总有效水量水平、引水损失率和社会福利函数权重都会导致模型的不确定性。从模型灵敏度分析可以看出以下几点。第一，为了在五年内实现水资源配置公平性、有效性和可持续性的平衡，不管可用水量是增加还是减少，岷江流域主管部门在前四年需要对松潘、黑水、茂县的配水进行调整，而第五年的水配置保持不变，这说明水资源配置在第五年达到一个稳定状态；第二，如果引水损失率降低，分区域将被分配额外的水，并获得更大的经济效益，这说明需要改善水道，降低引水损失率；第三，要保证今世后代的用水需求得到满足，就需要在很长一段时间内实现更高的分配公平、更高的经济效益效率和更大的社会福利函数值，以保证水资源的可持续利用。因此，模型灵敏度分析的结果是可以接受的。此外，比较分析表明，考虑代际公平的分配模型比现有分配模型更能保证高的代内公平和总社会总福利值。综上所述，水资源代际公平配置一般模式能够为流域管理部门提供更好的解决方案。

（四）政策探讨

在上述分析和讨论的基础上，就如何将水资源代际公平配置一般模式应用于实际提出了一些管理建议。

对于流域管理局来说，就时间维度而言，水的分配战略应使后代能够获得不受目前这一代活动影响的水资源。然而，由于现有的水资源配置策略大多无法实现跨期配置，难以保证水资源的可持续利用。因此，把 mixed Bentham-Rawls 社会福利标准作为代际公平的指标，利用跨时期水资源配置来平衡最弱势群体的发展需求和关注，以实现水资源可持续配置路径。就空间维度而言，由于水是一种共用、多用途、单向流动的资源，关于每一代内部公平的问题是关于水资源分配的任何决定的中心。因此，使用 Gini 系数作为代内公平的指标来衡量每个经济效益单位的用水公平份额。此外，“有效用水”被认为是可持续用水的必要手段，是实现长期社会公平的有效工具。通过以上分析和讨论，该多目标水资源配置策略能够实现公平、效率和可持续性之间的平衡，促进代际和代际水资源协调配置，实现今世后代的可持续用水。

对于政府来说，需要制定重点政策，鼓励建立基于代际公平的水资源分配制度，以便实现水资源的可持续利用。水资源代际公平配置模式就是支持节约用水，造福下一代，要坚持走一条长期的、可持续的用水路径。然而，虽然我们已经认识到这代人的用水会影响到后代的潜在可及性，但是解决这代人与后代之间的用水竞争的相应政策和法规是低效和无效的。因此，政府需要制定有重点的政策和条例，鼓励为今世后代建立可持续的水资源利用制度，以避免在使用水资源方面的社会福利损失。

四 本章小结

为了建立一种既能满足当代人用水需求又不损害后代人用水权利的可持续水资源利用模式，综合社会公平的两个时空维度，采用 Gini 系数作为衡量代内公平的指标，采用改进的 mixed Bentham-Rawls 准则作为衡量代际公平的指标。此外，把平均经济效益效率作为实现可持续用水和社会公平的必要条件，还利用模糊随机变量处理了与有效水和输水损失率有关的不确定性。以中国岷江流域上游为例，分析模型可行性和有效性，结果表明多目标优化配置策略能够实现代内和代际公平，能够提高水资源的可持续利用。其主要创新在于提出了一种水资源利用代际公平的一般配置模式。首先，将 mixed Bentham-Rawls 可持续准则应用于水资源配置，为水资源利用的代际公平提供了量化标准。其次，分析了代际配水公平与代内配水公平之间的权衡，从时间和空间两个维度考虑了水资源配置的公平性。再次，以岷江上游流域为研究对象，将水资源代际公平配置一般模式的求解结果与不考虑代际公平的配水方式下的结果进行了比较。比较结果说明代际配置方案能够获得更高的公平性和有效性，这也进一步说明了代际公平内含重要的代内维度，要保证水资源代际间的公平分配，那更要保证当代所有成员都有平等的权利使用水资源。最后，还对水资源代际配置模型进行了不确定性分析。根据这些比较分析，进一步说明了模型的有效性和合理性，可以为管理者制定水资源配置策略提供参考。

第五章　水污染积累的代际公平配置模式及应用

经济学家注重从代际方面关注环境恶化问题，如果上几代人把他们行动的成本（如水污染、空气污染等）转移到未来，就可能会剥夺后代人至少一部分福利，造成两代人之间的不平等。[①] 在这些研究中，世代交叠模型（Overlapping Generations Model，OLG）[②]，是分析资源经济增长与环境质量之间潜在冲突的重要工具，该模型为环境质量与收入之间的相关性提供了理论解释，它具有明显的动态特性，是研究资源代际转移现象的一个很好的工具。[③] 因此，考虑水污染积累的代际公平配置模式研究的主要贡献是在流域污染问题日趋严重的背景下，提出一个考虑水污染存量的多目标水资源配置模型，保证今世后代的用水公平，实现水

---

① Lee H. Endress, Sittidaj Pongkijvorasin, James Roumasset, "Intergenerational Equity with Individual Impatience in a Model of Optimal and Sustainable Growth", *Resource & Energy Economics*, 2014, 36 (2): 620 - 635; Murray C. Kemp, Ngo Van Long, "The Under-Exploitation of Natural Resources: A Model with Overlapping Generations", *Economic Record*, 2010, 55 (3): 214 - 221.

② A. John, R. Pecchenino, "An Overlapping Generations Model of Growth and the Environment", *Economic Journal*, 1994, 104 (427): 1393 - 1410.

③ Olli Tahvonen, Jari Kuuluvainen, "Economic Growth, Pollution, and Renewable Resources", *Journal of Environmental Economics & Management*, 1993, 24 (2): 101 - 118; Cao Dong, Wang Lin, Yaozhong Wang, "Endogenous Fluctuations Induced By Nonlinear Pollution Accumulation in an Olg Economy and the Bifurcation Control", *Economic Modelling*, 2011, 28 (6): 2528 - 2531.

资源可持续管理。一方面，由于流域吸收污染的能力有限，大多数水质污染往往会在周围环境中积累，从而影响人类健康和造成流域环境恶化。水污染的实际存量很难确定，但它受流域环境吸收能力、经济产出的排放和节能减排技术的影响。[①] 因此将非线性污染吸收、排放速率和减排技术的有效性纳入经典的 OLG 模型来考虑水资源利用的代际问题。另一方面，在处理水污染物时会产生减排成本，因此考虑最大化总的经济效益效率，保证水资源利用的有效性。对考虑污染跨期迭代的水资源配置的求解结果进行了比较分析与延伸对比，以期帮助流域管理者解决今世后代的用水冲突以及当代人和后代之间处理水污染的成本冲突。

一 问题分析

水资源管理不仅包括对水量的监测和管理，水质管理也是一个重要组成部分，自然界中水的质量会影响我们赖以生存的水生生态系统中所有生物的条件。[②] 水质管理措施是指为确保排放到接收水体的污染物总量不超过这些水体的废物吸收能力而采取的行动，并要确保水质符合为这些水体制定的质量标准。[③] 然而，人口和经济的增长导致了更多的废

---

① Ingmar Schumacher, Benteng Zou, "Pollution Perception: A Challenge for Intergenerational Equity", *Journal of Environmental Economics & Management*, 2008, 55 (3): 300 - 309; Ingmar Schumacher, "The Dynamics of Environmentalism and The Environment", *Ecological Economics*, 2009, 68 (11): 2842 - 2849; Ingmar Schumacher, Benteng Zou, "Threshold Preferences and The Environment", *Journal of Mathematical Economics*, 2015, 60: 17 - 27.

② C. J. Vörösmarty, A. Y. Hoekstra, S. E. Bunn, et al., "Fresh Water Goes Global", *Science*, 2015, 349 (6247): 478 - 479.

③ D. P. Loucks, Van Beek, J. R. Stedinger, *Water Resources Systems Planning and Management: An Introduction to Methods, Models and Applications*, Springer International Publishing, 2017, 52 - 70.

水污染物，其中许多被排放到地表和地下水中。[①] 因此，越来越多的水管理的主要努力和费用是为了保护和管理水质[②]，各种用水户之间的冲突也越来越多地涉及水质问题。[③] 在分析污染跨期迭代的水资源配置模式问题时，以下三个方面需要被重点考虑。

（一）水污染的跨期积累过程

流域环境污染已经成为一个严重的社会问题，有害化学物质、水土流失、生活污水、气候变化等引起的污染蓄积量问题越来越受到水资源经济增长研究的关注。有些污染是可以被流域环境吸收的，但由于大自然吸收污染的能力有限，大多数污染往往会在周围环境中积累，停留时间很长，从几十年到几百年不等。高污染浓度造成巨大的人类健康问题和环境恶化，但是污染存量的真实数量是不确定的。从广义上讲，水污染存量的真实大小受流域环境吸收能力、经济产出的排放和节能减排技术的影响。[④] 流域环境有吸收污染的能力，也就是水体中污染物的浓度会自然通过物理净化、化学净化以及生物净化逐渐降低。例如，流域中许多植物有能力逐渐清除空气、水和土壤中的毒素，流域中的部分微生物也有吸收污染物的能力，这一过程被称为生物修复。然而，人们已经

---

① James D. Miller, Michael Hutchins, "The Impacts of Urbanisation and Climate Change on Urban Flflooding and Urban Water Quality: A Review of the Evidence Concerning the United Kingdom", *Journal of Hydrology Regional Studies*, 2017, 12 (C): 345 – 362.

② B. J. Cardinale, "Biodiversity Improves Water Quality through Niche Partitioning", *Nature*, 2011, 472 (7341): 86 – 90; L. A. Sprague, G. P. Oelsner, D. M. Argue, "Challenges With Secondary Use of Multi-Source Water-Quality Data in the United States", *Water Research*, 2017, 110: 252 – 261.

③ Neil S. Grigg, *Integrated Water Resource Management: An Interdisciplinary Approach*, Palgrave Macmillan UK, 2016; G. Martinsen, S. Liu, X. Mo, "Joint Optimization of Water Allocation and Water Quality Management in Haihe River Basin", *Science of The Total Environment*, 2019, 654: 72 – 84.

④ Ingmar Schumacher, Benteng Zou, "Pollution Perception: A Challenge for Intergenerational Equity", *Journal of Environmental Economics & Management*, 2008, 55 (3): 300 – 309.

注意到，流域环境对污染的吸收能力是有限的，经济活动必须遵守环境限制。例如，有研究提出了具有环境吸收能力的污染累积模型，其中环境吸收能力受到经济活动的影响。① 污染存量的自然衰减是一个随机过程，有学者认为环境具有非线性吸收能力，而不是常数或线性吸收能力。② 其次，水污染排放和减排品种对具有非线性环境污染吸收的经济会产生宏观效应，污染一直被认为是水资源经济增长的一种排放和副产品，对效用主体有负面影响。③ 最后，各国政府、国际组织和学术界日益重视通过税收、财政政策和流域环境管制来减少减排技术和对新减排技术的投资。例如，有研究认为减排和税收可以用来降低污垢的流入和降低污染资本投入存量④；也有其他研究人员试图估算污染物的边际减排成本，尤其是温室气体。⑤ 为此，将非线性污染吸收、污染排放速率和减排技术的有效性综合起来分析流域水污染存量是值得研究的。

（二）经济环境世代交叠模式

经济增长和环境质量之间的潜在冲突是可持续发展路径争论的主要来源。环境问题很早在环境和自然资源文献中就得到了广泛的分析，⑥

---

① Fouad El Ouardighi, Hassan Benchekroun, Dieter Grass, "Controlling Pollution and Environmental Absorption Capacity", *Annals of Operations Research*, 2014, 220 (1): 111 –133.

② Amos Zemel, "Precaution under Mixed Uncertainty: Implications for Environmental Management", *Resource & Energy Economics*, 2012, 34 (2): 188 –197.

③ Rosa Duarte, Vicente Pinilla, Ana Serrano, "Is There an Environmental Kuznetscurve for Water Use? A Panel Smooth Transition Regression Approach", *Documentos De Trabajo*, 2013, 31 (38): 518 –527.

④ Ben J. Heijdra, Pim Heijnen, Fabian Kindermann, "Optimal Pollution Taxation and Abatement When Leisure and Environmental Quality are Complements", *De Economist*, 2015, 163 (1): 95 –122.

⑤ Chih Cheng Chen, "Assessing the Pollutant Abatement Cost of Greenhouse Gasemission Regulation: a Case Study of Taiwan's Freeway Bus Service Industry", *Environmental & Resource Economics*, 2015, 61 (4): 1 –19.

⑥ J. B. William, E. O. Wallace, *The Theory of Environmental Policy*, Cambridge University Press, 1988, 120 –148.

并且近年来水资源环境研究人员关于流域生态环境、水质模型的讨论也是非常充分的，[①] 但是这些研究很大程度上把自己限制在对内部问题的探讨上。此外，尽管代际问题在可耗尽资源文献中得到了广泛讨论[②]，同时，水资源管理研究者也指出公平共享水生生态系统维护的成本以及水生生态系统服务是流域环境可持续管理的一个重要方面。比如水资源相对缺乏的澳大利亚就提出，生态可持续发展国家战略的三个目标之一就是“在代内和代际间实现水资源公平利用”，也有一些文献强调水资源要实现可持续利用就必须要求水资源配置满足代际公平。[③] 但是在一般污染模型中又或者是水污染模型中，代际问题的考虑在很大程度上是缺失的。[④]

世代交叠模型（Overlapping Generations Model，OLG）是分析资源经济增长与环境质量之间潜在冲突的重要工具，该模型利用 Samuelson[⑤] 和

---

① Han Feng，Zheng Yi，“Multiple-Response Bayesian Calibration of Watershed Water Quality Models with Signifficant Input and Model Structure Errors”，*Advances in Water Resources*，2016，88：109－123；Long Jiang，Yiping Li，Xu Zhao，et al.，“Parameter Uncertainty and Sensitivity Analysis of Water Quality Model in Lake Taihu，China”，*Ecological Modelling*，2018，375：1－12.

② R. M. Solow，“On the Intergenerational Allocation of Natural Resources”，*Scandinavian Journal of Economics*，1986，88（1）：141－149；Robert M. Solow，“The Economics of Resources or the Resources of Economics”，*American Economic Review*，1974，1（1）：1－14.

③ G. J. Syme，E Kals，B. E. Nancarrow，et al.，“Ecological Risks and Community Perceptions of Fairness and Justice：A Cross-Cultural Model”，*Human & Ecological Risk Assessment an International Journal*，2006，12（1）：102－119；G. J. Syme，B. E. Nancarrow，“Incorporating Community and Multiple Perspectives in the Development of Acceptable Drinking Water Source Protection Policy in Catchments Facing Recreation Demands”，*Journal of Environmental Management*，2013，129（18）：112－123；G. J. Syme，“Acceptable Risk and Social Values：Struggling with Uncertainty in Australian Water Allocation”，*Stochastic Environmental Research & Risk Assessment*，2014，28（1）：113－121.

④ M. B. Beck，“Water Quality Modeling：A Review of the Analysis of Uncertainty”，*Water Resources Research*，1987，23（8）：1393－1442；Kunwar P. Singh，Amrita Malik，Sarita Sinha，“Water Quality Assessment Andapportionment of Pollution Sources of Gomti River（India）Using Multivariate Statistical Techniques：A Case Study”，*Analytica Chimica Acta*，2005，538（1）：355－374.

⑤ Paul A. Samuelson，“An Exact Consumption-Loan Model of Interest With or Without The Social Contrivance of Money”，*Journal of Political Economy*，1958，66（6）：467－482.

Diamond① 的重叠世代框架，分析当代人从消费和环境质量中获得的整体效用。虽然当代人的消费破坏了留给后代的环境，但他们对环境质量的投资又改善了留给后代的环境。这个简单的动态模型解释了资本积累和环境质量之间的相互作用，也解释了资源代际转移现象。考虑水污染积累的代际公平配置模式将流域非线性污染吸收、水污染排放速率和节能减排技术的有效性纳入经典的 OLG 模型，在该经济体中，考虑前几代人从事的污染活动会不断积累，在很长一段时间内对流域环境仍会产生影响，他们牺牲未来几代人福利的风险很高，很有可能造成用水代际不平等现象。因此，如何在水资源代际配置模型中综合考虑水污染问题，实现流域生态环境综合治理是研究的重点。

（三）优化实现环境代际公平

环境代际公平是指当代人的发展不能危及和损害后代人的生存和发展所需求的各种环境条件，要为后代留下足够的自然资源遗产。② 由于日趋严重的环境退化问题促使环境研究人员将全球变暖、气候变化和可持续发展与代际公平的概念联系起来以保证环境代际公平。③ 虽然没有绝对的代际公平指数，但环境代际公平被认为是两代人之间某一特定时期内对环境的逐渐影响；或者是在世代交替时保持环境质量，从而实现

---

① Peter A. Diamond, "National Debt in a Neoclassical Growth Model", *American Economic Review*, 1965, 55 (5): 1126 – 1150.

② Tze Chin Pan, Jehng Jung Kao, "Intergenerational Equity Index for Assessing Environmental Sustainability: An Example on Global Warming", *Ecological Indicators*, 2009, 9 (4): 725 – 731; Raghbendra Jha, K. V. Murthy, *Environmental Sustainability: A Consumption Approach*, Routledge, 2006.

③ E. Papargyropoulou, R. Padfifield, O. Harrison, et al., "The Rise of Sustainability Services for the Built Environment in Malaysia", *Sustainable Cities & Society*, 2012, 5: 44 – 51; T. Seegmuller, A. Verchère, "Pollution As a Source of Endogenous Fluctuations and Periodic Welfare Inequality in OLG Economies", *Economics Letters*, 2004, 84 (3): 363 – 369.

代际公平。目前，全球变暖和气候变化被认为是最关键的代际公平问题，当代人正被敦促遏制环境恶化。① 特别是水资源管理和废水处理问题在确保子孙后代的可持续发展方面发挥着重要作用。

为了保证流域水资源利用的环境代际公平，该研究试图厘清水污染跨期迭代过程，分析水资源消耗和污染同时产生的效用，以平衡水资源经济增长和流域环境质量之间的冲突。此外，将与消耗和污染同时相关的二元效用函数整合到 mixed Bentham-Rawls 可持续准则，以权衡贴现效用和最不利年份的效用，解决今世后代用水矛盾，确保优质水资源利用的代际公平，实现流域的可持续发展。考虑水污染迭代的代际公平配置问题的研究框架如图 5.1 所示。

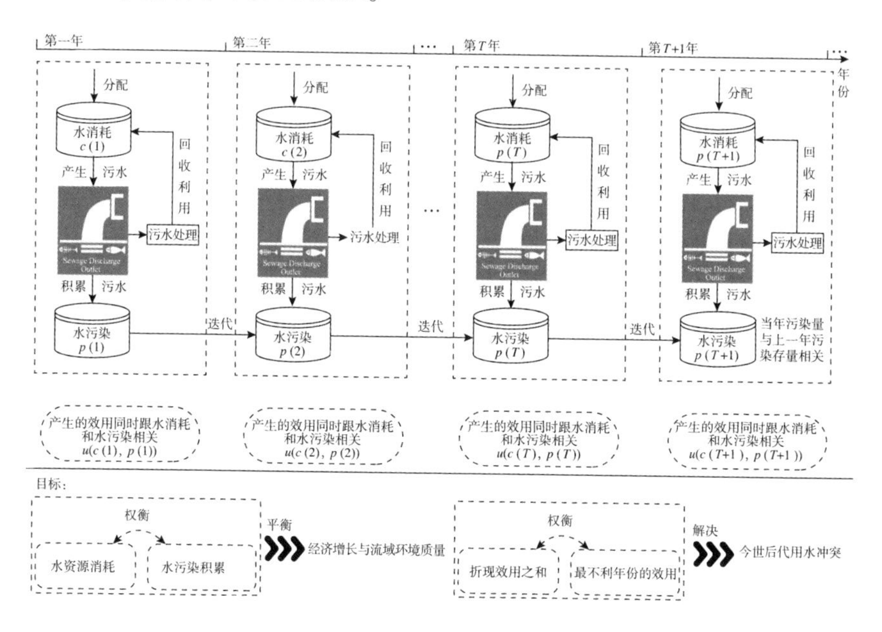

图 5.1 考虑水污染积累的代际配置问题框架

① L. Brian Chi-ang, S. Q. Zheng, *Environmental Economics and Sustainability*, John Wiley and Sons, 2017; Adrian Treves, Kyle A. Artelle, Chris T. Darimont, "Intergenerational Equity can Help to Prevent Climate Change and Extinction", *Nature Ecology & Evolution*, 2018, 2: 192 – 204.

二 方法流程

将流域非线性污染吸收、水污染排放速率和节能减排技术的有效性纳入经典的 OLG 模型，建立考虑水污染积累的代际配置模式来保证流域环境的代际公平。

（一）建模技术优选方案

在考虑水污染积累的代际配置问题的数学模型建立之前，先对基本符号进行详细说明。

第一，指标。t：年份，$t=\{0, 1, \cdots, T\}$。

第二，参数。AEB_t：该地区第 t 年单位水的平均经济收益。BE_t：该地区第 t 年的总经济收益。EBE_t：该地区第 t 年的经济效率。EBE：该地区 T 年内的平均经济效率。x_t：该地区第 t 年初的水资源库存量。$c_t^{\min}$：该地区第 t 年用水最低需求量。$WEC_t^{\min}$：该地区第 t 年最低生态用水量。r_t：该流域第 t 年自然增长率。β：该流域水资源消耗率，$\beta \in [0, 1]$。α：该流域水污染吸收率，$\alpha \in [0, 1]$。ζ：该流域单位水的污染排放率，$\zeta \in [0, 1]$。γ：该地区污水处理能力（每元所能处理污水的量）。P_t：该流域第 t 年的污水量（水质在Ⅳ以下）。A_t：该流域第 t 年用于处理污水的费用。

第三，决策变量。c_t：该地区第 t 年水资源消耗量。

（二）有效可持续性目标

在考虑到水污染会产生负效用的情况下，流域当局需要通过最大限度地提高经济效益以及社会福利来满足用水代际公平，以确保今世后代可持续用水。综合流域水资源的消耗和污染情况，考虑 T 年内的一个总体规划过程，以下将讨论实现这些目标的细节。

1. 平均经济效益效率最大化

该流域第 t 年的经济效益等于消费水资源所带来的经济效益减去处理相应污水的费用，如公式（5.1）所示。

$$EB_t = AEB_{t \cdot c_t} - \beta \cdot c_t / \gamma, \quad \forall t \tag{5.1}$$

因此，第 t 年的经济效率描述为第 t 年的经济效益与最大经济效益的比值，如公式（5.2）所示。

$$EBE_t = \frac{EB_t}{AEB_t(x_t - WEC_t^{\min})} \tag{5.2}$$

这里，最大经济效益是指消费掉最大可用水，且不产生污染水这种理想情况下的收益。

目标是在总的 T 年内实现平均经济效益效率最大化，如公式（5.3）所示。

$$\max EBE = \frac{1}{T}\sum_{t=1}^{T}\frac{AEB_{t\cdot} \cdot c_t - \beta \cdot c_t/\gamma}{AEB_t(x_t - WEC_t^{\min})} \tag{5.3}$$

2. 社会福利最大化保证代际公平

在 Chichilnisky 的研究基础上①，一个以平衡经济发展需要和对处境最不利几代人关注的福利函数标准被提出。② 该准则不但调节了折现的效果，也允许贴现效用之和跟最不利世代的效用水平在一定程度的跨期权衡，其中效用函数仅仅依赖于分配给每一代的总消费。③ 由于流域生态环境的日趋恶化，流域经济增长与流域环境质量之间存在潜在冲

① Graciela Chichilnisky, "An Axiomatic Approach to Sustainable Development", *Social Choice & Welfare*, 1996, 13 (2): 231 - 257.

② Francisco Alvarez-Cuadrado, Ngo Van Long, "A Mixed Bentham-Rawls Criterion For Intergenerational Equity: Theory and Implications", *Journal of Environmental Economics & Management*, 2009, 58 (2): 154 - 168.

③ Francisco Alvarez-Cuadrado, Ngo Van Long, "A Mixed Bentham-Rawls Criterion for Intergenerational Equity: Theory and Implications", *Journal of Environmental Economics & Management*, 2009, 58 (2): 154 - 168.

突，要保证今世后代用水公平就必须在福利函数标准中考虑水污染问题，而不仅仅是水资源消耗。世代交叠模型（OLG）解释了资本积累和环境质量之间的相互作用，分析当代人同时从消费和环境质量中获得效用，也解释了资源代际转移现象。[①] 之后，Schumacher 推广了世代交叠模型，假设几代人同时从消费和污染中获得效用，如公式（5.4）所示。

$$U(c_t, P_t) \tag{5.4}$$

其中，c_t 表示第 t 年资源消耗量，P_t 表示第 t 年消耗资源产生的污染实际库存量。二元效用函数满足以下条件。[②] 第一，对两个参数 c，P 都是二阶连续可微；第二，对于消费参数 c 是一个严格凸的增函数，对于污染参数 P 是一个减函数，如公式（5.5）所示。

$$\lim_{c \to 0} U_c(c, P) = \infty; \lim_{p \to 0} U_P(c, P) = -\infty \tag{5.5}$$

为了简单描述该二元效用函数，Schumacher 假设其为对数形式[③]，如公式（5.6）所示。

$$U(c_t, P_t) = (1 - \mu_t)\ln c_t - \mu_t \ln P_t \tag{5.6}$$

其中，$\mu_t \geqslant 0$ 它衡量几代人对环境相对于消费的偏好，也是环境质量在效用函数上的半弹性值。

在定义了同时依赖资源消耗和污染的二元效用函数后，mixed Bentham-Rawls 福利函数准则依旧允许在跨时期水资源配置中进行一定程度的权衡，最大限度地发挥社会福利功能，实现水资源可持续配置。这时，

---

① A. John，R. Pecchenino，"An Overlapping Generations Model of Growth and the Environment"，*Economic Journal*，1994，104（427）：1393－1410.

② Ingmar Schumacher，Benteng Zou，"Pollution Perception：A Challenge for Intergenerational Equity"，*Journal of Environmental Economics & Management*，2008，55（3）：300－309.

③ Ingmar Schumacher，Benteng Zou，"Threshold Preferences and the Environment"，*Journal of Mathematical Economics*，2015，60：17－27.

社会福利函数 W 如公式（5.7）所示。

$$W(U) = (1-\theta)\sum_{t=0}^{\infty}\beta^t u_t + \theta \inf\{u_0, u_1, \cdots, u_t, \cdots\}, 0 < \beta < 1 \tag{5.7}$$

其中，$U=\{u_0, u_1, \cdots, u_t, \cdots\}$ 是一个无限效用流。

为实现考虑水污染跨期迭代情况下水资源可持续利用，假设 q 表示第 t 年区域总耗水量，P_t表示第 t 年区域水污染存量，并且效用函数同时依赖年用水总量和年总污染存量，即 $u=u(c_t, P_t)$，那么可持续水资源跨时期配置路径则是 Max $W(U)$，并且满足公式（5.8）。

$$W(U) = (1-\theta)\sum_{t=1}^{T} u(c_t, P_t)(1+p)^{-t+1} + \theta \underline{U} \tag{5.8}$$

其中，ρ 表示贴现率，它是一个正的常数，并且 $0<\theta<1$。

公式（5.8）中的第一个函数是贴现效用之和，如公式（5.9）所示。

$$\sum_{t=1}^{T} u(c_t, P_t)(1+\rho)^{-t+1} = u(c_1, P_1) + \frac{u(c_2, P_2)}{1+\rho} + \frac{u(c_3, P_3)}{(1+\rho)^2} + \cdots + \frac{u(c_T, P_T)}{(1+\rho)^{T-1}} \tag{5.9}$$

第二个函数是极大极小福利函数，如公式（5.10）所示。

$$\underline{U} = \inf\{u(c_1, P_1), u(c_2, P_2), \cdots, u(c_T, P_T)\} \tag{5.10}$$

这一可持续的水资源配置目标同时满足了两个条件。一是保证了当代人与后代之间水资源的最优配置；二是实现整体效用最大化，且总的效用函数考虑了水污染所产生的负效用。

（三）污染世代交叠约束

在流域水污染积累的代际公平配置模型中需要考虑水污染的跨期积累过程、水资源再生过程、总供水量以及生态需水量这四类约束条件。

1. 水污染积累

流域自身有污染吸收能力，但是不可能吸收所有的污染物，因此水污染存量是一个累积过程。这里，假设污染积累如公式（5.11）所示。①

$$P_t = (1-\alpha)P_{t-1} + \zeta c_t - \gamma A_t \tag{5.11}$$

其中，P_t 表示第 t 年区域水污染存量，P_{t-1} 表示第 $t-1$ 年区域水污染存量，$\alpha \in (0, 1)$ 表示第 t 年流域污染吸收率，$\zeta > 0$ 是第 t 年水资源消费外部性参数，表示单位水消费的污染排放率，$\gamma > 0$ 代表减排能力的有效性，且 A_t 表示该流域第 t 年用于处理污水的费用。由此可见，流域第 t 年的污染存量在一定程度上取决于 $t-1$ 年的污染存量，并因水资源消耗量增加而增加，因减排能力增加而减少。重要的是，上一年消费的成本转移到了今年，这直接解决了代际成本转移的问题。

2. 水资源再生函数

流域水资源每年的消耗量与上一年的存储量是相关的。假设第 t 年初的蓄水量为 x_t，第 t 年水资源消耗量为 c_t，并且第 t 年水污染的存量为 P_t，因此，代表性消费者的瞬时效用同时取决于水资源消耗量 c 和水资源增长函数 G，如公式（5.12）所示。②

$$x_{t+1} - x_t = f(x, t) = G(x, P) - c_t \tag{5.12}$$

其中 $G(x, P)$ 是水资源再生函数，它与现有水资源库存和水污染状况有关，该函数是一个严格凸函数，且需要满足以下两个条件。

第一，$G_p(x, P) < 0$，$\forall P > 0$，$\lim_{P \to 0} G_P(x, P) = 0$；

---

① Ingmar Schumacher, Benteng Zou, "Pollution Perception: A Challenge for Intergenerational Equity", *Journal of Environmental Economics & Management*, 2008, 55 (3): 300 – 309.

② Olli Tahvonen, Jari Kuuluvainen, "Economic Growth, Pollution, and Renewable Resources", *Journal of Environmental Economics & Management*, 1993, 24 (2): 101 – 118.

第二，$G(0,)<0$，$\forall P>0$，$\forall x>0$，$G_{xp}(x, P)<0$。

水资源再生产函数假设为一个经典一阶差分方程为特征的 Logistic 规范①，为了让 $G(x, P)$ 满足上述条件且便于计算，构造函数如公式（5.13）所示。

$$G(x, P)=r_t x_t\left(1-\frac{x_t}{K}-\frac{P_t^2}{K}\right) \tag{5.13}$$

那么瞬时效用的计算如公式（5.14）所示。

$$x_{t+1}-x_t=r_t x_t\left(1-\frac{x_t}{K}-\frac{p_t^2}{K}\right)-c_t \tag{5.14}$$

其中，r_t 是第 t 年水资源自然增长率，K 是流域承载能力。

3. 总供水量约束

流域可供水源（比如，地下水、降雨等）的总和应该在该分区最小用水量需求和最大用水量需求之间，如公式（5.15）所示。

$$c_t^{\min}\leqslant c_t\leqslant c_t^{\max}, \ \forall t \tag{5.15}$$

4. 生态需水量

生态水是鱼类、野生动物、水上游憩等相关环境资源所必需的，在水资源配置过程中必须给予保证。因此，生态水约束如公式（5.16）所示。

$$x_t-c_t\geqslant WEC_t^{\min}, \ \forall t \tag{5.16}$$

（四）污染迭代全局模型

通过整合公式（5.1）至公式（5.16）可以得到考虑流域污染跨期迭代的水资源利用全局模型，如公式（5.17）所示。这个全局模型

---

① R. M. May, "Simple Mathematical Models with Very Complicated Dynamics", *Nature*, 1976, 261 (5560): 459-467.

的优化过程可以概述为以下几点。首先，由于水污染存量的真实大小受流域环境吸收能力、经济产出的排放和节能减排技术的影响，流域当年的污染存量在一定程度上取决于上一年的污染存量，并因水资源消耗量增加而增加，因减排能力增加而减少，由此给出了水污染积累过程公式。其次，水资源是再生资源，其再生函数与现有水资源库存和水污染状况有关，水资源增长函数可以用每年的消耗量与上一年的存储量相关的差分方程表示。再次，由于流域生态环境的日趋恶化，流域经济增长与流域环境质量之间存在潜在冲突，要保证今世后代用水公平就必须在福利函数标准中考虑水污染问题，而不仅仅是水资源消耗。世代交叠模型是分析资源经济增长与环境质量之间潜在冲突的重要工具，全局模型将流域非线性污染吸收、水污染排放速率和节能减排技术的有效性纳入经典的世代交叠模式，考虑了可能造成的用水代际不平等现象。最后，由于处理污水要产生相应的费用，模型考虑了消费水资源所带来的经济效益减去处理相应污水的费用最终的平均经济效益效率最大化。

$$\max EBE = \frac{1}{T}\sum_{t=1}^{T}\frac{AEB_t \cdot c_t - \beta \cdot c_t/\gamma}{AEB_t(x_t - WEC_t^{\min})}$$

$$\max W(U) = (1-\theta)\sum_{t=1}^{T} u(c_t, P_t)(1+\rho)^{-t+1} + \theta\underline{U}$$

$s.\ t.$

$$\begin{cases} P_t = (1-\alpha)P_{t-1} + \beta c_t - \gamma A_t, \forall t \\ x_{t+1} - x_t = r_t x_t\left(1 - \dfrac{x_t}{K} - \dfrac{p_t^2}{K}\right) - c_t, \forall t \\ c_t^{\min} \leqslant c_t \leqslant c_t^{\max}, \forall t \\ \rho > 0, t = 1, 2, \cdots, T \end{cases} \tag{5.17}$$

该模型在上一章水资源代际公平一般配置模型的基础上考虑了水资源的污染问题，具有更加全面、更加系统的结构。模型优势总结如下。第一，在一般的水污染模型中考虑了代际问题，也就是当前几代人从事的水污染活动会不断积累，在很长一段时间内对流域环境仍会产生影响，他们牺牲未来几代人福利的风险很高，很有可能造成用水代际不平等现象。第二，采用世代交叠模式阐述水资源经济增长与环境质量之间潜在的冲突，并分析几代人同时从消费和污染中获得的效用。第三，将 mixed Bentham-Rawls 准则纳入水资源配置策略，实现整体效用最大化，且总的效用函数考虑了水污染所产生的负效用，以保证当代人与后代之间水资源的最优配置。该模型为流域管理局水资源管理提供了一个综合水质水量、更合理、更全面的方案，确保在考虑水污染跨期迭代下，代际水资源的公平利用。

三　沱江流域水资源代际配置应用

以整体受污染比较严重的沱江流域为实际案例，说明考虑水污染积累的代际公平配置方案的实用性和有效性。

（一）案例介绍

沱江，位于中国四川省中部，年平均径流量 $351\times10^{8}m^{3}$，其中岷江补给约占 33.4%。沱江是四川省工业集中之地，流域内大、中型工厂多达千余座，沱江流经绵竹县汉王场以后，由于接纳工业废水，水质已受到一定程度的污染，再往下，流经重工业城市德阳后，水质污染更甚，接着流经成都市工业重镇青白江区后，接纳了川化、成钢等大型工业企业大量生产废水，水质极差。加上城镇生活污水绝大部分未经处理，直接排入沱江，造成总磷等项目超标。根据水环境监测数据和水质报告，沱江整体受污染严重，汇入沱江污染物总量远远超过沱江纳污能力，主要污染物为氨氮、高锰酸盐指数、挥发酚、总磷和生化需氧量等，流域水质Ⅰ—Ⅲ级仅占34.2%，水质差于Ⅴ级的区域占45%，不符合规定标准的区域占28.0%，如图5.2所示。

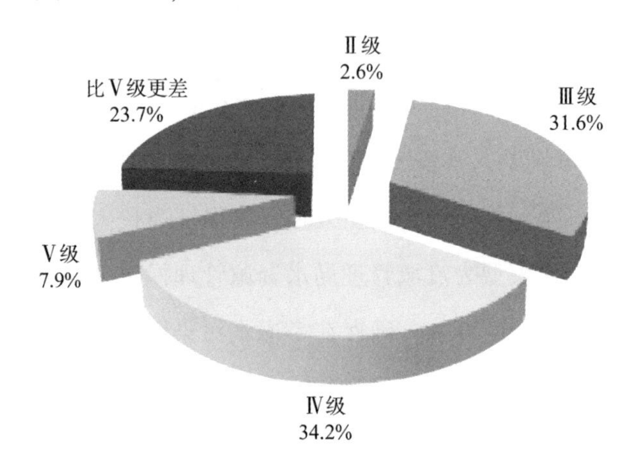

图5.2 沱江流域水质分布

资料来源：中国环境监测总站：《2015年中国环境状况公报》。

（二）数据准备

在应用建模技术之前，需要先确定数据和参数值。沱江流域属非闭合流域，流域内径流主要来自降水；其次是从都江堰灌区引来的岷江水。根据《2015年四川省统计年鉴》和《沱江流域综合规划报告》（2007—2016），2007—2016年沱江流域详细社会经济数据见表5.1。从这些数据可以看出，沱江流域以四川全省3.5%的水资源量支撑全省五分之一的人口和GDP，造成沱江流域水资源开发程度位居全省各流域之首，因此要依靠外流域调水才能维持沱江流域经济社会的可持续发展。

表 5.1 沱江流域 2007—2016 年社会经济基本统计数据

年份	库存量 (10^8m^3)	总耗水量 (10^8m^3)	流域内耗水量 (10^8m^3)	流域外引水量 (10^8m^3)	总需水量 (10^8m^3)	最大容量 (10^8m^3)	最小生态用水 (10^8m^3)	GDP (10^8元)	人口 (10^4人)	平均经济效益 (元/m^3)
2007	103	65.64	43.67	21.97	55.19	1000	10	2371	1864.50	32.3
2008	105	67.47	44.58	22.89	56.30	1000	10	2699	1871.32	33.8
2009	110	69.37	45.52	23.85	57.19	1000	10	3171	1880.11	35.5
2010	104	71.35	46.55	24.80	58.49	1000	10	3512	1889.50	37.3
2011	102	73.45	47.62	25.83	59.80	1000	10	4099	1890.13	39.2
2012	100	75.58	48.72	26.86	60.49	1000	10	4571	1904.50	41.3
2013	98	77.78	49.85	27.93	61.30	1000	10	5141	1911.00	43.5
2014	97	79.87	50.90	28.97	62.19	1000	10	5871	1924.50	45.3
2015	104	81.04	51.94	29.1	63.53	1000	10	6512	1935.30	47.6
2016	106	81.53	52.03	29.5	54.89	1000	10	7388	1945	50.1

《2017 年四川省重点流域水污染防治规划》报告指出，沱江流域平均每年废水排放总量为 $2.0179\times10^8m^3$，在河里还剩的污水量为 $1.7227\times10^8m^3$。主要污染物 COD 和 NH3-N 的年排放量分别为 20382 吨和 4301 吨。2007—2016 年沱江流域污染排放及相关处理费用数据见表 5.2。从表中可以看出，沱江干流水功能区废污水排放量及污染物入河量在逐年上升，由于近几年政府采取了大量污染源控制措施，污染物入河量得到了一些控制，排污总量也受到限制，因此上升趋势得到缓解。根据《2017 年四川省重点流域水污染防治规划》，对沱江流域可持续发展的预测是到 2025 年，COD 污染物减少 7%，NH3-N 污染物减少 8%。

表 5.2　2007—2016 年沱江流域污染排放及污水处理费用数据

年份	污水总产量 ($10^8 m^3$)	污水处理比例(%)	净化系数 (m^3/元)	污水处理费 (10^8 元)	废水排放量 ($10^8 m^3$)	废水入河量 ($10^8 m^3$)	累积污染量 ($10^8 m^3$)
2007	52.512	55	1	49.800	2.371	2.010	11.010
2008	54.000	65	1	51.300	2.700	2.295	12.204
2009	55.496	65	1	52.721	2.775	2.359	13.342
2010	57.080	75	1	54.226	2.854	2.426	14.434
2011	58.760	85	1	55.822	2.938	2.497	15.488
2012	60.464	85	1	57.441	3.023	2.569	16.509
2013	62.224	85	1	59.113	3.111	2.645	17.502
2014	63.896	95	1	60.701	3.195	2.716	18.468
2015	64.832	95	1	61.591	3.242	2.755	19.376
2016	65.224	95	1	61.963	3.261	2.772	20.211

（三）分析讨论

为了讨论沱江流域在考虑水污染累积情况下水资源的可持续利用方案，先要假定一些参数值，方便模型计算。比如流域污染物吸收率$\alpha=0.1$；流域排污系数$\zeta=0.8$；污水处理能力（每元所能处理污水的量）$\gamma=0.5$；假设几代人对水的消耗和环境质量具有同样偏好，即$\mu=0.5$；考虑ρ是标准时间偏好率，即$\rho=0.05$；为了方便讨论，在福利函数准则中，将相同的权重赋给折扣效用和最不利年份的效用水平，也就是$\theta=0.5$；最后，为了把双目标函数化为单目标函数，对他们赋予相同权重，即$\eta=0.5$。另外，根据公式（5.14）和现有的数据可以计算出沱江流域

2007—2016 年的水资源增长率 r 分别为 0.5716、0.6329、0.5046、0.6229、0.6796、0.7446、0.8368、1.0622、0.9963、1.0498。接下来做结果对比和关键参数的灵敏度分析。

1. 两种方案结果对比分析

优化方案在 mixed Bentham-Rawls 准则中考虑了水污染的跨期迭代下的流域水资源可持续利用路径。流域每年消耗水量为 $c(t)=\beta(t)x(t)$，这里 $\beta(t)$ 是根据不同水资源存储量 $x(t)$ 值变化而变化的。表 5.3 给出了两种方案下最大化社会福利函数值、总的经济效益效率、水资源存储量、水资源消耗量、累积污染量以及污水处理费用。在优化方案中，最大社会福利函数值比现有方案增加了 8.38%，总经济效益效率比现有方案提高了 12.76%。

表 5.3　优化方案和现有方案结果对比

	年份	库存量 (10^8m^3)	消耗量 (10^8m^3)	污水处理费用 (10^8 元)	累积污染量 (10^8m^3)	总福利函数值	经济效益效率
现有方案	2007	103	65.64	49.8	11.01	3.6424	0.7701
	2008	105	67.47	51.3	12.204		
	2009	110	69.37	52.721	13.342		
	2010	104	71.35	54.226	14.434		
	2011	102	73.45	55.822	15.488		
	2012	100	75.58	57.441	16.509		
	2013	98	77.78	59.113	17.502		
	2014	97	79.87	60.701	18.468		
	2015	104	81.04	61.591	19.376		
	2016	106	81.53	61.963	20.211		

续表

	年份	库存量（10^8m^3）	消耗量（10^8m^3）	污水处理费用（10^8 元）	累积污染量（10^8m^3）	总福利函数值	经济效益效率
优化方案	2007	103	74.132	118.591	11.1	3.9478	0.8684
	2008	96.395	66.217	103.948	10		
	2009	102.094	72.049	113.28	10		
	2010	95	72.436	113.898	10		
	2011	95	77.556	120	10		
	2012	95.246	81.136	120	11.045		
	2013	96.484	84.559	120	14.849		
	2014	95	73.275	120	21.012		
	2015	97.467	89.365	120	17.531		
	2016	95	95.099	50	27.269		

两种情况下不同年份的用水量策略和用水量变化情况如图 5.3 所示。在现有方案下，几乎所有的水资源消耗率都在 0.7—0.9，但是，对于 mixed Bentham-Rawls 准则目标函数下提出的优化方案，其消耗率都在 0.4—0.6，说明该方案能够合理控制水资源利用率，实现可持续利用。由于最初的库存很小，仅为 $128.09\times10^8m^3$，在最优方案中前三年用水量分别为 $76.13\times10^8m^3$、$76.13\times10^8m^3$ 和 $88.32\times10^8m^3$；在可行方案中前三年用水量也比较低，分别为 $76.57\times10^8m^3$、$76.57\times10^8m^3$ 和 $76\times10^8m^3$；这两种方案前三年的耗水量都远低于现有方案前三年的用水量 $109.57\times10^8m^3$，$108.49\times10^8m^3$ 和 $96.44\times10^8m^3$。由此可以看出，前三年用水量的减少增加了水资源的年蓄水量，从第四年，也就是 2001 年开始，新方案的年供水量超过了现有方案，随着经济的发展和人口的增长，供水也在稳步增长，从而获得了更高的总社会福利。

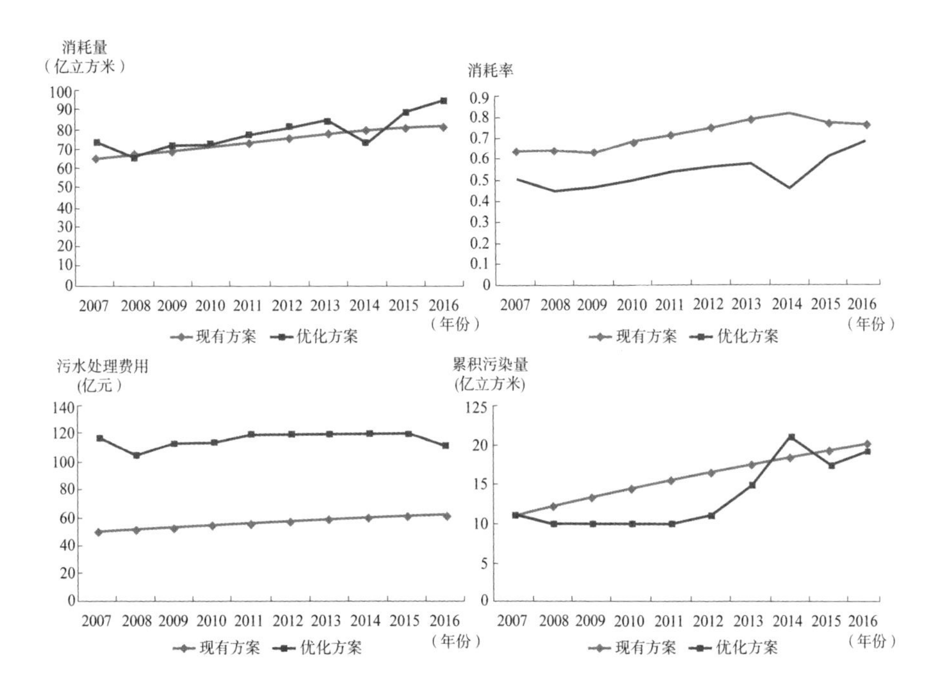

图 5.3　现有方案和最优方案计算结果变化情况对比

2. 重要参数灵敏度分析

为了方便做对比分析，假定了一些重要参数的值。下面将对这些参数逐一做灵敏度分析。

(1) 效用函数中 μ 值变化

效用函数中 μ 值表示几代人对水消耗和环境质量的偏好程度。为了比较讨论对水消耗和环境质量不同偏好程度导致的不同结果，考虑了 μ 取值的 9 种可能，即 0.1、0.2、0.3、0.4、0.5、0.6、0.7、0.8 和 0.9。其他参数的取值仍然保持不变，即流域污染物吸收率 $\alpha=0.1$，流域排污系数 $\zeta=0.8$，污水处理能力（每元所能处理污水的量）$\gamma=0.5$。考虑 ρ 是标准时间偏好率，即 $\rho=0.05$；在福利函数准则中，折扣效用流和最不利年份的效用水平依旧赋予相同权重，也就是 $\theta=0.5$。

表 5.4　对水污染重视程度变化时计算结果（μ = 0.1，0.2，0.3，0.4）

	年份	存储量 (10^8m^3)	消耗量 (10^8m^3)	污水处理费 (10^8 元)	累积污染量 (10^8m^3)		年份	存储量 (10^8m^3)	消耗量 (10^8m^3)	污水处理费 (10^8 元)	累积污染量 (10^8m^3)
μ = 0.1	2007	10 3	70.97	113.539	11.1	μ = 0.3	2007	103	71.77	114.814	11.1
	2008	99.553	70.16	110.249	10		2008	98.756	73.05	114.872	10
	2009	102.721	70.25	110.398	10		2009	98.681	67.43	105.889	10
	2010	97.647	76.25	120	10		2010	95	72.44	113.898	10
	2011	95	77.82	120	10		2011	95	77.80	120	10
	2012	95	81.94	120	11.242		2012	95	81.69	120	11.242
	2013	95	80.36	120	15.667		2013	95.247	81.22	120	15.469
	2014	95	77.75	120	18.389		2014	95	76.93	120	18.895
	2015	103.425	93.7	120	18.746		2015	102.332	92.86	120	18.552
	2016	95	94.34	120	31.831		2016	95	94.65	120	30.986
	总福利函数值		经济效益效率				总福利函数值		经济效益效率		
	W = 16.652		AEB = 0.868				W = 10.309		AEB = 0.871		

	年份	存储量 (10^8m^3)	消耗量 (10^8m^3)	污水处理费 (10^8 元)	累积污染量 (10^8m^3)		年份	存储量 (10^8m^3)	消耗量 (10^8m^3)	污水处理费 (10^8 元)	累积污染量 (10^8m^3)
μ = 0.2	2007	103	71.11	113.754	11.1	μ = 0.4	2007	103	71.02	113.615	11.1
	2008	99.418	69.28	108.849	10		2008	99.505	73.96	116.329	10
	2009	103.401	71.17	111.867	10		2009	98.851	67.66	106.260	10
	2010	97.647	76.25	120	10		2010	95	72.44	113.898	10
	2011	95	77.32	120	10		2011	95	77.80	120	10
	2012	95.479	83.26	120	10.858		2012	95	81.72	120	11.242
	2013	95	78.38	120	16.383		2013	95.221	81.12	120	15.491
	2014	95.163	79.62	120	17.444		2014	95	79.17	120	18.839
	2015	105.22	93.69	115.549	19.392		2015	100.309	83.18	120	20.291
	2016	95	94.29	120	34.638		2016	95	94.65	120	24.804
	总福利函数值		经济效益效率				总福利函数值		经济效益效率		
	W = 13.512		AEB = 0.866				W = 7.153		AEB = 0.8646		

在9种情况下，所有计算结果见表5.4和表5.5。当对水污染的重视程度口值增大时，总的社会福利函数值不断变小，从最大值16.652降低到最小值0.755，这表明流域管理者越重视流域环境，就越要投入更多经济治理水污染，根据效用函数的定义公式（5.6）可得出整个效用会降低，最终会让总的社会福利降低。在口值不断变化时，社会经济效益效率变化不大，在0.8646—0.876，都能够得到比较高的经济效益效率。另外，总的消耗水量、累积污染存量则有一定变化，当对流域环境重视程度从0.1到0.9不断增大时，10年水资源总消耗量有所降低［(784.134 = 784.134 < 784.135 = 784.135 < 785.366 < 788.287 < 790.287 < 794.273 < 795.182) 10^8m^3］；累积污染存量不断变小［(141.767 < 142.245 < 142.345 < 142.356 < 142.691 < 145.633 < 146.245 < 146.976 < 149.816) 10^8m^3］，相应污染处理费用在最初有所增加，这是因为管理者重视环境，投入更多经费用于污水处理，随着对环境重视程度加大，累积的污染存量不断变小，相应的污水处理费用又有所降低，最终达到稳定状态。

表5.5　对水污染重视程度变化时计算结果（μ = 0.5，0.6，0.7，0.8）

	年份	存储量（10^8m^3）	消耗量（10^8m^3）	污水处理费（10^8元）	累积污染量（10^8m^3）		年份	存储量（10^8m^3）	消耗量（10^8m^3）	污水处理费（10^8元）	累积污染量（10^8m^3）
μ = 0.5	2007	103	74.306	118.869	11.1	μ = 0.7	2007	103	75.013	120	11.1
	2008	96.221	66.428	104.285	10		2008	95.514	72.036	113.258	10
	2009	101.63	71.424	112.279	10		2009	95	62.439	97.903	10
	2010	95	72.436	113.898	10		2010	95	72.436	113.898	10
	2011	95	77.802	120	10		2011	95	77.802	120	10
	2012	95	80.674	120	11.242		2012	95	79.761	120	11.242
	2013	96.263	84.687	120	14.657		2013	97.176	87.751	120	13.926
	2014	95	73.523	120	20.941		2014	95	68.098	120	22.734
	2015	97.52	88.985	120	17.665		2015	95.041	93.698	120	14.939
	2016	95	94.654	120	27.086		2016	95	94.654	120	28.404
	总福利函数值		经济效益效率				总福利函数值		经济效益效率		
	W = 3.948		AEB = 0.869				W = 0.755		AEB = 0.876		

续表

	年份	存储量（10^8m^3）	消耗量（10^8m^3）	污水处理费（10^8 元）	累积污染量（10^8m^3）		年份	存储量（10^8m^3）	消耗量（10^8m^3）	污水处理费（10^8 元）	累积污染量（10^8m^3）
$\mu=0.6$	2007	103	75.013	120	11.1	$\mu=0.8$	2007	103	75.013	120	11.1
	2008	95.514	72.036	113.258	10		2008	95.514	72.036	113.258	10
	2009	95	62.439	97.903	10		2009	95	62.439	97.903	10
	2010	95	72.436	113.898	10		2010	95	72.436	113.898	10
	2011	95	77.802	120	10		2011	95	77.802	120	10
	2012	95	79.761	120	11.242		2012	95	79.761	120	11.242
	2013	97.177	87.751	120	13.926		2013	97.177	87.751	120	13.926
	2014	95	68.097	120	22.734		2014	95	68.097	120	22.734
	2015	95.041	93.699	120	14.938		2015	95.041	93.7	120	14.938
	2016	95	94.654	120	28.405		2016	95	94.654	120	28.405
	总福利函数值		经济效益效率				总福利函数值		经济效益效率		
	$W=0.755$		$AEB=0.876$				$W=0.755$		$AEB=0.876$		

（2）污染累积函数中参数值分析

首先是对流域污染物吸收率 α 做灵敏度分析，这时保持其余参数值不变，即流域排污系数 $\zeta=0.8$，污水处理能力（每元所能处理污水的量）$\gamma=0.5$，标准时间偏好率 $\rho=0.05$，对折扣效用流和最不利年份的效用水平依旧赋予相同权重，就是 $\theta=0.5$，同时假定几代人对水消耗和环境质量的偏好程度相同，就是 $\mu=0.5$。

当 α 值在 0.1 附近变化时，所有计算结果可由表 5.6 和表 5.7 看出。当污染吸收率 α 在 0.1 周围做微小变化时，总的社会福利函数值波动不大，处在 3.909—3.969，此时总的社会福利比较稳定。从表 5.6 和表 5.7 可以看出，当 α 取值分别为 0.09、0.08、0.07 和 0.06 时，整个社会经济效益效率变化不大，在 0.863—0.866；当 α 取值分别为 0.11、0.12、0.13

和 0.14 时，社会经济效益效率稍微有所增加，所有取值在 0.87—0.876，这说明污染吸收率的增加能对总的社会经济效益效率提高有一定影响。另外，由表 5.6 得知，当 α 值变小也就是污染吸收率降低时，累积污染存量逐渐变大［(142.351 > 141.938 > 141.346 > 141.113) $10^8 m^3$］，相应污染处理费用在增加［(1168.745 > 1167.824 > 1167.059 > 1165.982) 10^8 元］；相反，由表 5.7 得知，当 α 值变大，也就是污染吸收率提高时，累积污染存量逐渐变小［(140.929 < 142.402 < 142.852 < 143.437) $10^8 m^3$］，相应污染处理费用在减少［(1161.402 < 1165.096 < 1165.846 < 1168.708) 10^8 元］。这说明流域污染吸收率的大小直接影响累积的污染存量和相应的处理费用，为了获得稳定的社会福利值以及较高的社会经济效益效率，保证流域水资源可持续发展，相应的污水处理费用也必须作出调整，同时也说明设计的优化策略符合实际情况，是合理的。

表 5.6　污染物吸收率依次降低 10% 的 4 组结果［α = (0.09, 0.08, 0.07, 0.06)］

	年份	存储量 ($10^8 m^3$)	消耗量 ($10^8 m^3$)	污水处理费 (10^8 元)	累积污染量 ($10^8 m^3$)		年份	存储量 ($10^8 m^3$)	消耗量 ($10^8 m^3$)	污水处理费 (10^8 元)	累积污染量 ($10^8 m^3$)
α = 0.09	2007	103	74.874	120	11.1	**α = 0.07**	2007	103	74.596	120	11.1
	2008	95.653	72.237	113.781	10		2008	95.931	72.639	114.823	10
	2009	95	62.439	98.103	10		2009	95	62.439	98.503	10
	2010	95	72.436	114.098	10		2010	95	72.436	114.498	10
	2011	95	77.802	120	10		2011	95	77.802	120	10
	2012	95	81.302	120	11.342		2012	95	81.008	120	11.542
	2013	95.475	81.814	120	15.363		2013	95.446	81.333	120	15.54
	2014	95	78.209	120	19.431		2014	95	77.77	120	19.519
	2015	98.983	81.501	120	20.249		2015	99.078	81.157	120	20.369
	2016	95	94.557	120	23.628		2016	95	94.663	120	23.868
	总福利函数值		经济效益效率				总福利函数值		经济效益效率		
	W = 3.966		AEB = 0.866				W = 3.952		AEB = 0.864		

续表

	年份	存储量 (10^8m^3)	消耗量 (10^8m^3)	污水处理费 (10^8 元)	累积污染量 (10^8m^3)		年份	存储量 (10^8m^3)	消耗量 (10^8m^3)	污水处理费 (10^8 元)	累积污染量 (10^8m^3)
α = 0.08	2007	103	75.013	120	11.1	**α = 0.06**	2007	103	74.458	120	11.1
	2008	95.514	72.036	113.258	10		2008	96.069	72.84	115.344	10
	2009	95	62.439	99.903	10		2009	95	62.439	98.703	10
	2010	95	72.436	113.898	10		2010	95	72.436	114.698	10
	2011	95	77.802	120	10		2011	95	77.802	120	10
	2012	95	81.448	120	11.542		2012	95	80.859	120	11.642
	2013	95.489	82.047	120	15.276		2013	95.431	81.087	120	15.63
	2014	95	78.429	120	19.386		2014	95	77.549	120	19.562
	2015	98.939	81.673	120	20.491		2015	99.127	80.983	120	20.428
	2016	95	94.347	120	23.551		2016	95	94.446	120	23.989
	总福利函数值		经济效益效率				总福利函数值		经济效益效率		
	$W=3.909$		$AEB=0.864$				$W=3.944$		$AEB=0.863$		

表 5.7　污染物吸收率依次增加 10% 的 4 组结果（$\alpha=0.11$，$\alpha=0.12$，$\alpha=0.13$，$\alpha=0.14$）

	年份	存储量 (10^8m^3)	消耗量 (10^8m^3)	污水处理费 (10^8 元)	累积污染量 (10^8m^3)		年份	存储量 (10^8m^3)	消耗量 (10^8m^3)	污水处理费 (10^8 元)	累积污染量 (10^8m^3)
α = 0.11	2007	103	74.364	118.74	11.1	**α = 0.13**	2007	103	72.412	115.173	11.1
	2008	96.163	65.917	103.268	10		2008	98.115	74.675	116.881	10
	2009	102.06	72.001	113.002	10		2009	96.124	63.965	99.744	10
	2010	95	72.436	113.698	10		2010	95	72.436	113.298	10
	2011	95	77.802	120	10		2011	95	77.802	120	10
	2012	95	80.749	120	11.142		2012	95	80.701	120	10.942
	2013	96.346	85.144	120	14.516		2013	96.707	86.691	120	14.081
	2014	95	73.287	120	21.034		2014	95	71.371	120	21.603
	2015	97.359	89.816	120	17.35		2015	96.83	93.7	120	15.891
	2016	95	94.668	120	28.295		2016	95	94.77	120	28.785
	总福利函数值		经济效益效率				总福利函数值		经济效益效率		
	$W=3.953$		$AEB=0.87$				$W=3.952$		$AEB=0.876$		

续表

	年份	存储量 (10^8m^3)	消耗量 (10^8m^3)	污水处理费 (10^8 元)	累积污染量 (10^8m^3)		年份	存储量 (10^8m^3)	消耗量 (10^8m^3)	污水处理费 (10^8 元)	累积污染量 (10^8m^3)
$\alpha=0.12$	2007	103	72.49	115.519	11.1	$\alpha=0.14$	2007	103	75.527	119.935	11.1
	2008	98.037	74.592	116.947	10		2008	95	71.291	111.266	10
	2009	96.095	63.927	99.882	10		2009	95	62.439	97.103	10
	2010	95	72.436	113.498	10		2010	95	72.436	113.098	10
	2011	95	77.802	120	10		2011	95	77.802	120	10
	2012	95	80.556	120	11.042		2012	95	81.264	120	10.842
	2013	96.697	86.491	120	14.162		2013	96.298	85.49	120	14.335
	2014	95	71.082	120	21.655		2014	95	74.641	120	20.72
	2015	96.892	93.7	120	15.922		2015	97.328	89.153	120	17.532
	2016	95	94.886	120	28.971		2016	95	94.889	120	26.4
	总福利函数值		经济效益效率				总福利函数值		经济效益效率		
	$W=3.944$		$AEB=0.875$				$W=3.969$		$AEB=0.876$		

然后是对流域排污系数 ζ 做灵敏度分析。流域排污系数，即污染物排放系数，是指在工业、农业以及生活用水中所产生的污染物量经过末端治理设施削减后的残余量，或生产单位产品（实用单位原料）直接排放到环境中的污染物量，是一定的计量时间内（年）污水排放量与用水量之比。这时候保持其余参数值不变，即流域污染物吸收率 $\alpha=0.1$，污水处理能力每元所能处理污水的量 $\gamma=0.5$，标准时间偏好率 $\rho=0.05$，对折扣效用流和最不利年份的效用水平依旧赋予相同权重，即 $\theta=0.5$，同时假定几代人对水消耗和环境质量的偏好程度相同，即 $\mu=0.5$。当排污系数 ζ 值在 0.8 附近变化时，所有计算结果见表 5.8。

表 5.8 流域排污系数变化时的计算结果［$\zeta=(0.76, 0.78, 0.82, 0.84)$］

	年份	存储量 ($10^8 m^3$)	消耗量 ($10^8 m^3$)	污水处理费 (10^8 元)	累积污染量 ($10^8 m^3$)
$\zeta=0.76$	2007	103	73.554	114.725	11.1
	2008	96.972	67.364	103.088	10
	2009	101.78	71.629	109.742	10
	2010	95	72.436	111	10
	2011	95	77.802	119.372	10
	2012	95	82.129	120	10
	2013	96.584	88.595	120	13.131
	2014	95	73.92	120	20.922
	2015	97.203	92.408	120	16.487
	2016	95	94.889	120	26.917
	总福利函数值		经济效益效率		
	$W=4.027$		$AEB=0.879$		

	年份	存储量 ($10^8 m^3$)	消耗量 ($10^8 m^3$)	污水处理费 (10^8 元)	累积污染量 ($10^8 m^3$)
$\zeta=0.78$	2007	103	75.527	114.781	11.1
	2008	95	71.291	106.362	10
	2009	95	62.439	92.908	10
	2010	95	72.436	108.103	10
	2011	95	77.802	116.26	10
	2012	95	83.185	120	10
	2013	95.619	88.962	120	12.22
	2014	95	82.132	120	18.61
	2015	98.214	84.6	120	19.169
	2016	95	94.889	120	21.548
	总福利函数值		经济效益效率		
	$W=4.123$		$AEB=0.887$		

	年份	存储量 ($10^8 m^3$)	消耗量 ($10^8 m^3$)	污水处理费 (10^8 元)	累积污染量 ($10^8 m^3$)
$\zeta=0.82$	2007	103	73.183	120	11.1
	2008	97.344	74.39	120	10
	2009	95.294	62.839	101.056	10
	2010	95	72.436	116.796	10
	2011	95	77.802	120	10
	2012	95	78.942	120	12.798
	2013	95.349	79.39	120	16.25
	2014	95	76.712	120	19.725
	2015	99.319	80.324	120	20.656

	年份	存储量 ($10^8 m^3$)	消耗量 ($10^8 m^3$)	污水处理费 (10^8 元)	累积污染量 ($10^8 m^3$)
$\zeta=0.84$	2007	103	71.44	120	11.1
	2008	99.086	72.619	120	10
	2009	99.584	68.655	113.34	10
	2010	95	72.436	119.693	10
	2011	95	77.802	120	10
	2012	95	75.082	120	14.354
	2013	96.221	81.341	120	15.987
	2014	95	66.36	120	22.715
	2015	96.865	92.84	120	16.186

续表

	年份	存储量 (10^8m^3)	消耗量 (10^8m^3)	污水处理费 (10^8 元)	累积污染量 (10^8m^3)		年份	存储量 (10^8m^3)	消耗量 (10^8m^3)	污水处理费 (10^8 元)	累积污染量 (10^8m^3)
$\zeta =$ **0.82**	2016	95	94.667	120	24.456	$\zeta =$ **0.84**	2016	95	94.34	120	32.553
	总福利函数值		经济效益效率				总福利函数值		经济效益效率		
	$W=3.897$		$AEB=0.856$				$W=3.778$		$AEB=0.854$		

当 $\zeta=0.78$ 时，总社会福利函数值为 4.027，社会经济效益效率为 0.879，十年累积污染存量为 $138.557\times10^8m^3$，处理污水的总费用为 1157.927×10^8 元；$\zeta=0.76$ 时，总社会福利函数值为 4.123，社会经济效益效率为 0.887，十年累积污染存量为 $132.647\times10^8m^3$，处理污水的总费用为 1138.414×10^8元，也就是说，流域排污系数 ζ 变小时，累积污染存量会降低，同时污水处理的费用会减少，总的社会福利值会升高，得到更高的经济效益效率。另外，当 $\zeta=0.82$ 时，总社会福利函数值为 3.987，社会经济效益效率为 0.856，十年累积污染存量为 $144.985\times10^8m^3$，处理污水的总费用为 1177.852×10^8元；当 $\zeta=0.84$ 时，总社会福利函数值为 3.778，社会经济效益效率为 0.854，十年累积污染存量为 $152.895\times10^8m^3$，处理污水的总费用为 1193.033×10^8元，也就是说，流域排污系数 ζ 变大时，累积污染存量会增加，同时污水处理的费用会增多，总的社会福利值会降低，同时经济效益效率也会降低。这表明污染排放 ζ 系数越小，排放到流域的污水越少，对经济和环境越有利。

最后是对流域排污效果，也就是污水处理能力 γ 做灵敏度分析。这时候保持其余参数值不变，流域污染物吸收率 $\alpha=0.1$，流域排污系数为 $\zeta=0.8$，标准时间偏好率 $\rho=0.05$，对折扣效用流和最不利年份的效用水平依旧赋予相同权重，就是 $\theta=0.5$，同时假定几代人对水消耗和环境质量的偏好程度相同，即 $\mu=0.5$。当排污效果 γ 的值在 0.5 附近变化时，所有计算结果见表 5.9。

表 5.9 流域排污系数变化时的计算结果［$\gamma=(0.46, 0.48, 0.52, 0.54)$］

γ	年份	存储量（$10^8 m^3$）	消耗量（$10^8 m^3$）	污水处理费（10^8 元）	累积污染量（$10^8 m^3$）
$\gamma=0.46$	2007	103	71.847	120	11.1
	2008	98.68	67.699	120	12.268
	2009	100.763	70.25	120	10
	2010	95	72.436	120	10
	2011	95	75.346	120	11.75
	2012	95	72.339	120	15.652
	2013	96.218	79.296	120	16.758
	2014	95	63	120	23.319
	2015	97.424	93.7	120	16.187
	2016	95	94.6	120	34.328
	总福利函数值		经济效益效率		
	$W=3.602$		$AEB=0.837$		
$\gamma=0.48$	2007	103	72.013	120	11.1
	2008	98.514	73.25	120	10
	2009	98.127	66.681	109.052	10
	2010	95	72.436	118.644	10
	2011	95	77.802	120	10
	2012	95	75.716	120	13.642
	2013	96.996	84.341	120	15.251
	2014	95	64.096	120	23.599
	2015	95	93.7	120	14.916
	2016	95	94.7	120	30.784
	总福利函数值		经济效益效率		
	$W=3.796$		$AEB=0.859$		
$\gamma=0.52$	2007	103	75.527	116.178	11.1
	2008	95	71.291	107.756	10
	2009	95	62.439	94.137	10
	2010	95	72.436	109.517	10
	2011	95	77.802	117.773	10
	2012	95	81.853	120	10
	2013	96.95	91.3	120	12.082
	2014	95	72.908	120	21.514
	2015	95.679	93.7	120	15.289
	2016	95	94.66	120	26.32
	总福利函数值		经济效益效率		
	$W=4.037$		$AEB=0.888$		
$\gamma=0.54$	2007	103	75.527	111.873	11.1
	2008	95	71.291	103.765	10
	2009	95	62.439	90.651	10
	2010	95	72.436	105.461	10
	2011	95	77.802	113.411	10
	2012	95	83.309	120	10
	2013	95.494	91.3	120	10.847
	2014	95	82.506	120	18.003
	2015	100.082	93.7	120	17.407
	2016	95	94.78	120	25.827
	总福利函数值		经济效益效率		
	$W=4.116$		$AEB=0.899$		

当排污效果 $\gamma=0.48$ 时，总社会福利函数值为3.796，社会经济效益效率为0.859，十年累积污染存量为 $149.292\times10^8m^3$，处理污水的总费用为 1187.696×10^8 元；当 $\gamma=0.46$ 时，总社会福利函数值为3.602，社会经济效益效率为0.837，十年累积污染存量为 $161.3612\times10^8m^3$，处理污水的总费用为 1200×10^8元，也就是说，流域排污效果，也就是污水处理能力 γ 变小时，累积污染存量会增加，为保证流域可持续发展，污水处理的费用会相应增加，总的社会福利值会降低，经济效益效率会受到一定影响，会降低2.56%。另外，当排污效果 $\gamma=0.52$ 时，总社会福利函数值为4.037，社会经济效益效率为0.888，十年累积污染存量为 $136.305\times10^8m^3$，处理污水的总费用为 1145.361×10^8元；当 $\gamma=0.54$ 时，总社会福利函数值为4.116，社会经济效益效率为0.899，十年累积污染存量为 $133.184\times10^8m^3$，处理污水的总费用为 1125.161×10^8元，也就是说，流域排污效果，也就是污水处理能力 γ 变大时，累积污染存量会减少，污水处理的费用会相应降低，总的社会福利值会升高，得到更高的经济效益效率。这表明排污效果代表污水处理的能力大小，γ 的值越大，表示污水处理能力越强，流入河道的污水越少，对经济和环境越有利。

（3）福利函数两部分权重变化

多目标模型中的社会福利函数是两个函数的加权平均值，一个是标准贴现效用和；另一个是 Rawlsian 效用部分，它特别强调最弱势群体的效用，这里的效用函数是同时跟水消耗和水污染相关的。赋予贴现效用流的正权重 $1-\theta$ 意味着对未来的非独裁，赋予 Rawlsian 效用部分的正权重 θ 确保了对当前的非独裁。因此，不同的权重会产生不同的用水策略，这也是流域当局在考虑流域用水代际公平的另一个重要因素。这里考虑了 θ 的9种可能取值，即0.1、0.2、0.3、0.4、0.5、0.6、0.7、0.8和0.9。其他参数的取值仍然保持不变，即流域污染物吸收率 $\alpha=0.1$，流域排污系数 $\zeta=0.8$，污水处理能力（每元所能处理污水的量）$\gamma=0.5$，标准时间偏好率 $\rho=0.05$，同时假设几代人对水消耗和环境质量的偏好程度相同，即 $\mu=0.5$。

福利函数两部分权重变化时的所有相应计算结果见表 5.10 和表 5.11。当 θ 取值分别为 0.1，0.2，0.3 和 0.4 时，每一年的水消耗量、污水处理费用以及累积污染量都保持不变，并且每个 θ 取值下的社会经济效益效率也都是一样的，为 0.876，只有总的社会福利函数值大幅下降了 30.6%。这说明流域管理局增加赋予社会福利函数准则中的 Rawlsian 效用部分的权重，也就是考虑了后代的用水状况谋求资源可持续发展，这必然会导致社会福利的降低，但是由于 θ 取值偏小，不会影响整个社会经济效益效率，也不会影响每一年的耗水量、污水处理费用以及累积污染存量。随着 θ 取值增加，即 θ 取值分别为 0.6、0.7、0.8 和 0.9 时，总的社会福利函数值继续下降，当 $\theta=0.6$ 时，福利函数值为 3.322，当 $\theta=0.9$ 时，福利函数值为 1.38，又大幅下降了 58.5%。同时，当 θ 取值越来越大，也就是管理者过多考虑后代用水情况而轻当代经济发展时，必然会对整个社会经济效益效率有一定影响，比如当 $\theta=0.6$ 时，社会经济效益效率为 0.866，当 $\theta=0.9$ 时，社会经济效益效率为 0.84，仅仅下降了 3%，整个社会经济效益效率虽有所下降，当依然保持在比较高的水平。另外，随着 θ 取值增加，每一年的水消耗量、污水处理费用以及累积污染量就出现了变化，见表 5.11。比如，当 θ 变大时，十年中总的水消耗量在减少 [$(752.08<753.324<768.534<774.339)10^8m^3$]，污染处理费用在增加 [$(1175.059=1175.059>1173.003>1166.665)10^8$] 元，累积污染存量在减少 [$(135.887<136.949<139.42<140.717)10^8m^3$]。这说明如果流域管理者要更多考虑后代用水情况，就需要投入更多的污水处理费用，降低累积污染存量，才能保证后代获得优质水源。

表 5.10　福利函数权重变化时的计算结果（θ=0.1，0.2，0.3，0.4）

	年份	存储量（10^8m^3）	消耗量（10^8m^3）	污水处理费（10^8 元）	累积污染量 10^8m^3）		年份	存储量（10^8m^3）	消耗量（10^8m^3）	污水处理费（10^8 元）	累积污染量 10^8m^3）
θ=0.1	2007	103	75.013	120	11.1	θ=0.3	2007	103	75.013	120	11.1
	2008	95.514	72.036	113.258	10		2008	95.514	72.036	113.258	10
	2009	95	62.439	97.903	10		2009	95	62.439	97.903	10
	2010	95	72.436	113.898	10		2010	95	72.436	113.898	10
	2011	95	77.802	120	10		2011	95	77.802	120	10
	2012	95	79.75	120	11.242		2012	95	79.75	120	11.242
	2013	97.187	87.79	120	13.918		2013	97.187	87.79	120	13.918
	2014	95	68.05	120	22.754		2014	95	68.05	120	22.754
	2015	95	93.7	120	14.916		2015	95	93.7	120	14.916
	2016	95	94.775	120	28.384		2016	95	94.775	120	28.384
	总福利函数值		经济效益效率				总福利函数值		经济效益效率		
	W=6.608		AEB=0.876				W=5.261		AEB=0.876		

	年份	存储量（10^8m^3）	消耗量（10^8m^3）	污水处理费（10^8 元）	累积污染量（10^8m^3）		年份	存储量（10^8m^3）	消耗量（10^8m^3）	污水处理费（10^8 元）	累积污染量（10^8m^3）
θ=0.2	2007	103	75.013	120	11.1	θ=0.4	2007	103	75.013	120	11.1
	2008	95.514	72.036	113.258	10		2008	95.514	72.036	113.258	10
	2009	95	62.439	97.903	10		2009	95	62.439	97.903	10
	2010	95	72.436	113.898	10		2010	95	72.436	113.898	10
	2011	95	77.802	120	10		2011	95	77.802	120	10
	2012	95	79.75	120	11.242		2012	95	79.75	120	11.242
	2013	97.187	87.79	120	13.918		2013	97.187	87.79	120	13.918
	2014	95	68.05	120	22.754		2014	95	68.05	120	22.754
	2015	95	93.7	120	14.916		2015	95	93.7	120	14.916
	2016	95	94.775	120	28.384		2016	95	94.775	120	28.384
	总福利函数值		经济效益效率				总福利函数值		经济效益效率		
	W=5.934		AEB=0.876				W=4.588		AEB=0.876		

表5.11 福利函数权重变化时的计算结果（θ=0.6，0.7，0.8，0.9）

	年份	存储量（$10^8 m^3$）	消耗量（$10^8 m^3$）	污水处理费（10^8 元）	累积污染量（$10^8 m^3$）		年份	存储量（$10^8 m^3$）	消耗量（$10^8 m^3$）	污水处理费（10^8 元）	累积污染量（$10^8 m^3$）
θ = 0.6	2007	103	75.013	120	11.1	θ = 0.8	2007	103	75.013	120	11.1
	2008	95.514	69.223	108.756	10		2008	95.514	72.036	113.258	10
	2009	97.813	66.257	104.011	10		2009	95	62.439	107.903	10
	2010	95	72.436	113.898	10		2010	95	72.436	113.898	10
	2011	95	77.802	120	10		2011	95	77.802	120	10
	2012	95	81.455	120	11.242		2012	95	80.802	120	11.242
	2013	95.482	82.023	120	15.282		2013	96.135	84.252	120	14.76
	2014	95	78.457	120	19.372		2014	95	77.116	120	20.685
	2015	98.967	81.675	120	20.2		2015	95	75.717	120	20.31
	2016	95	89.998	120	23.521		2016	95	75.711	120	18.852
	总福利函数值		经济效益效率				总福利函数值		经济效益效率		
	W = 3.322		AEB = 0.866				W = 1.917		AEB = 0.844		
	年份	存储量（$10^8 m^3$）	消耗量（$10^8 m^3$）	污水处理费（10^8 元）	累积污染量（$10^8 m^3$）		年份	存储量（$10^8 m^3$）	消耗量（$10^8 m^3$）	污水处理费（10^8 元）	累积污染量（$10^8 m^3$）
θ = 0.7	2007	103	69.486	111.157	11.1	θ = 0.9	2007	103	75.013	120	11.1
	2008	101.04	74.339	116.942	10		2008	95.514	72.036	113.258	10
	2009	100.69	69.048	108.477	10		2009	95	62.439	107.903	10
	2010	96.096	74.017	116.427	10		2010	95	72.436	113.898	10
	2011	95	77.802	120	10		2011	95	77.802	120	10
	2012	95	81.672	120	11.242		2012	95	81.937	120	11.242
	2013	95.265	81.278	120	15.455		2013	95	80.36	120	15.667
	2014	95	78.338	120	18.932		2014	95	78.233	120	18.389
	2015	100.788	81.555	120	19.709		2015	102.94	81.413	120	19.136
	2016	99.621	80.999	120	22.982		2016	105.07	70.411	120	20.353
	总福利函数值		经济效益效率				总福利函数值		经济效益效率		
	W = 2.686		AEB = 0.854				W = 1.38		AEB = 0.84		

（4）目标函数不同权重变化

为了充分考虑水污染跨期迭代下流域管理者对经济效益效率和社会总福利偏好的影响，这里采用加权方法将多目标函数合并成一个单一的目标问题。[①] 设 g_1 为经济效益效率函数，g_2 代表社会福利函数，并在使用加权方法之前要经过标准化以消除量纲。因此，公式（5.17）中的目标函数可以改写为公式（5.18）。

$$f(x) = \min\left(-(1-\eta)\left(\frac{g_1 - g_1^*}{g_1^{**} - g_1^*}\right) - \eta\left(\frac{g_2 - g_2^*}{g_2^{**} - g_2^*}\right)\right) \tag{5.18}$$

这里，f 是流域管理局等价目标函数；x 是决策变量的向量；$1-\eta$、η 分别代表衡量 g_1、g_2 重要性的权重因素，另外，$g^*_{[.]}$ 代表 $g_{[.]}$ 最差值，$g^{**}_{[.]}$ 代表 $g_{[.]}$ 最优值。对于公式（5.18），两个权重 $1-\eta$ 和 η 可以有 11 组可能的组合值。各组权重的模型结果如图 5.4 和图 5.5 所示。

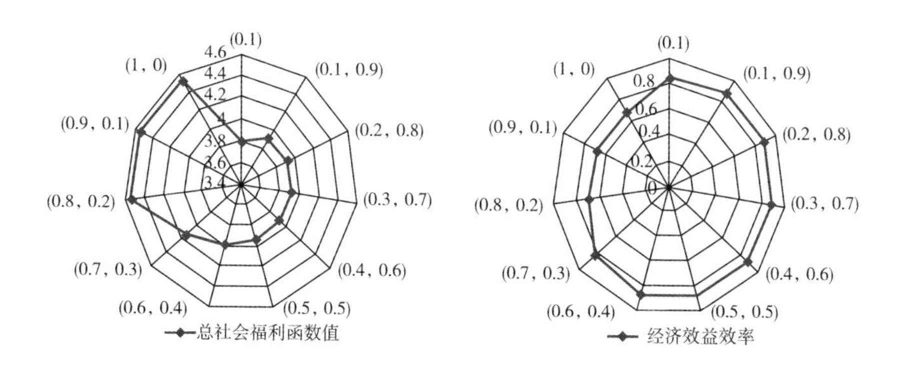

图 5.4　目标函数不同权重时总社会福利值和经济效益效率变化情况

---

① Hyung Eum, Sobodan P. Simonovic, "Integrated Reservoir Management System for Adaptation to Climate Change: The Nakdong River Basin in Korea", *Water Resources Management*, 2010, 24 (13): 3397 - 3417; Yanlai Zhou, Shenglian Guo, "Incorporating Ecological Requirement into Multipurpose Reservoir Operating Rule Curves for Adaptation to Climate Change", *Journal of Hydrology*, 2013, 498 (12): 153 - 164; Lanhai Li, Honggang Xu, Xi Chen, et al., "Stream Flow Forecast and Reservoir Operation Performance Assessment under Climate Change", *Water Resources Management*, 2010, 24 (1): 83 - 104.

从图 5.4 可以看出，随着 η 取值（赋予社会福利函数的权重）的变化，$W(U)$ 的值处在 3.8046—4.5273，并随值变大而增大，这说明如果流域管理局对保证流域可持续发展更加偏好时，能够让总的社会福利增加。在该研究中由于考虑了流域的污染跨期叠加，最大的社会福利函数值 $\max W(U)=4.678$，这说明该种水资源利用路径可以接近长期可持续效用最大化。同时总的经济效益效率 EBE 的值在 0.6905—0.8756，当 η 取值为 0、0.1、0.2、0.3、0.4、0.5、0.6 和 0.7 时，经济效益效率都在 0.8 以上，这意味着该种方式下水资源的配置和利用效率相对较高，只有当 η 取值为 0.8、0.9 和 1 时，也就是流域管理者几乎不考虑社会经济效率函数的权重时，EBE 的值就略低，在 0.6905 左右，这也是比较合理的一个结果。

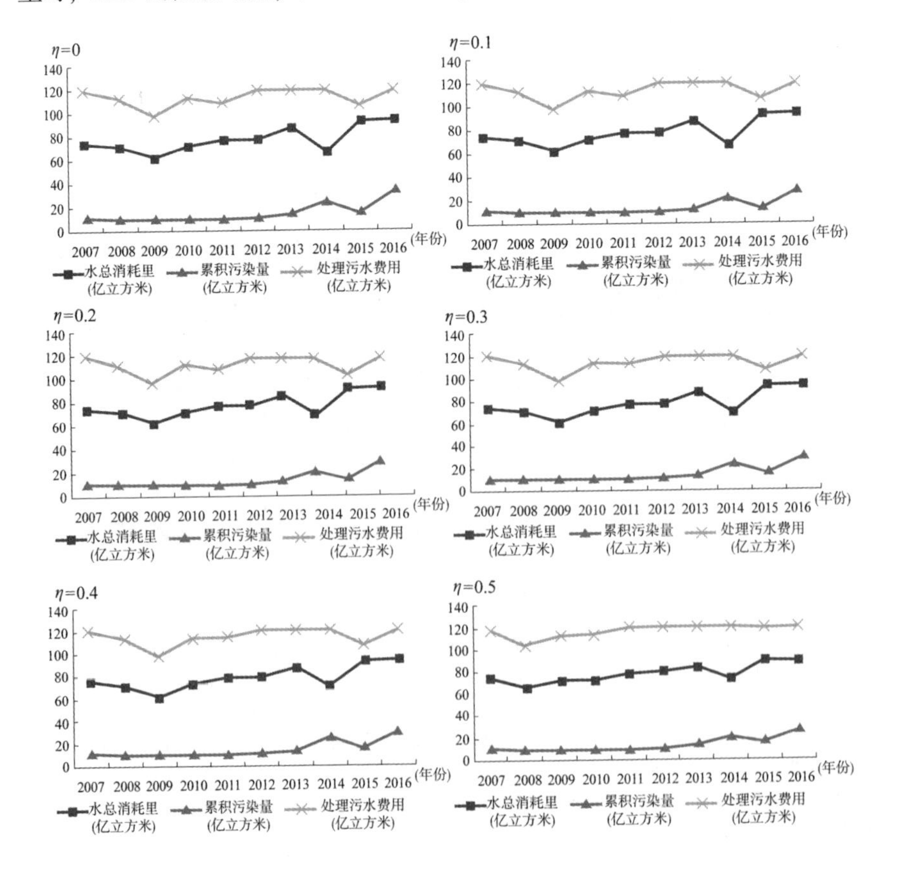

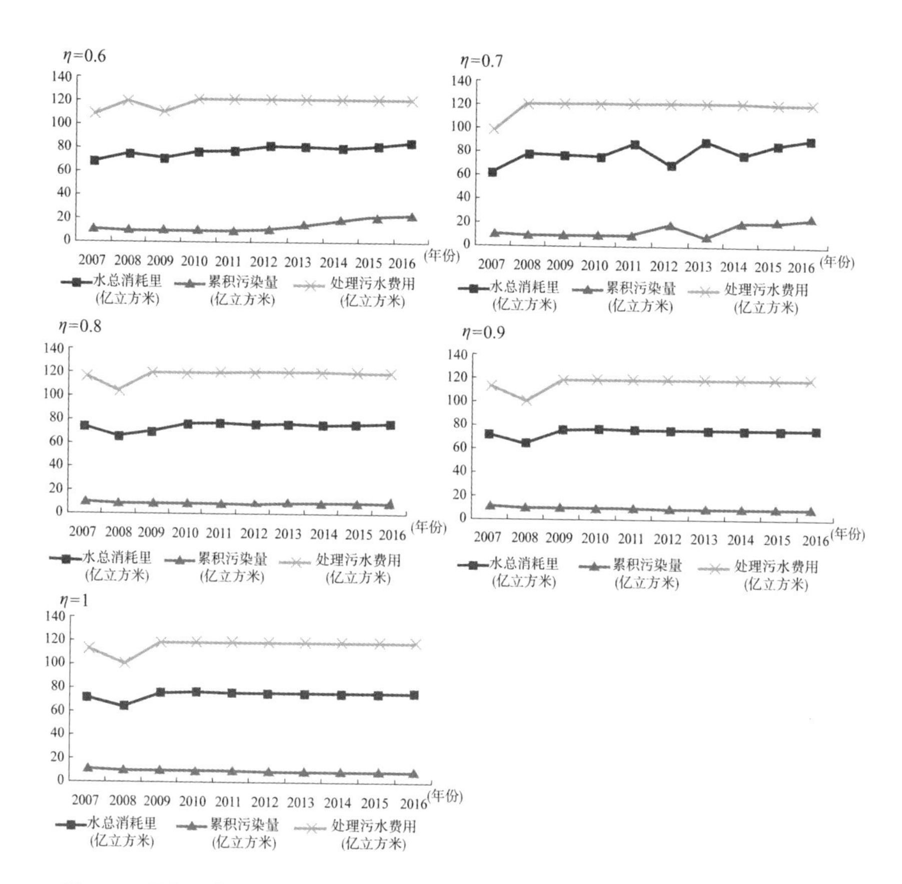

图 5.5 目标函数不同权重时耗水量、污水处理费用以及累积污染量变化情况

另外，随着 η 取值变化，都会得到一组从 2007—2016 年水资源总消耗量、污水处理费以及累积污染量的计算结果。从图 5.5 可以看出，当 η 取值为 0、0.1、0.2、0.3、0.4 时，水总消耗量、污水处理费以及累积污染量在 10 年中的变化趋势几乎一样，当然单看每一个指标在 10 年中的波动还是比较明显的，比如水总消耗量在 $73.88 \times 10^8 m^3$ 到 $75.013 \times 10^8 m^3$ 之间，污水处理费用在 97.903×10^8 元到 120×10^8 元，累积污染量在 $10 \times 10^8 m^3$—$34.638 \times 10^8 m^3$。随着 η 值增大，特别是当 η 取 0.8、0.9、1 时，意味着管理者更加偏好资源可持续发展，这时候水总消耗量、污水处理费以及累积污染量只在最初三年有变化，在后面几年都处于一个稳定值，即水总消耗量为 $76.25 \times 10^8 m^3$、污水处理费为 120×10^8 元以及累积污染量为 $10 \times 10^8 m^3$。说明当管理者更加重视在未来许多年内最大社会福利获取的时候，水总消耗量、污水处理费以及累积污染量在后面多年中都会达到一个平稳状态，能够保证今世后代用水公平，实现水资源可持续发展。

(四) 管理建议

基于上述讨论，提出了一些管理建议，作为制定考虑水污染积累的代际公平配置政策的基础。

首先，流域管理者要寻求流域可持续发展模式，保证今世后代都能享有优质水资源，就必须要考虑水质因素。通过使用前文提出的方法，能够在传统的水质模型基础上考虑到代际问题，把水污染的跨期累积加入水资源代际配置方案，找到综合考虑水质和水量的代际配置模式。如讨论中与现有方案结果分析比对所述，新制定的优化模式能够合理控制水资源利用率，减少多年积累的污染量，加大污水处理费用的投入。尽管要增加污水处理费用的投入，仍然可以在现有方案基础上获得更高的社会福利，提高整个社会经济效益效率。因此，考虑代际因素下水污染不断积累的多目标水资源配置模型更加具有有效性、全面性以及合理性。

其次，流域管理人员可以使用上文提出的模型根据流域自身情况制定相应的水资源配置政策。比如第（三）节中重要参数灵敏度分析（1）所述，对水消耗和水污染不同偏好程度会导致不同的政策制定，水资源消耗量直接影响经济增长情况，水污染是流域最大的环境问题，而经济增长和环境质量之间的潜在冲突是流域可持续发展路径争论的主要来源。因此，建议政府给予水消耗和水环境同样的重视程度，充分利用经济环境杠杆找到流域可持续发展路径。此外，根据第（三）节重要参数灵敏度分析（2）所述，水污染累积函数中的三个参数也会影响水资源配置政策，流域污染吸收率是河流自然净化的一种能力，不同流域的自身净化能力各有不同，它的大小直接影响累积的污染存量和相应的处理费用；流域排污系数是一定的计量时间内污水排放量与用水量之比，流域排污系数越小，累积污染存量越低，同时污水处理的费用会减少，总的社会福利值升高，会得到更高的经济效益效率，因此政府应鼓励严格控制直接排放到河流中的排放物，减少流域排污系数，从而减少对环境的压力；流域排污效果，也就是污水处理能力也是影响政策制定的重要参数，从讨论中可以看出，排污效果越大，表示污水处理能力越强，流入河道的污水越少，对经济和环境越有利，因此政府应加大污水处理投入，来合理规划污水处理厂布局，改善污水处理的技术方法，以此提高污水处理能力。根据第（三）节重要参数灵敏度分析（3）所述，流域管理者应充分考虑在水污染跨期迭代下对经济效益效率和社会总福利偏好的影响，如果管理者更加重视在未来许多年内最大社会福利的获取，那么水总消耗量、污水处理费以及累积污染量在后面多年中都会达到一个平稳状态，能够保证今世后代用水公平，实现流域水资源可持续发展。

四　本章小结

随着人口和经济的增长，更多的废水污染物被排放到地表和地下水中，各种用水户之间的冲突越来越多地涉及水质问题。为了在水资源代际配置方案中同时考虑到水质问题，提出了考虑水污染积累的代际公平配置研究模型。该模型弥补了在一般水污染模型中代际问题考虑的缺失，将水污染跨期迭代的非线性污染吸收、排放速率和减排技术的有效性纳入经典的世代交叠模式来考虑水资源代际配置，分析了水资源经济增长与流域环境质量之间的潜在冲突，研究了水污染代际转移现象。另外，模型还将 mixed Bentham-Rawls 准则纳入水资源配置策略，实现了整体效用最大化，且总的效用函数考虑了水污染所产生的负效用，是同时考虑水消耗和水污染的二元效用函数，为流域管理局水资源管理提供了一个综合水资水量的合理配置方案，以保证当代人与后代之间的用水公平。然后，通过案例研究论证了该配置模型在同时考虑水资源经济发展和流域环境质量方面的实用性和有效性。通过沱江流域 2007—2016 年水资源总量和水环境相关数据，模型计算出不同年份的水资源消耗量、污染累积量、污水处理费用以及这十年总的社会福利值和社会经济效益效率，并将优化结果与现有方案结果进行对比和对关键参数进行灵敏度分析，为流域管理者平衡经济发展和环境质量，保证今世后代用水的公平性，实现流域可持续管理提供见解。结果表明，这种综合考虑水质和水量的代际配置模式相比现有一些配置方案，更能够合理控制水资源利用率，减少多年积累的污染量，获得更高的社会福利，提高整个社会经济效益效率。另外，一些重要参数灵敏度分析表明，给予水消耗和水环境同样的重视程度，利用经济环境杠杆是实现流域可持续发展的前提，流域污染吸收率、流域排污系数以及污水处理能力都是影响政策制定的重要因素。最后，结果还分析了管理者在水污染跨期迭代下对经济效益效率和社会总福利偏好对制定政策的影响。这些情景分析为流域管理者提供了管理建议，帮助管理人员在多种情况下设定适当的水资源配置策略。其主要创新在于提出了一种考虑水污染积累的代际公平配置策略，并分析了该策略下的流域水资源可持续管理问题。首先，弥补了传统污染模型中没有考虑代际问题的空白，分析了水污染跨期积累过程；其次，设计了在考虑流域污染跨期迭代下的平衡经济增长和环境质量冲突的水资源代际配置方案；最后，以沱江流域为研究对象，对于该优化配置方案的求解结果进行了比较分析与延伸对比。根据这些分析与对比，进一步提出管理建议并为管理者在多种情况下设定适当的水资源配置策略提供参考。

第六章　水资源代际公平配置综合模式及应用

水资源综合配置是一个与社会、经济、生态和环境都相互依存、相互制约、极其复杂的系统工程，需要各种工程与非工程技术的支撑，需要兼顾水资源开发利用的当前与长远利益，不同子地区与各用水部门的利益，以及经济发展与流域环境的利益。因此，水资源综合配置的公平性、有效性与可持续性往往难以同时得到满足。由于水资源空间和季节分配不均，在一个流域范围内总是存在着区域水管理局与子区域水管理者之间的交互，他们之间的冲突可能导致水资源分配不公平。如果不考虑子孙后代所用的水量和水质情况，当代产生经济效益的部门自然可以获得更多的水资源，水资源配置的有效性自然会提高，但这样会使水资源更加缺乏，一旦水资源的消耗率大大超过其再生率，子孙后代的公平用水难以得到保证，水资源可持续管理就会遭到破坏。另外，水资源的过度开发利用会造成严重的水环境污染，水质的下降会极大地减少有效水资源量，难以实现水资源的合理配置。水资源代际公平配置综合模式研究的主要贡献是在水资源代际配置方案中综合考虑水质和水量问题，在保证今世后代公平用水的基础上，分析了水资源经济增长与环境质量之间的潜在冲突，并且解决了区域水管理局与子区域决策者之间的矛盾，得到保证水资源配置公平性、有效性以及可持续性的综合管理模式。基于代际公平的水资源综合管理模式的方法流程如图 6.1 所示。

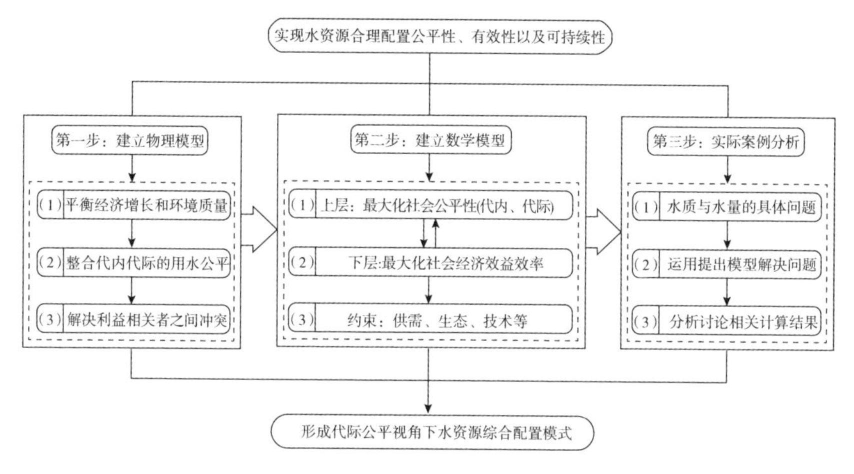

图 6.1　水资源综合配置代际公平模式的方法流程

一　问题描述

在分析代际公平的水资源综合管理模式问题时，需要考虑到水资源配置集成代内公平和代际公平需求以及水资源经济增长与流域环境质量之间的平衡问题；其次希望能够有效地反映区域水管理局与子区域决策者之间的交互关系，并尽量缓解这些利益相关者间的冲突。

（一）平衡经济增长与环境质量

随着经济发展以及城市化进程加速，大大提升了水资源需求，同时也导致工业废水和生活污水快速增加，流域纳污能力减弱，环境污染问题日趋严重。[①] 大多数国家，特别是发展中国家，目前正面临

① Pamela A. Green, Charles J. Vörösmarty, Ian Harrison, et al., "Freshwater Ecosystem Services Supporting Humans: Pivoting From Water Crisis to Water Solutions", *Global Environmental Change*, 2015, 34: 108 – 118; H. Yang, R. J. Flower, J. R. Thompson, "Sustaining China's Water Resources", *Science*, 2013, 339 (6116): 141.

着令人生畏的污染管理问题，造成了废物排放国之间的紧张局势和冲突。[①] 如何协调水环境保护和经济增长之间的关系，是水资源管理研究人员讨论的热点问题。比如，在经济民生与环境福祉争夺水资源的过程中，利用一个社会水文模型，同时引发政策行动，促使更多的水资源分配到环境中[②]；也有研究在平衡经济发展和环境影响的基础上建立多目标模型，解决了北京市不同用水户的实际用水和虚拟水资源配置问题。[③] 虽然许多关于流域生态环境以及水质问题的研究已经相当充分，但这些研究仅限于内部问题的探讨，而没有关注资源的代际转移现象。

一些流域污染物可以被环境吸收，但是流域纳污能力有限，仍有部分污染物会不断集聚下来，在很长一段时间内都会影响流域环境，造成可用水量的减少，可能牺牲后来几代人的社会福利。[④] 为解决水资源经济增长与流域环境质量之间的冲突问题，水资源代际公平配置综合模式研究把世代交叠模型整合在水资源配置中[⑤]，分析当代人同时从水消费和水污染中获得效用。虽然当代人遗留的污染问题可能会破坏后代的环

---

① Jiuping Xu, Chengwei Lv, Mengxiang Zhang, et al., "Equilibrium Strategy-Based Optimization Method for The Coal-Water Conflict: A Perspective from China", *Journal of Environmental Management*, 2015, 160: 312 - 323; William A. Jury, Henry J. Vaux Jr, "The Emerging Global Water Crisis: Managing Scarcity and Conflict Between Water Users", *Advances in Agronomy*, 2007, 95: 51 - 76.

② M. Roobavannan, J. Kandasamy, S. Pande, et al., "Role of Sectoral Transformation in the Evolution of Water Management Norms in Agricultural Catchments: A Sociohydrologic Modeling Analysis", *Water Resources Research*, 2017, 53 (10).

③ Quanliang Ye, Yi Li, La Zhuo, Wenlong Zhang, et al., "Optimal Allocationof Physical Water Resources Integrated with Virtual Water Trade in Water Scarce Regions: A Case Study for Beijing, China", *Water Research*, 2018, 129: 264 - 276.

④ Ingmar Schumacher, Benteng Zou, "Pollution Perception: A Challenge for Intergenerational Equity", *Journal of Environmental Economics & Management*, 2008, 55 (3): 300 - 309.

⑤ A. John, R. Pecchenino, "An Overlapping Generations Model of Growth and the Environment", *Economic Journal*, 1994, 104 (427): 1393 - 1410.

境，但他们对环境质量的投资同时又会改善留给后代的环境，通过资本积累和环境质量之间的不断相互作用获得最大的总社会福利，实现水资源可持续利用。

（二）综合当代与后代公平用水

代际公平理论指出了后代人与当代人具有同等享用优质资源的权利。[①] 就时间维度而言，水资源可持续发展需要考虑当代人和后代人的用水需求，至关重要的是，当代人对水资源利用的风险判断应包括可能对子孙后代造成的结果。因此，在许多水资源综合配置中支持用水代际公平。比如，有研究基于代际问题和环境政策开发了一个感知模型，考虑了水资源的分配和再分配[②]；也有研究者以澳大利亚 Murray Darling 盆地当前的水资源分配问题为例，说明了代际水资源规划的重要性[③]；另外，还有研究把地下水可持续性作为一种价值驱动的过程，以实现代内和代际公平，平衡环境、社会和经济。[④] 但是，还是没有明确的标准来解决今世后代用水竞争问题。

基于 Chichilnisky 以及 Alvarez-Cuadrado 和 Van Long 非常有价值的研究[⑤]

---

① E. B Weiss, "In Fairness to Future Generations", *Environment Science & Policy for Sustainable Development*, 1990, 32 (3): 6 - 31.

② G. J. Syme, B. E. Nancarrow, "Achieving Sustainability and Fairness in Water Reform", *Water International*, 2006, 31 (1): 23 - 30.

③ G. J. Syme, "Acceptable Risk and Social Values: Struggling with Uncertainty in Australian Water Allocation", *Stochastic Environmental Research & Risk Assessment*, 2014, 28 (1): 113 - 121.

④ T. Gleeson, W. M. Alley, D. M. Allen, et al., "Towards Sustainable Groundwater Use: Setting Longterm Goals, Backcasting, and Managing Adaptively", *Ground Water*, 2012, 50 (1): 19 - 26.

⑤ Graciela Chichilnisky, "An Axiomatic Approach to Sustainable Development", *Social Choice & Welfare*, 1996, 13 (2): 231 - 257; Francisco Alvarez-Cuadrado, Ngo Van Long, "A Mixed Bentham-Rawls Criterion for Intergenerational Equity: Theory and Implications", *Journal of Environmental Economics & Management*, 2009, 58 (2): 154 - 168.

，在主体部分水资源代际公平配置一般模式中，提出了一种衡量水资源配置代际公平的新社会福利标准，它允许在跨时期水资源配置中进行一定程度的权衡，最大限度地发挥社会福利功能，解决当前和未来几代人之间的水资源利用的竞争和冲突。① 在此基础上，由于流域环境污染日益严重，为了平衡经济增长和流域环境质量问题，再次修正 mixed Bentham-Rawls 福利函数准则，让其效用函数同时取决于每年分配给各分区域的总耗水量以及相应的污染存量。因此，水资源的配置在当代与后代公平用水的基础上又考虑了水污染问题，进行水量与水质的综合平衡。

（三）多重决策者之间利益冲突

解决水资源不同利益相关者之间的冲突问题是水资源管理者工作的重要组成部分。② 在流域水资源管理系统中，流域主管部门作为领导者，需要对有限的、不同形式的水资源，通过工程与非工程措施在各子区域之间进行科学合理的分配，促进整个流域的可持续发展。同一流域内各分区的管理者作为追随者对领导者的决策作出反应，自然寻求以最大经济效益为目标，将自身所拥有的水资源分配到各个用水部门。水资源配置的这种决策情境符合 Stackelberg 博弈的“领导者—追随者”框架，可以使用双层规划模型进行数学描述。③ 双层优化模型也被广泛应用于水资源管理中，主要阐述上层领导者和下层追随者之间

---

① Jiuping Xu，Chunlan Lv，Liming Yao，“Intergenerational Equity Based Optimal Water Allocation for Sustainable Development：A Case Study on the Upper Reaches of Minjiang River，China”，*Journal of Hydrology*，2019，568：835－848.

② David E. McNabb，*Water Resource Management*：*Sustainability in an Era of Climate Change*. Palgrave Macmillan，2017，101－135.

③ Ue Pyng Wen，Shuh Tzy Hsu，“Linear Bi-Level Programming Problems：A Review”，*Journal of the Operational Research Society*，1991，42（2）：125－133.

的冲突问题。①

水资源配置的有效、公平和可持续三个基本原则被考虑在上下两个层面。上层决策者流域管理局除了在特定的水环境承载力下公平将水资源分配到各个子区域，还要考虑近期与远期之间、当代与后代之间对水资源利用的协调管理，由此实现流域的可持续发展。所以，流域管理局首先采用 Gini 系数作为指标衡量水资源配置代内公平②，然后分析当代人从水消费和环境质量中获得的效用，修正了 mixed Bentham-Rawls 准则，最大化社会福利功能，保证今世后代用水公平。③ 由此，上层流域管理局在考虑环境污染跨期迭代的基础上，综合时间和空间两个维度对用水代际、代内公平进行权衡，促进了区域可持续发展。将水资源分配到各个子区域后，子区域管理者主要追求最大的社会经济效益效率，将水分配到生活、工业和农业三个用水部门。整个过程既反应对区域水管理局和子区域水资源管理者之间的决策冲突的权衡，同时又平衡了水资源经济增长与流域环境质量，考虑了水资源配置代内和代际公平需求，配置模型的概念框架如图 6.2 所示。

---

① Xuning Guo, Tiesong Hu, Zhang Tao, "Bilevel Model for Multireservoir Operating Policy in Inter-Basin Water Transfer-Supply Project", Journal of Hydrology, 2012, 424 - 425 (4): 252 - 263.

② Luis Filipe Gomes Lopes, Jo Manuel R. Dos Santos Bento, Artur F. Arede Correia Cristovo, et al., "Exploring the Effect of Land Use on Ecosystem Services: The Distributive Issues", *Land Use Policy*, 2015, 45 (17): 141 - 149; Nishi Akihiro, Shirado Hirokazu, David G Rand, "Inequality and Visibility of Wealth inExperimental Social Networks", *Nature*, 2015, 526 (7573): 426 - 439.

③ Francisco Alvarez-Cuadrado, Ngo Van Long, "A Mixed Bentham-Rawls Criterion for Intergenerational Equity: Theory and Implications", *Journal of Environmental Economics & Management*, 2009, 58 (2): 154 - 168; J. Jacquet, K. Hagel, C. Hauert, "Intra-and Intergenerational Discounting in the Climate Game", *Nature Climate Change*, 2013, 3 (12): 1025 - 1028.

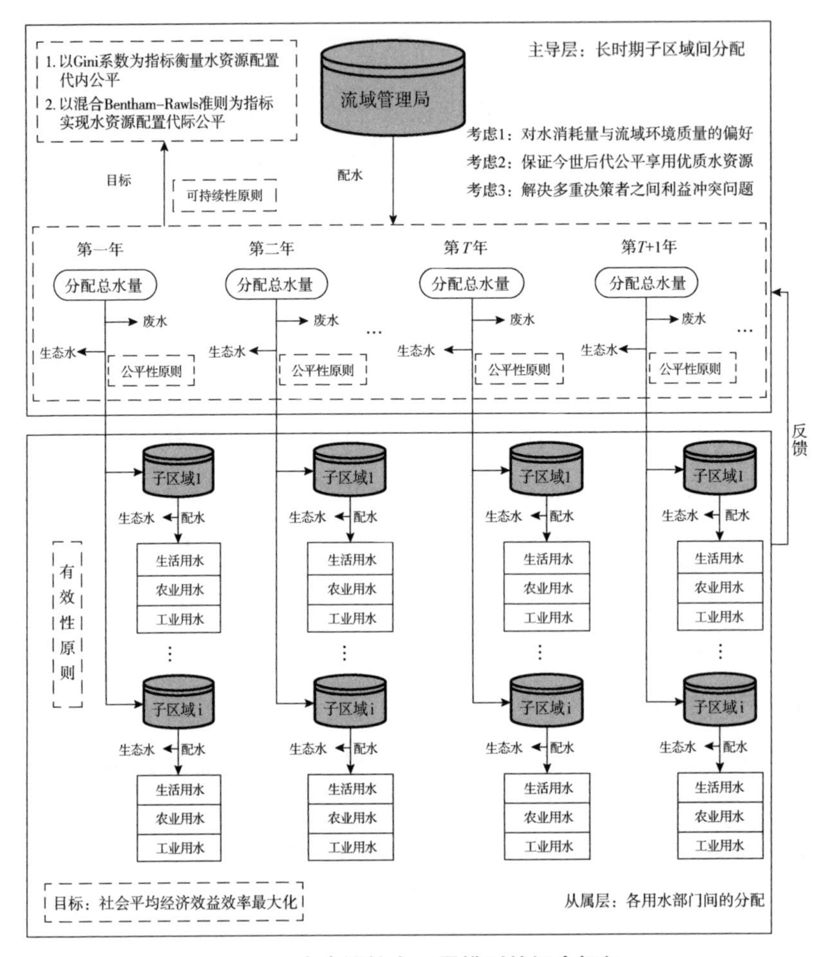

图 6.2 水资源综合配置模型的概念框架

二 建模方法

水资源代际公平配置综合模式是平衡水资源经济增长与流域环境质量、集成水资源配置代内和代际公平需求和解决区域水管理局与子区域决策者之间冲突的双层数学模型，首先给出综合配置策略的参数设定，随后详细叙述交互式模型的建立过程。

（一）综合管理策略参数设定

考虑的区域水资源配置问题是一个将区域水资源管理局的宏观调控与水市场调节相结合的规划问题，以实现水资源配置的公平性、有效性和可持续性。并且由于此规划问题具有两类独立决策者的参与，他们存在着相互的影响，但又是独立地进行决策。以此，整个水资源代际公平配置综合模型包括位于主导层的区域水资源管理局和位于从属层的各个子区域水资源管理者的目标和约束，此规划问题就是一个一主多从并且非线性的复杂问题，全局模型的具体参数如下。

第一，指标。t：年份，$t=\{1, 2, \cdots, T\}$。i：每个子区域，$i=1, 2, \cdots, n$。j：每个用水部门，$j=1, 2, \cdots, m$。

第二，参数。$AEB(i, j, t)$：分区 i 的部门 j 在第 t 年的平均经济效益。$EB(i, j, t)$：分区 i 的部门 j 在第 t 年的总经济效益。$EBE(i, t)$：分区 i 第 t 年总的经济效益效率。$Z(i)^{min}$：流域与子分区 i 之间物理连接的最小容量。$Z(i)^{max}$：流域与子分区 i 之间物理连接的最大容量。$D(i, t)^{min}$：子分区 i 在第 t 年的最低用水需求。$D(i, t)^{max}$：子分区 i 在第 t 年的最高用水需求。$WEC(i)^{min}$：分区 i 最低生态用水需求。$\alpha(i, t)^{loss}$：流域在第 t 年向分区 i 输水损失率。$x(t)$：该地区第 t 年初的水资源库存量。$r(t)$：流域水资源第 t 年自然增长率。α：流域污染吸收率，$\alpha \in [0, 1]$。β：流域单位水的平均污染排放率，$\beta \in [0, 1]$。γ：该地区污水处理能力（每元所能处理的平均污水量）。$P(t)$：流域第 t 年的污水量（水质在Ⅳ以下）。$A(t)$：流域第 t 年投入处理污水费用。K：流域的承载力。ρ：正的贴现率。θ：强调最弱势年代效用的权重。$1-\theta$：标准贴现功利主义部分的正权重。

第三，决策变量。$Q(i, t)$：流域在第 t 年分配给子区域 i 的水量。$q(i, j, t)$：流域在第 t 年分配给子区域 i 中部门 j 的水量。

（二）社会公平时间、空间维度

作为水资源可持续配置政策制定者，流域管理局为了保证各个子区域分水的公平（代内公平）和保证当代用水和后代用水的公平（代际公平）需进行策略选择。因此，如何确保流域水资源分配同时实现代内公平和代际公平是管理局需要考虑的关键问题。

1. 代内公平最大化

代内公平是可持续发展原则的一个重要内容，它是指同一代人，不论国籍、种族、性别、经济水平和文化差异，都可以平等地享有良好的生活环境和自然资源，它强调在空间维度上资源利用的公平性。① 流域水资源配置要保证代内公平，则要以满足不同子区域间多方利益进行水资源合理分配为目标，以保证各个子区域之间协调发展。而 Gini 系数作为最常见的衡量分布的指标之一，已经被长期有效地应用在衡量收入不平等方面、土地分配以及水资源使用不公平等方面。② Gini 系数通过计算无序的数据集而获得"相对均差"，如每一个可能的个体 y_i 和 y_j 之间的均差，除以平均尺寸 $\bar{y}$，初始定义如公式（6.1）所示。

$$Gini = \frac{1}{2n^2\bar{y}}\sum_{i=1}^{n}\sum_{j=1}^{n}|y_i - y_j| \tag{6.1}$$

其中，n 是个体的数量。这里用每单位经济效益的用水量的公平分

① J. Jacquet, K. Hagel, C. Hauert, "Intra- and Intergenerational Discounting in the Climate Game", *Nature Climate Change*, 2013, 3 (12): 1025 – 1028; Bhaskar Nath, *Some Issues of Intra-generational and Intergenerational Equity and Measurement of Sustainable Development*, Springer Netherlands, 2000, 45 – 70.

② Luis Filipe Gomes Lopes, Fernando Oliveira Baptista, "Exploring the Effect of Land Use on Ecosystem Services: The Distributive Issues", *Land Use Policy*, 2015, 45 (17): 141 – 149; Nishi Akihiro, Shirado Hirokazu, David G. Rand, et al., "Inequality and Visibility of Wealth in Experimental Social Networks", *Nature*, 2015, 526 (7573): 426 – 439.

配来衡量水分配的公平性，最小的 Gini 系数表示水资源被公平分配的最大化。① 因为要考虑 T 年内的配水的公平性，那么累积代内公平最大化如公式（6.2）所示。

$$\min Gini = \frac{1}{T}\sum_{t=1}^{n}\frac{1}{2n\sum_{i=1}^{n}\frac{Q(t,i)}{EB(t,i)}}\sum_{l=1}^{n}\sum_{s=1}^{n}\left|\frac{Q(t,l)}{EB(t,l)}-\frac{Q(t,s)}{EB(t,s)}\right| \tag{6.2}$$

其中，$\frac{Q(t,i)}{EB(t,i)}$是在第 t 年中第 i 个子区域每单位经济收益所分配的水量。

2. 社会福利函数最大化

社会福利函数标准的最大化可以衡量资源实现可持续②，由于流域生态环境的日趋恶化，流域经济增长与流域环境质量之间存在潜在冲突，并且当代与后代之间对水资源的利用上也要有一个协调发展，不应使后一代人正常利用水资源的权利遭到破坏。为了平衡这些冲突，在 Alvarez-Cuadrado 和 Van Long 以及 Schumacher 和 Zou 的研究基础上③，提出了一个新的福利函数标准$W(U)$，以保证流域水资源利用代际公平，如公式（6.3）所示。

$$W(U) = (1-\theta)\sum_{t=1}^{T}u(c(t),P(t))(1+\rho)^{-t+1}+\theta U \tag{6.3}$$

① Nishi Akihiro, Shirado Hirokazu, David G. Rand, et al., "Inequality and Visibility of Wealth in Experimental Social Networks", *Nature*, 2015, 526 (7573): 426 - 439; Corrado Gini, "Measurement of Inequality of Incomes", *Economic Journal*, 1921, 31 (121): 124 - 126.

② Graciela Chichilnisky, "An Axiomatic Approach to Sustainable Development", *Social Choice & Welfare*, 1996, 13 (2): 231 - 257.

③ Francisco Alvarez-Cuadrado, Ngo Van Long, "A Mixed Bentham-Rawls Criterion for Intergenerational Equity: Theory and Implications", *Journal of Environmental Economics & Management*, 2009, 58 (2): 154 - 168; Ingmar Schumacher, Benteng Zou, "Pollution Perception: A Challenge for Intergenerational Equity", *Journal of Environmental Economics & Management*, 2008, 55 (3): 300 - 309.

公式（6.3）中一些参数的含义如下。

第一，水资源 t 年内消耗量 $c(t)$ 可以由公式（6.4）表示。

$$c(t) = \sum_{i=1}^{n} \sum_{j=1}^{m} q(i,j,t) \tag{6.4}$$

流域第 t 年的污染存量 $P(t)$ 在一定程度上取决于第 $t-1$ 年的污染存量 $P(t-1)$，并因水资源消耗量增加而增加，因减排能力增加而减少，可以由公式（6.5）表示。

$$P(t) = (1-\alpha)P(t-1) + \beta c(t) - \gamma A(t) \tag{6.5}$$

其中，α 是污染吸收率，β 是单位水消费的平均污染排放率，γ 表示减排效果，$A(t)$ 表示该流域第 t 年用于处理污水的费用。

第二，$U = \{u(0),\ u(1),\ \cdots,\ u(t),\ \cdots\}$ 是一个无限效用流，μ 是与 t 年资源消耗量 $c(t)$ 和第 t 年消耗资源产生的污染实际库存量 $P(t)$ 都相关的二元效用函数，且可以表示为对数形式，[①] 如公式（6.6）所示。

$$u(c(t),\ P(t)) = (1-\mu_t)\ln c(t) - \mu_t \ln P(t) \tag{6.6}$$

其中，$\mu_t \geqslant 0$，它是衡量几代人对流域环境相对于水消费的偏好。

第三，函数表达式后半部分中 $\underline{U} = \inf\{u(c(1),\ P(1),\ \cdots u(c(T),\ P(T))\}$。

这一社会福利函数最大化目标同时满足了三个条件。一是保证了当代人与后代之间水资源的最优配置；二是平衡了经济增长与环境质量之间的冲突；三是实现了整体效用最大化，且总的效用函数考虑了水污染所产生的负效用，最终保证水资源利用代际公平。

3. 存储与消耗的关系

流域水资源每年的消耗量与上一年的存储量是相关的，存储和消

① Ingmar Schumacher, Benteng Zou, "Threshold Preferences and The Environment", *Journal of Mathematical Economics*, 2015, 60: 17 -27.

耗是动态关系，水资源增长函数是一个差分方程，[①] 如公式（6.7）所示。

$$x(t+1)-x(t)=r(t)x(t)\left(1-\frac{x(t)}{K}-\frac{P(t)^{2}}{K}\right)-\sum_{i=1}^{n}Q(i-t) \tag{6.7}$$

其中，$\sum_{i=1}^{n}Q(i-t)$ 是这第 t 年所有子区域总的耗水量。

4. 可利用水资源约束

整个流域第 t 年可利用的水资源不能超过当年的存储量，另外还必须保证整个流域最小的生态需水，那么可利用水资源量如公式（6.8）所示。

$$\sum_{i=1}^{n}Q(i-t)\leqslant x(t)-\sum_{i=1}^{n}WEC(i)^{\min},\forall t \tag{6.8}$$

除此之外，公共水资源第 t 年分配给子区域 i 的水量 $Q(i,t)$ 会在水调运过程中发生的损失，在除去这部分损失之后仍然要满足所有用水区域的基本水需求，从而可以得到如下约束条件，如公式（6.9）所示。

$$D(i,t)^{\min}\leqslant(1-a(i,t)^{loss})\cdot Q(i,t)\leqslant D(i,t)^{\max},\ \forall t,\ \forall i \tag{6.9}$$

5. 技术约束

在流域和每个子分区之间的输水通道具有一定的承载能力。从源头到每个子分区 i 的输水量必须在通道最小和最大承载量之间，如公式（6.10）所示。

$$Z(i)^{\min}\leqslant(1-a(i,t)^{loss})\cdot Q(i,t)\leqslant Z(i)^{\max},\ \forall t \tag{6.10}$$

---

① R. M. May, "Simple Mathematical Models with very Complicated Dynamics", *Nature*, 1976, 261 (5560): 459－467; Olli Tahvonen, Jari Kuuluvainen, "Economic Growth, Pollution, and Renewable Resources", *Journal of Environmental Economics & Management*, 1993, 24 (2): 101－118.

（三）经济效益效率优化策略

由流域管理局分配给各个子区域的水资源是被储存在子区域的水库中。每个子区域如何分配水资源是当地发展的关键因素。因此，每一个子区域都需要在谋求最大经济效益原则的基础上将水资源最优地分为工业用水、农业用水以及生活用水。

1. 经济效益效率最大化

用水方面的社会经济效率的一个主要观点是最大化总经济效率，即是使所有用水部门的水总价值最大化，或同等地使所有用水部门的净效益总额最大化。[①] 在这些研究基础上，为有效地获取不同用水部门的净经济效益，将 T 年内最大化平均经济效益定义为总经济值（水分配量和各个用水部门的边际经济效益的乘积之和）和最大可达到的最大总的经济收益价值（总的可获得的水资源与单个用水部门最大经济收益的乘积）的比值，如公式（6.11）所示。

$$\max EBE = \frac{1}{T}\sum_{t=1}^{T}\frac{\sum_{i=1}^{n}\sum_{j=1}^{m}AEB(i,j,t)\cdot q(i,j,t) - \frac{\beta(i,j,t)\cdot q(i,j,t)}{\gamma(i,j,t)}}{\sum_{i=1}^{n}\sum_{j=1}^{m}AEB(i,j,t)^{\max}(1-a(i,t)^{loss})\cdot Q(i,t)} \tag{6.11}$$

其中，$\frac{\beta(i,j,t)\cdot q(i,j,t)}{\gamma(i,j,t)}$指在第 t 年各个用水部门的污水处理费用。

2. 可用水资源约束

每个生产部门第 t 年可利用的水资源不能超过当年的子区域分给它的总水量，另外还必须保证该子区域最小的生态需水，那么可用水资源量如公式

① R. C. Griffin, *Water Resource Economics: The Analysis of Scarcity, Policies, and Projects*, The MIT Press, 2006, 50 - 72.

(6.12) 所示。

$$\sum_{j=1}^{m} q(i,j,t) \leqslant (1 - a(i,t)^{loss}) \cdot Q(i,t) - WEC\,(i)^{\min}, \forall t, \forall i, \forall j \tag{6.12}$$

除此之外，每个生产部门第 t 年可利用的水资源要满足该部门运作的基本水需求，从而可以得到约束条件，如公式（6.13）所示。

$$q\,(i,\ j,\ t)^{\min} \leqslant q(i,\ j,\ t) \leqslant q\,(i,\ j,\ t)^{\max},\ \forall t,\ \forall i,\ \forall j \tag{6.13}$$

（四）代际公平的交互式模型

流域环境恶化以及今世后代之间安全用水的竞争，都对当前的水资源管理战略提出了挑战。区域水管理局要寻求流域水资源可持续利用路径，很长一段时间内都必须保证公平提供水资源给各个相关子区域，同时也不会使子孙后代正常利用水资源的权利遭到破坏。另外，区域水管理局还要兼顾社会经济发展和水环境的污染问题，在水量与水质的综合平衡时要充分考虑到两者的相互作用与转化。当区域水管理局把水分到子区域后，在生态水需求的约束下，子区域管理者需要把水分配给三个用水部门，即农业用水部门、工业用水部门和居民生活用水部门。为了满足不同用水部门的需求，子区域管理者根据区域水管理局的分配决策寻找充足的水分配决策来实现经济效益效率的最大化。这样，在流域水资源配置的过程中便出现了三种冲突关系。首先，区域水管理局作为主导层决策者，需要将水分配在子区域间并满足公平性，而子区域管理者作为从属层决策者，要协调三个用水部门为寻求社会经济效益效率最大化产生的冲突；其次，区域水管理局为了保证代际间的资源分配公平性原则，就要考虑当前和未来几代人之间的用水竞争，协调近期与远期之间、当代与后代之间的相互冲突；最后，经济发展往往以牺牲环境为代价，为了流域的可持续发展，区域水管理局还需要考虑到水污染长时间的积累产生的负效用，也就是要考虑社会经济发展与流域环境质量之间的相互影响。为了描述这三种冲突关系，水资源代际公平配置综合模式问题可以通过集成公式（6.1）到公式（6.13），表示为一个全局交互式模型，如公式（6.14）所示。

$$
\min Gini = \frac{1}{T}\sum_{t=1}^{T}\frac{1}{2n\sum_{i=1}^{n}\frac{Q(t,i)}{EB(t,i)}}\sum_{t=1}^{n}\sum_{s=1}^{n}\left|\frac{Q(t,l)}{EB(t,l)}-\frac{Q(t,s)}{EB(t,s)}\right|
$$

$$
\max W(U) = (1-\theta)\sum_{t=1}^{T}u(c(t),P(t))(1+\rho)^{-t+1}+\theta\underline{U}
$$

$$
s.t.\begin{cases}
x(t+1)-x(t)=r(t)x(t)\left(1-\frac{x(t)}{K}-\frac{P(t)^{2}}{K}\right)-\sum_{i=1}^{n}Q(i,t),\\
\sum_{i=1}^{n}Q(i,t)\leqslant x(t)-\sum_{i=1}^{n}WEC(i)^{\min},\\
Z(i)\min\leqslant(1-\alpha(i,t)^{loss})\cdot Q(i,t)\leqslant Z(i)\max,\\
\max EBE=\frac{1}{T}\sum_{t=1}^{T}\frac{\sum_{i=1}^{n}\sum_{j=1}^{m}AEB(i,j,t)\cdot q(i,j,t)-\frac{\beta(i,j,t)\cdot q(i,j,t)}{\gamma(i,j,t)}}{\sum_{i=1}^{n}\sum_{j=1}^{m}AEB(i,j,t)^{\max}(1-\alpha(i,t)^{loss})\cdot Q(i,t)}\\
s.t.\begin{cases}\sum_{j=1}^{m}q(i,j,t)\leqslant(1-\alpha(i,t)^{loss})\cdot Q(i,t)-WEC(i)^{\min},\\ q(i,j,t)^{\min}\leqslant q(i,j,t)\leqslant q(i,j,t)^{\max},\end{cases}\\
i=1,2,\cdots,n;\ j=1,2,\cdots,m;\ t=1,2,\cdots,T
\end{cases}
\tag{6.14}
$$

其中，t 年内水资源总量 $c(t)=\sum_{i=1}^{n}\sum_{j=1}^{m}q(i,j,t)$，第 t 年水污染累积量 $P(t)=(1-\alpha)P(t-1)+\beta c(t)-\gamma A(t)$，同时与水消耗和水污染相关的二元效用函数 $u(c(t),P(t))=(1-\mu_t)\ln c(t)-\mu_t\ln P(t)$，社会福利函数后面部分 $\underline{U}=\inf\{u(c(1),P(1)),\cdots,u(c(T),P(T))\}$。

模型综合考虑了水资源利用代际公平一般配置模式和水污染积累

的代际公平配置模式，将寻求最优经济路径的混合 Bentham-Rawls 准则纳入水资源配置策略，保证流域用水代际公平，再整合代内和代际公平，在时间和空间两个维度上都满足了水资源公平利用的需求。用同时考虑水污染和水资源消耗问题的二元效用函数来刻画社会福利函数标准，解决了流域经济增长与流域环境质量之间的潜在冲突。此外还利用 Stackelberg-Nash 均衡反应区域水管理局和子区域水资源管理者之间的决策冲突的权衡。因此，该水资源合理配置模型同时遵循了有效性、公平性和可持续性原则，研究了一定时期内水资源消耗总量与后代能获得的水资源量相比的合理性，分析了生态环境保护与水资源开发利用的关系，是能够保证经济、环境和社会协调发展的综合配置方案。

（五）交互式模型的求解方法

KKT（Karush-Kuhn-Tucker）条件转化方法是解决二层规划的经典算法，其思想是将二层规划模型中的下层决策模型转化为整体模型的一个约束条件，将二层规划模型转化为一个单层的决策模型来求解。[①] 该方法已经被成功广泛应用于将双层问题转化为单层问题的各种研究中。[②] 在提出的水资源利用代际公平综合配置模型中，冲突与合作确实存在于区域水资源管理局和子区域之间，因为在区域水资源管理局做决策的时候，不仅要考虑自身的满意度，而且还需要考虑子区域的满意度，否则会导致

---

① 夏洪胜：《Stackelberg 主从对策的下层多人两层决策问题的交互式决策方法》，《系统管理学报》1994 年第 2 期。

② Patrice Marcott, Savar, Gilles, "A Note on the Pareto Optimality of Solutions to the Linear Bilevel Programming Problem", *Computers & Operations Research*, 1991, 18 (4): 355 –359; Ue Pyng Wen, Shuh Tzy Hsu, "Efficient Solutions for the Linear Bilevel Programming Problem", *European Journal of Operational Research*, 1992, 62 (3): 354 –362; Maria Joao Alves, Stephan Dempe, Joaquim J. Judice, "Computing the Pareto Frontier of A Bi-Objective Bi-Level Linear Problem Using a Multiobjective Mixedinteger Programming Algorithm", *Optimization*, 2012, 61 (3): 335 –358.

水资源配置不合理，水资源不能实现可持续利用，地区经济发展不平衡。因此，流域管理局与子区域管理者之间的博弈实际上是由水权分配机制决定的，通过引入额外约束，用相应的KKT条件和拉格朗日乘子替换下层模型，然后将其附加到上层模型问题中，就可以将水资源利用代际公平综合配置双层模型转化为单层模型。

该方法将双层模型中的上层目标函数转换为满意度函数，满意度函数定义以及计算见夏洪胜《Stackelbery主从对策的下层多人两层决策问题的交互式决策方法》。[①] 这里将水资源利用代际公平综合配置模型上层基尼系数最小化的目标函数记为 $F_1(Q, q)$，总社会福利函数最大化目标函数记为 $F_2(Q, q)$，那么上层目标函数的满意度函数分别为 $S_0(F_1(Q, q))$，$S_0(F_2(Q, q))$，如公式（6.15）所示。

$$S_0(F_1(Q, q)) = 1 - \frac{\max F_i(Q, q) - F_i}{\max F_i(Q, q) - \min F_i(Q, q)} \tag{6.15}$$

其中，$\min F_i(Q, q)$ 和 $\max F_i(Q, q)$ （$i=1, 2$）是指上层基尼系数最小化和总社会福利函数最大化两个目标函数的最大值和最小值。

对于给定的满意度 S，有公式（6.16）。

$$S_0(F_i(Q, q)) = 1 - \frac{\max F_i(Q, q) - F_i}{\max F_i(Q, q) - \min F_i(Q, q)} \geqslant S \tag{6.16}$$

也可转换为公式（6.17）。

$$S_0(F_i(Q, q)) \geqslant [\max F_i(Q, q) - \min F_i(Q, q)]S + \min F_i(Q, q) \tag{6.17}$$

通过约束法将决策上层的多目标模型转化成单目标模型，此时单目标模型中含有满意度约束，那么公式（6.14）可以转换为公式（6.18）。

① 夏洪胜：《Stackelberg主从对策的下层多人两层决策问题的交互式决策方法》，《系统管理学报》1994年第2期。

$$
\max S_0(F(Q(i,t),q(i,j,t)))
$$

$$
s.t.\begin{cases}
S_0 Gini \geqslant (\max Gini - \min Gini)S + \min Gini, \\
Gini = \dfrac{1}{T}\sum_{t=1}^{T}\dfrac{1}{2n\sum_{i=1}^{n}\dfrac{Q(t,i)}{EB(t,i)}}\sum_{l=1}^{n}\sum_{s=1}^{n}\left|\dfrac{Q(t,l)}{EB(t,l)}-\dfrac{Q(t,s)}{EB(t,s)}\right|, \\
S_0 W(U) \geqslant (\max W(U) - \min W(U))S + \min W(U), \\
W(U) = (1-\theta)\sum_{t=1}^{T}u(c(t),P(t))(1+\rho)^{-t+1} + \theta \underline{U}, \\
x(t+1) - x(t) = r(t)x(t)\left(1-\dfrac{x(t)}{K}-\dfrac{P(t)^2}{K}\right) - \sum_{i=1}^{n}Q(i,t), \\
\sum_{i=1}^{n}Q(i,t) \leqslant x(t) - \sum_{i=1}^{n}WEC(i)^{\min}, \\
Z(i)^{\min} \leqslant (1-\alpha(i,t)^{loss})\cdot Q(i,t) \leqslant Z(i)^{\max}, \\
\max EBE = \dfrac{1}{T}\sum_{t=1}^{T}\dfrac{\sum_{i=1}^{n}\sum_{j=1}^{m}AEB(i,j,t)\cdot q(i,j,t) - \dfrac{\beta(i,j,t).q(i,j,t)}{\gamma(i,j,t)}}{\sum_{i=1}^{n}\sum_{j=1}^{m}AEB(i,j,t)^{\max}(1-\alpha(i,t)^{loss})\cdot Q(i,t)}, \\
s.t.\begin{cases}
\sum_{j=1}^{m}q(i,j,t) \leqslant (1-\alpha(i,t)^{loss})\cdot Q(i,t) - WEC(i)^{\min}, \\
q(i,j,t)^{\min} \leqslant q(i,j,t) \leqslant q(i,j,t)^{\max},
\end{cases} \\
i = 1,2,\cdots,n; j = 1,2,\cdots,m; t = 1,2,\cdots,T
\end{cases}
\tag{6.18}
$$

模型下层各个子区域经济效益效率目标函数记为f_i（Q，q），那么其满意度函数为S_i（f_i（Q，q））。在结合宏观调控和基于市场的区域水资源配置问题当中，需要考虑区域水管理局和各个子区域（主导层和从属层）之间的公平性，以保证各个子区域健康地发展。由于区域水管理局公平地对待每个子区域，因此通过区域水管理局和子区域之间的满意度比率来保证主导层与从属层的满意度平衡。

接下来采用KKT方法和朗格朗日乘子对水资源代际公平的交互式二

层模型向单层进行转换。首先导入拉格朗日乘子 λ_r（$r=1, 2, 3$），随后定义拉格朗日函数如公式（6.19）所示。

$$L((Q, q), g) = f_i(Q, q) + \lambda_1 g_1(q) + \lambda_2 g_2(q) + \lambda_3 g_3(q) \quad (6.19)$$

其中，$g_1(q)$，$g_2(q)$，$g_3(q)$ 分别表示下层约束中各自不等式的非负形式，其数学变换如公式（6.20）到公式（6.22）所示。

$$g_1(q, (i, j, t)) = (1 - \alpha(i, t)^{loss}) \cdot Q(i, t) - WEC(i)^{\min} \geqslant 0 \quad (6.20)$$

$$g_2(q, (i, j, t)) = q(i, j, t)^{\min} \geqslant 0 \quad (6.21)$$

$$g_3(q, (i, j, t)) = q(i, j, t)^{\max} \geqslant 0 \quad (6.22)$$

在水资源代际公平的交互式模型中下层的约束条件都是不等式约束，对于不等式约束的优化，为了得到 KKT 理论下的优化解，需要满足公式（6.23）到公式（6.26）这几个优化必要条件，在这样条件下得到的解就是极小值解。[①]

$$\nabla_{Q(i,t)} L(Q(i, t), q(i, j, t)) = 0 \quad (6.23)$$

$$\nabla_{q(i,j,t)} L(Q(i, t), q(i, j, t)) = 0 \quad (6.24)$$

$$\lambda_1 g_1 + \lambda_2 g_2 + \lambda_3 g_3 = 0 \quad (6.25)$$

$$\lambda_1 \geqslant 0, \ \lambda_2 \geqslant 0, \ \lambda_3 \geqslant 0 \quad (6.26)$$

上面的方法就是为了在寻找多元函数在一组约束下的极值优化的方法，通过引入拉格朗日乘子，将原来的约束优化问题转化成等价的非约束问题，就可以将下层模型转化为附加的上层约束，也能够解决流域管理局与子区域管理者之间的冲突，找到全局优化方案。因此，通过约束转化法与 KKT 条件，可以将公式（6.19）中的二层模型转化为单目标单层模型，其数学形式如公式（6.27）所示。

---

① 夏洪胜：《Stackelberg 主从对策的下层多人两层决策问题的交互式决策方法》，《系统管理学报》1994 年第 2 期。

$$\max S_0(F(Q(i,t),q(i,j,t)))$$

$$s.t.\begin{cases}S_0 Gini \geqslant (\max Gini - \min Gini)S + \min Gini,\\ Gini = \dfrac{1}{T}\sum_{t=1}^{T}\dfrac{1}{2n\sum_{i=1}^{n}\dfrac{Q(t,i)}{EB(t,i)}}\sum_{l=1}^{n}\sum_{s=1}^{n}\left|\dfrac{Q(t,l)}{EB(t,l)}-\dfrac{Q(t,s)}{EB(t,s)}\right|,\\ S_0 W(U) \geqslant (\max W(U) - \min W(U))S + \min W(U),\\ W(U) = (1-\theta)\sum_{t=1}^{T}u(c(t),P(t))(1+\rho)^{-t+1}+\theta \underline{U},\\ x(t+1)-x(t) = r(t)x(t)\left(1-\dfrac{x(t)}{K}-\dfrac{P(t)^2}{K}\right)-\sum_{i=1}^{n}Q(i,t),\\ \sum_{i=1}^{n}Q(i,t)\leqslant x(t)-\sum_{i=1}^{n}WEC(i)^{\min},\\ Z(i)^{\min}\leqslant(1-\alpha(i,t)^{loss})\cdot Q(i,t)\leqslant Z(i)^{\max},\\ \nabla_Q L(Q(i,t),q(i,j,t)) = 0,\\ \nabla_q L(Q(i,t),q(i,j,t)) = 0,\\ L((Q,q)) = \dfrac{1}{T}\sum_{t=1}^{T}\dfrac{\sum_{i=1}^{n}\sum_{j=1}^{m}AEB(i,j,t)\cdot q(i,j,t)-\dfrac{\beta(i,j,t)\cdot q(i,j,t)}{\gamma(i,j,t)}}{\sum_{i=1}^{n}\sum_{j=1}^{m}AEB(i,j,t)^{\max}(1-\alpha(i,t)^{loss})\cdot Q(i,t)}\\ \quad +\lambda_1((1-\alpha(i,t)^{loss})\cdot Q(i,t)-WEC(i)^{\min})\\ \quad +\lambda_2(q(i,j,t)^{\min})+\lambda_3(q(i,j,t)^{\max}),\\ \lambda_1 g_1(q(i,j,t))+\lambda_2 g_2(q(i,j,t))+\lambda_3 g_3(q(i,j,t)) = 0,\\ g_1(q(i,j,t)) = (1-\alpha(i,t)^{loss})\cdot Q(i,t)-WEC(i)^{\min}\geqslant 0,\\ g_2(q(i,j,t)) = q(i,j,t)^{\min}\geqslant 0,\\ g_2(q(i,j,t)) = q(i,j,t)^{\max}\geqslant 0,\\ i = 1,2,\cdots,n; j = 1,2,\cdots,m;\\ t = 1,2,\cdots,T\end{cases}\tag{6.27}$$

在 KKT 条件转换过程中，流域管理局根据最优满意度进行决策。通过这种方式，KKT 条件将区域水管理局和各个子区域之间的复杂冲突整合在一起，从而将每个子区域追求的区域经济效益效率最大化变为区域政府的单一决策问题。基于上述分析，也可以看出，该转换过程处理的是冲突，提出的全局模型求解方法主要集中在均衡优化解上。

三　沱江流域水资源综合配置应用

以沱江流域为案例来证明该综合优化模型在解决流域水资源可持续配置问题上的实用性和有效性。

（一）背景概况

沱江流域（东经 103°41′—105°55′、北纬 28°50′—31°41′）是长江的一级支流，是四川省腹部地区的重要河流之一。西北部紧接龙门山脉的九顶山，西靠岷江，东临涪江，南抵长江；沱江全流域面积 27860km^2，其中四川省沱江流域面积 25633km^2，占全省面积 5.25%。四川沱江流域有地市州 10 个，它们分别是成都市、德阳市、乐山市、眉山市、绵阳市、内江市、宜宾市、自贡市、泸州市和资阳市。

沱江流域属非闭合流域，流域内径流主要来自降水，其次是从都江堰灌区引来的岷江水。多年平均降水深 1010.8mm，折合降水总量 $259.6 \times 10^8 m^3$，水资源总量 $103.4 \times 10^8 m^3$。其中地表水资源量 $102.9 \times 10^8 m^3$，地下水资源量 $26.5 \times 10^8 m^3$，地表水与地下水重复计算量 $26.1 \times 10^8 m^3$。四川沱江流域每平方公里水资源量仅 $40 \times 10^4 m^3/km^2$，小于长江流域的平均水平 $56 \times 10^4 m^3/km^2$，人均水资源量仅 559m^3，也远远小于长江流域的平均水平人均2325m³，不到长江流域平均水平的1/4，属长江流域内相对缺水的地区。[①] 沱江水质较差，沱江整体受污染严重，大部分河段水质为地表水环境质量劣Ⅴ类标准，个别江段为Ⅳ类和Ⅴ类，主要污染物为氨氮、高锰酸盐指数、挥发酚、总磷和生化需氧量等。[②]

由此可见，沱江流域水质和水量问题都较为严重。根据水环境监测数据和水质报告，沱江流域自402.5万农村人口存在饮用水不安全问题，占沱江农村人口的31.7%，在饮水不安全因素中，水质不达标的占40.3%，水量不达标的占50.7%，由此可以看出农村饮用水安全问题是沱江供水的一个大问题。[③] 沱江流域综合考虑水量水质、厘清短期用水和长期水需求以谋求流域可持续发展的战略规划亟待研究。

（二）相关数据

根据《2015年四川省统计年鉴》和《沱江流域综合规划报告》（2007—2016），沱江流域10个分区以及3个用水部门的相关参数见表6.1。另外，整个沱江流域2007—2016年详细社会经济数据［包括库存量、总耗水量（流域内用水以及流域外调水）和最小生态需水］以及沱江流域2007—2016年污染排放及相关处理费用数据（包括污水总产量、污水处理比例、污水净化系数、污水处理费、废水排放量、废水入河量和累积污染存量）都与本书第五章考虑水污染积累的代际公平配置模式中表5.1和表5.2中数据一致，这里就不再重复给出。

① 四川省统计局：《2015年四川统计年鉴》；四川省水利厅：《沱江流域综合规划报告（2007—2016）》。

② 中国环境监测总站：《2015年中国环境状况公报》。

表 6.1 2007—2016 年沱江流域相关数据

年份	2007	2008	2009	2010	2011	2012	2013	2014	2015	2016
经济效益(生活/工业/农业)(元/m^3)										
德阳	30/44/30	32/47/31	33/49/33	35/52/34	37/54/36	38/57/38	40/60/40	42/63/42	44/66/44	47/69/46
成都	39/58/39	41/61/41	43/64/43	45/67/45	48/71/47	50/74/50	53/78/52	55/82/54	58/86/57	61/90/60
绵阳	31/46/31	33/49/32	35/51/34	36/54/36	38/56/38	40/59/40	42/62/42	44/65/44	46/69/46	49/72/48
资阳	25/36/24	26/38/25	27/40/27	28/42/28	30/44/30	31/47/31	33/49/33	35/51/34	36/54/36	38/56/38
内江	26/38/25	27/40/27	28/42/28	30/44/29	31/46/31	33/49/32	34/51/34	36/53/36	38/56/37	40/59/39
自贡	25/37/25	26/39/26	28/41/27	29/43/29	31/45/30	32/48/32	34/50/33	35/52/35	37/55/37	39/58/38
乐山	26/39/26	27/41/27	29/43/28	30/45/30	32/47/31	33/49/33	35/52/35	37/54/36	39/57/38	41/60/40
眉山	24/36/24	25/37/25	27/39/26	28/41/28	29/43/29	31/46/30	32/48/32	34/50/33	36/53/35	37/55/37
宜宾	29/43/28	30/45/30	32/47/31	33/49/33	35/52/35	37/54/36	39/57/38	40/60/40	42/63/42	45/66/44
泸州	27/41/27	29/43/28	30/45/30	32/47/31	33/49/33	35/52/35	37/54/36	39/57/38	41/60/40	43/63/42

续表

年份	2007	2008	2009	2010	2011	2012	2013	2014	2015	2016
三部门最低需水量（生活/工业/农业）（$10^8 m^3$）										
德阳	2. 15 /2. 18 /2. 22	2. 26 /2. 29 /2. 34	2. 38 /2. 41 /2. 45	2. 49 /2. 62 /2. 67	2. 72 /2. 76 /2. 81	2. 86 /2. 9 /2. 95	2. 99 /3. 04 /7. 15	7. 28 /7. 41 /7. 53	7. 66 /7. 78 /7. 92	8. 04 /8. 17 /8. 3
成都	2. 47 /2. 52 /2. 56	2. 6 /2. 65 /2. 69	2. 74 /2. 78 /2. 82	2. 86 /3. 02 /3. 07	3. 12 /3. 18 /3. 24	3. 28 /3. 34 /3. 40	3. 45 /3. 51 /8. 24	8. 38 /8. 53 /8. 68	8. 82 /8. 97 /9. 12	9. 27 /9. 41 /9. 56
绵阳	0. 02 /0. 03 /0. 03	0. 02 /0. 03 /0. 04	0. 02 /0. 03 /0. 04	0. 03 /0. 03 /0. 04	0. 03 /0. 03 /0. 04	0. 03 /0. 03 /0. 04	0. 03 /0. 03 /0. 07	0. 08 /0. 08 /0. 08	0. 08 /0. 08 /0. 08	0. 08 /0. 08 /0. 09
资阳	0. 43 /0. 44 /0. 44	0. 45 /0. 46 /0. 47	0. 47 /0. 48 /0. 49	0. 50 /0. 52 /0. 53	0. 54 /0. 55 /0. 56	0. 57 /0. 58 /0. 59	0. 60 /0. 61 /1. 42	1. 45 /1. 48 /1. 50	1. 53 /1. 55 /1. 58	1. 60 /1. 63 /1. 65
内江	0. 88 /0. 89 /0. 91	0. 92 /0. 94 /0. 95	0. 97 /0. 99 /1. 00	1. 02 /1. 07 /1. 09	1. 11 /1. 13 /1. 15	1. 17 /1. 19 /1. 21	1. 22 /1. 24 /2. 92	2. 97 /3. 03 /3. 08	3. 13 /3. 18 /3. 23	3. 29 /3. 34 /3. 39
自贡	0. 06 /0. 05 /0. 06	0. 06 /0. 06 /0. 06	0. 06 /0. 06 /0. 07	0. 07 /0. 07 /0. 07	0. 07 /0. 07 /0. 07	0. 08 /0. 08 /0. 08	0. 08 /0. 08 /0. 19	0. 19 /0. 20 /0. 20	0. 20 /0. 21 /0. 21	0. 21 /0. 22 /0. 22
乐山	1. 37 /1. 39 /1. 41	1. 44 /1. 46 /1. 49	1. 51 /1. 54 /1. 56	1. 59 /1. 67 /1. 70	1. 73 /1. 76 /1. 79	1. 82 /1. 85 /1. 88	1. 91 /1. 94 /4. 56	4. 63 /4. 72 /4. 80	4. 87 /4. 96 /5. 04	5. 12 /5. 20 /5. 28
眉山	0. 16 /0. 17 /0. 17	0. 18 /0. 18 /0. 18	0. 19 /0. 19 /0. 19	0. 19 /0. 20 /0. 21	0. 21 /0. 22 /0. 22	0. 22 /0. 23 /0. 23	0. 23 /0. 24 /0. 56	0. 57 /0. 58 /0. 59	0. 60 /0. 61 /0. 62	0. 63 /0. 64 /0. 65

续表

年份	2007	2008	2009	2010	2011	2012	2013	2014	2015	2016
宜宾	1.64 /1.67 /1.70	1.73 /1.76 /1.79	1.81 /1.84 /1.87	1.90 /2.00 /2.04	2.08 /2.11 /2.15	2.18 /2.22 /2.25	2.29 /2.33 /5.47	5.56 /5.66 /5.76	5.86 /5.95 /6.05	6.15 /6.25 /6.34
泸州	0.91 /0.92 /0.94	0.95 /0.97 /0.99	1.00 /1.02 /1.04	1.05 /1.11 /1.13	1.15 /1.17 /1.19	1.21 /1.23 /1.25	1.26 /1.29 /3.02	3.07 /3.13 /3.18	3.24 /3.29 /3.34	3.40 /3.45 /3.51
三部门最高需水量（生活/工业/农业）（$10^8 m^3$）										
德阳	3.15 /3.19 /3.33	3.26 /3.29 /3.34	3.48 /3.55 /3.65	3.49 /3.62 /3.67	3.72 /3.76 /3.81	3.86 /3.95 /3.99	3.99 /4.04 /8.15	8.28 /8.41 /8.56	8.66 /8.78 /8.99	9.04 /9.17 /9.66
成都	3.78 /3.99 /4.00	3.80 /4.22 /4.45	3.88 /4.78 /4.82	3.96 /5.02 /5.07	4.12 /5.18 /5.24	4.28 /5.34 /5.66	6.45 /6.51 /9.24	9.58 /9.88 /9.99	9.82 /10.9 /11.3	10.2 /11.4 /11.5
绵阳	0.03 /0.04 /0.04	0.03 /0.04 /0.05	0.03 /0.04 /0.05	0.04 /0.04 /0.05	0.04 /0.04 /0.05	0.04 /0.04 /0.05	0.04 /0.04 /0.08	0.09 /0.09 /0.09	0.09 /0.09 /0.09	0.09 /0.09 /0.10
资阳	0.63 /0.64 /0.64	0.65 /0.66 /0.67	0.67 /0.68 /0.69	0.70 /0.72 /0.73	0.74 /0.75 /0.76	0.77 /0.78 /0.79	0.80 /0.81 /2.42	2.45 /2.48 /2.50	2.53 /2.55 /2.58	2.60 /2.63 /2.77
内江	0.92 /0.99 /1.31	1.32 /1.44 /1.95	1.97 /1.99 /2.00	2.02 /2.07 /2.09	2.11 /2.13 /2.55	2.17 /2.19 /2.21	2.22 /2.24 /2.92	3.97 /4.03 /4.08	4.44 /4.58 /4.73	4.79 /4.78 /4.99
自贡	0.07 /0.06 /0.07	0.07 /0.07 /0.07	0.06 /0.06 /0.07	0.08 /0.08 /0.08	0.08 /0.08 /0.08	0.09 /0.09 /0.09	0.09 /0.09 /0.29	0.29 /0.30 /0.30	0.30 /0.31 /0.33	0.31 /0.32 /0.33
乐山	2.37 /2.39 /2.41	2.44 /2.50 /2.55	2.51 /2.54 /2.56	2.59 /2.67 /2.75	2.73 /2.76 /2.79	2.82 /2.85 /2.89	2.91 /2.94 /5.56	5.63 /5.72 /5.87	5.87 /5.96 /6.04	6.12 /6.20 /6.44

续表

年份	2007	2008	2009	2010	2011	2012	2013	2014	2015	2016
眉山	0.22 /0.27 /0.27	0.28 /0.28 /0.28	0.29 /0.29 /0.29	0.29 /0.30 /0.31	0.31 /0.32 /0.32	0.32 /0.33 /0.33	0.33 /0.34 /0.66	0.67 /0.68 /0.69	0.70 /0.71 /0.72	0.73 /0.74 /0.75
宜宾	2.34 /2.47 /2.73	2.73 /2.76 /2.79	2.81 /2.84 /2.87	3.09 /3.33 /3.55	3.18 /3.45 /3.65	3.34 /3.55 /3.77	3.49 /3.73 /6.57	6.77 /6.89 /6.99	6.96 /7.05 /7.44	7.45 /7.66 /7.74
泸州	1.91 /1.92 /1.94	1.95 /1.97 /1.99	2.00 /2.02 /2.04	2.05 /2.11 /2.13	2.15 /2.17 /2.19	2.21 /2.23 /2.25	2.26 /2.29 /4.02	4.07 /4.13 /4.18	4.24 /4.29 /4.34	4.40 /4.45 /4.51
各个分区需水量（最低/最高）($10^8 m^3$)										
德阳	11.92 /17.9	12.13 /18.2	12.34 /18.5	12.56 /18.7	12.77 /18.9	12.98 /19.2	13.2 /19.4	13.41 /19.7	13.62 /19.9	13.8 /20.2
成都	13.73 /20.7	13.97 /20.9	14.22 /21.3	14.46 /21.5	14.71 /21.8	14.95 /22.1	15.2 /22.38	15.44 /22.7	15.69 /22.9	15.9 /23.3
绵阳	0.12 /0.19	0.13 /0.19	0.13 /0.19	0.13 /0.19	0.13 /0.20	0.13 /0.20	0.14 /0.20	0.14 /0.20	0.14 /0.21	0.14 /0.21
资阳	2.37 /3.58	2.42 /3.63	2.46 /3.68	2.5 /3.72	2.54 /3.78	2.59 /3.82	2.63 /3.87	2.67 /3.92	2.71 /3.97	2.76 /4.03
内江	4.87 /7.33	4.96 /7.44	5.04 /7.54	5.13 /7.64	5.22 /7.75	5.3 /7.84	5.39 /7.94	5.48 /8.04	5.57 /8.15	5.65 /8.27
自贡	0.32 /0.48	0.32 /0.48	0.33 /0.49	0.33 /0.50	0.34 /0.50	0.35 /0.51	0.35 /0.52	0.36 /0.52	0.36 /0.53	0.37 /0.54
乐山	7.59 /11.43	7.72 /11.58	7.86 /11.75	7.99 /11.90	8.13 /12.07	8.27 /12.22	8.4 /12.37	8.54 /12.52	8.67 /12.70	8.81 /12.9

续表

年份	2007	2008	2009	2010	2011	2012	2013	2014	2015	2016
眉山	0.93/1.4	0.95/1.42	0.96/1.44	0.98/1.46	0.1/1.48	1.01/1.5	1.03/1.52	1.05/1.54	1.06/1.56	1.08/1.58
宜宾	9.11/13.72	9.27/13.91	9.44/14.1	9.6/14.28	9.76/14.50	9.92/14.67	10.1/14.85	10.3/15.03	10.4/15.24	10.6/15.5
泸州	5.03/7.58	5.12/7.69	5.21/7.79	5.3/7.89	5.39/8.01	5.48/8.11	5.57/8.21	5.66/8.31	5.75/8.42	5.84/8.55

（三）讨论分析

在水资源配置的宏观管理层面，区域水资源管理局在做决策的时候不仅要考虑自身的满意度，还需要考虑各个子区域的满意度，各个子区域之间也需要相互合作并要与流域管理局进行交互，否则会导致地区发展不平衡。针对该模型中主导层决策者有多个目标，从属层有多个决策者但只有一个目标的情形采用一种基于 Karush-Kuhn-Tucker（KKT）条件转化方法来求解双层优化模型。[①] 接下来根据区域水管理局的最小满意度变化、与现有指标的对比分析以及一些重要参数变化，从公平、效率和可持续三方面对流域水资源综合配置结果进行讨论分析。为方便模型计算，这里也给出一些参数值。比如假设流域向各分区运输水的损失率都一样，即 $\alpha^{loss}=0.05$；流域污染物吸收率 $\alpha=0.1$；流域排污系数 $\zeta=0.8$；污水处理能力（每元所能处理污水的量）$\gamma=0.5$；假设几代人对水的消耗和环境质量具有同样偏好，即 $\mu=0.5$；标准时间偏好率 $\rho=$

① 夏洪胜：《Stackelberg 主从对策的下层多人两层决策问题的交互式决策方法》，《系统管理学报》1994 年第 2 期；E. Roghanian，M. B. Aryanezhad，S. J. Sadjadi，“Integrating Goal Programming，Kuhn-Tucker Conditions，and Penalty Function Approaches to Solve Linear Bi-Level Programming Problems”，*Applied Mathematics & Computation*，2008，195（2）：585－590。

0.05；在福利函数准则中，将相同的权重赋给折扣效用和最不利年份的效用水平，即 $\theta = 0.5$；沱江流域 2007—2016 年的水资源增长率 r 与第五章中一致，分别为 0.5716、0.6329、0.5046、0.6229、0.6796、0.7446、0.8368、1.0622、0.9963、1.0498。

1. 上层最小满意度变化

假设模型上层代内公平的目标函数记为 $F_1(Q, q)$，代际公平目标函数记为 $F_2(Q, q)$，模型下层各个子区域经济效益效率目标函数记为 $f_i(Q, q)$，那么上、下层目标函数的满意度函数分别为 $S_0(F_1(Q, q))$，$S_0(F_2(Q, q))$，$S_i(F_i(Q, q))$，满意度函数定义以及计算参见夏洪胜。① 上层决策者流域管理局指定两个目标函数的最小满意度分别为 λ_0^1，$\lambda_0^2 \in [0, 1]$；下层的子区域管理者也制定其最小满意度值 $\lambda_i \in [0, 1]$，$i = 1, 2, \cdots, n$，再采用加权求和方法，② 可以计算出区域水管理局的全局满意度为 $\bar{S}$。因此，用流域管理局和子区域之间的满意度比率 Δ 来平衡上层决策者和下层决策者的满意度，如公式（6.28）所示。

$$\Delta = \frac{\min S_i(f_i(Q, q))}{\bar{S}} \tag{6.28}$$

在该案例中，假设上层两个目标函数的最小满意度水平从区间［0.70，0.85］和区间［0.40，0.80］中选择，而下层十个子区域的最小满意度水平都设定为 0.42，上下层的满意度比值 Δ 的边界设为 0.70 和 0.90，以此保证上下层满意度平衡。

---

① 夏洪胜：《Stackelberg 主从对策的下层多人两层决策问题的交互式决策方法》，《系统管理学报》1994 年第 2 期。

② M. Sakawa, K. Kato, H. Katagiri, "An Interactive Fuzzy Satisficing Method for Multiobjective Linear Programming Problems with Random Variable Coefficients through a Probability Maximization Model", *Fuzzy Sets and Systems*, 2004, 146 (2): 205 - 213.

上层两个目标函数最小满意度水平设置为 $\lambda_0^1=0.85$ 和 $\lambda_0^2=0.40$ 时模型的满意解见表6.2。Gini 系数值为0.88，说明流域管理局分配水资源给各个子区域的公平性很高，在考虑水污染存量带来的负效用后的社会总福利函数值为4.3568，各子区域的经济效益效率都比较高，在0.7732—0.9023。成都的总用水量最大，为 $19.8\times10^8m^3$；绵阳总用水量最小，为 $0.19\times10^8m^3$。所有子区域的满意度最小值是0.4566，流域管理局的全局满意度为0.5564，主导层与从属层之间的满意度比值为0.8206。由此可以看出，不论是对于流域管理局还是各子区域管理者，这个水资源分配计划都是一个满意的计划，因为其不仅满足了上下层最小满意度水平要求，而且也保证了两者之间满意度的平衡。

表6.2　水资源配置结果（$\lambda_0^1=0.85$ 和 $\lambda_0^2=0.40$）

Gini 系数	社会总福利值	区域	总用水量（10^8m^3）			满意度	经济效益效率
			生活	工业	农业		
0.08	4.3568	德阳	3.64	4.45	8.3	0.4566	0.8843
		成都	4.2	5.1	10.5	0.4566	0.9023
		绵阳	0.04	0.05	0.1	0.4566	0.7981
		资阳	0.73	0.89	1.65	0.4566	0.7743
		内江	1.49	1.82	3.39	0.4566	0.7732
		自贡	0.1	0.12	0.22	0.4566	0.8044
		乐山	2.32	2.83	5.28	0.4566	0.8864
		眉山	0.28	0.35	0.65	0.4566	0.8045
		宜宾	2.78	3.4	6.34	0.4566	0.8799
		泸州	1.54	1.88	3.51	0.4566	0.8324
$\min S_i(f_i(Q,q))=0.4566$		$\bar{S}=0.5564$		$\Delta=0.8206$			

上层决策者流域管理局的两个目标的最小满意度、灵敏度分析见表6.3。两个最小满意度 λ_0^1 和 λ_0^2 分别以间隔0.05和0.1在区间［0.70，0.85］和［0.40，0.80］取20个组合作为参考。从结果中可以看出，当 λ_0^1 和 λ_0^2 为（0.85，0.8），（0.85，0.7），（0.85，0.6），（0.8，0.8）以及（0.75，0.8）这几组值时，模型找不到可行解。由于设定了每一个子区域的最小满意度水平为0.40，也就是 $\lambda_i=0.4$，$i=1,2,\cdots,10$，并且上下层满意度比值在0.70—0.90，那么就只有当 λ_0^1 和 λ_0^2 为（0.85，0.40），（0.80，0.40），（0.75，0.40）以及（0.70，0.40）这几组值时，模型是可行解并且能够保证区域水资源配置问题的代内以及代际公平。其中，当 $\lambda_0^1=0.85$，$\lambda_0^2=0.40$ 时，上层决策者流域管理局的整体满意度最高，为0.5564，下层决策者的满意度相差不大，这个时候流域管理局就会偏向取这一组最小满意度值。

当给定上层决策者第一个目标的最小满意度水平 λ_0^1 的值时，下层决策者最小满意度 $S_i(F_i(Q,q))$ 随上层第二个目标函数最小满意度 λ_0^2 变化的趋势如图6.3所示。由图6.3可以看出，上层第一个目标函数的最小满意度 λ_0^1 分别为0.85、0.80、0.75和0.70时，下层决策者的最小满意度 $S_i(F_i(Q,q))$ 随着上层决策者第二个目标最小满意度水平 λ_0^2 的增加而持续减小。另外，当 $\lambda_0^1\geqslant0.75$，上层第二个目标函数的最小满意度 λ_0^2 取0.8时都没有可行解，并且，当 $\lambda_0^1=0.7$，$\lambda_0^2=0.8$ 时，下层决策者会得到一个很小的满意度值0.074。这就说明下层子区域管理者的经济效益效率最大化的目标与上层流域管理局的第二个目标社会福利函数最大化相互竞争。因此，下层各个子区域如果要获得更高的经济效益效率可能会需求更多的水资源，水资源的高消耗可能造成更大的水污染，影响整个社会福利函数值，导致水资源利用不能实现代际公平。

表 6.3　　上层两个目标最小满意度灵敏度分析

小满意度		$F_1(Q,q)$	$F_2(Q,q)$	$\bar{S}$	$f_1(Q,q)$	$f_2(Q,q)$	$f_3(Q,q)$	$f_4(Q,q)$	$f_5(Q,q)$	$f_6(Q,q)$	$f_7(Q,q)$	$f_8(Q,q)$	$f_9(Q,q)$	$f_{10}(Q,q)$	$\min S_i(f_i)$	Δ
λ_0^1	λ_0^2	$S_0(F_1)$	$S_0(F_2)$		$S_1(f_1)$	$S_2(f_2)$	$S_3(f_3)$	$S_4(f_4)$	$S_5(f_5)$	$S_6(f_6)$	$S_7(f_7)$	$S_8(f_8)$	$S_9(f_9)$	$S_{10}(f_{10})$		
0.85	0.8	—	—	—	—	—	—	—	—	—	—	—	—	—	Infeasible	—
—	0.7	—	—	—	—	—	—	—	—	—	—	—	—	—	Infeasible	—
—	0.6	—	—	—	—	—	—	—	—	—	—	—	—	—	Infeasible	—
—	0.5	0.987	3.532	0.623	0.845	0.924	0.784	0.689	0.834	0.880	0.786	0.886	0.884	0.784	0.339	0.564
	—	(0.850)	(0.500)	—	(0.339)	(0.339)	(0.339)	(0.339)	(0.557)	(0.339)	(0.339)	(0.339)	(0.634)	(0.339)	—	—
—	0.4	0.88	4.3568	0.5564	0.8843	0.9023	0.7981	0.7743	0.7732	0.8044	0.8864	0.8045	0.8799	0.8324	0.3766	0.8206
	—	(0.850)	(0.400)	—	(0.377)	(0.377)	(0.377)	(0.377)	(0.377)	(0.377)	(0.377)	(0.377)	(0.377)	(0.377)	—	—
0.80	0.8	—	—	—	—	—	—	—	—	—	—	—	—	—	Infeasible	—
—	0.7	0.887	3.932	0.735	0.833	0.952	0.754	0.643	0.822	0.786	0.744	0.898	0.834	0.798	0.1602	0.218
	—	(0.8)	(0.7)	—	(0.203)	(0.1602)	(0.333)	(0.1602)	(0.157)	(0.1602)	(0.1602)	(0.1602)	(0.1602)	(0.1602)	—	—
—	0.6	0.867	4.132	0.67	0.813	0.942	0.763	0.743	0.802	0.777	0.789	0.900	0.832	0.843	0.3034	0.4827
	—	(0.8)	(0.6)	—	(0.303)	(0.303)	(0.303)	(0.303)	(0.303)	(0.303)	(0.303)	(0.303)	(0.303)	(0.303)	—	—

续表

小满意度		$F_1(Q,q)$	$F_2(Q,q)$	$\bar{S}$	$f_1(Q,q)$	$f_2(Q,q)$	$f_3(Q,q)$	$f_4(Q,q)$	$f_5(Q,q)$	$f_6(Q,q)$	$f_7(Q,q)$	$f_8(Q,q)$	$f_9(Q,q)$	$f_{10}(Q,q)$	$\min S_i(f_i)$	Δ
λ_0^1	λ_0^2	$S_0(F_1)$	$S_0(F_2)$		$S_1(f_1)$	$S_2(f_2)$	$S_3(f_3)$	$S_4(f_4)$	$S_5(f_5)$	$S_6(f_6)$	$S_7(f_7)$	$S_8(f_8)$	$S_9(f_9)$	$S_{10}(f_{10})$		
—	0.5	0.834	4.204	0.605	0.799	0.892	0.863	0.843	0.799	0.787	0.811	0.899	0.845	0.867	0.373	0.6496
	—	(0.8)	(0.5)	—	(0.373)	(0.373)	(0.373)	(0.373)	(0.373)	(0.373)	(0.373)	(0.373)	(0.373)	(0.373)	—	—
—	0.4	0.854	4.174	0.54	0.801	0.888	0.823	0.802	0.766	0.798	0.834	0.899	0.854	0.798	0.408	0.8467
	—	(0.8)	(0.4)	—	(0.408)	(0.408)	(0.408)	(0.408)	(0.408)	(0.408)	(0.408)	(0.408)	(0.408)	(0.408)	—	—
0.75	0.8	—	—	—	—	—	—	—	—	—	—	—	—	—	Infeasible	—
—	0.7	0.844	3.932	0.7175	0.836	0.956	0.754	0.743	0.828	0.789	0.754	0.888	0.864	0.818	0.256	0.357
	—	(0.75)	(0.7)	—	(0.256)	(0.256)	(0.256)	(0.256)	(0.256)	(0.256)	(0.256)	(0.256)	(0.256)	(0.256)	—	—
—	0.6	0.877	4.232	0.6525	0.834	0.899	0.803	0.763	0.822	0.787	0.799	0.908	0.839	0.846	0.326	0.499
	—	(0.75)	(0.6)	—	(0.326)	(0.326)	(0.326)	(0.326)	(0.326)	(0.326)	(0.326)	(0.326)	(0.326)	(0.326)	—	—
—	0.5	0.864	4.304	0.5875	0.809	0.896	0.864	0.845	0.794	0.785	0.816	0.891	0.842	0.869	0.394	0.6703
	—	(0.75)	(0.5)	—	(0.394)	(0.394)	(0.394)	(0.394)	(0.394)	(0.394)	(0.394)	(0.394)	(0.394)	(0.394)	—	—
—	—	0.884	4.275	0.531	0.811	0.889	0.825	0.806	0.769	0.791	0.839	0.892	0.857	0.791	0.458	0.8621
		(0.75)	(0.4)	—	(0.458)	(0.458)	(0.458)	(0.458)	(0.458)	(0.458)	(0.458)	(0.458)	(0.458)	(0.458)	—	—

续表

小满意度		$F_1(Q,q)$	$F_2(Q,q)$	$\bar{S}$	$f_1(Q,q)$	$f_2(Q,q)$	$f_3(Q,q)$	$f_4(Q,q)$	$f_5(Q,q)$	$f_6(Q,q)$	$f_7(Q,q)$	$f_8(Q,q)$	$f_9(Q,q)$	$f_{10}(Q,q)$	$\min S_i(f_i)$	Δ
λ_0^1	λ_0^2	$S_0(F_1)$	$S_0(F_2)$		$S_1(f_1)$	$S_2(f_2)$	$S_3(f_3)$	$S_4(f_4)$	$S_5(f_5)$	$S_6(f_6)$	$S_7(f_7)$	$S_8(f_8)$	$S_9(f_9)$	$S_{10}(f_{10})$		
0.70	0.8	0.878	4.255	0.765	0.839	0.951	0.759	0.746	0.821	0.782	0.759	0.881	0.869	0.812	0.074	0.096
—	—	(0.7)	(0.8)	—	(0.211)	(0.223)	(0.211)	(0.074)	(0.074)	(0.074)	(0.256)	(0.074)	(0.115)	(0.074)	—	—
—	0.7	0.886	3.999	0.700	0.839	0.951	0.759	0.749	0.821	0.752	0.758	0.880	0.868	0.812	0.259	0.369
	—	(0.7)	(0.7)	—	(0.259)	(0.259)	(0.259)	(0.259)	(0.259)	(0.259)	(0.259)	(0.259)	(0.259)	(0.259)	—	—
—	0.6	0.879	4.230	0.635	0.839	0.890	0.813	0.769	0.829	0.781	0.791	0.938	0.831	0.842	0.327	0.515
	—	(0.7)	(0.6)	—	(0.327)	(0.327)	(0.327)	(0.327)	(0.327)	(0.327)	(0.327)	(0.327)	(0.327)	(0.327)	—	—
—	0.5	0.869	4.301	0.57	0.819	0.891	0.868	0.848	0.799	0.789	0.811	0.897	0.847	0.862	0.394	0.685
	—	(0.7)	(0.5)	—	(0.394)	(0.394)	(0.394)	(0.394)	(0.394)	(0.394)	(0.394)	(0.394)	(0.394)	(0.394)	—	—
—	0.4	0.884	4.275	0.531	0.811	0.889	0.825	0.806	0.769	0.791	0.839	0.892	0.857	0.791	0.458	0.8621
	—	(0.7)	(0.4)	—	(0.458)	(0.458)	(0.458)	(0.458)	(0.458)	(0.458)	(0.458)	(0.458)	(0.458)	(0.458)	—	—

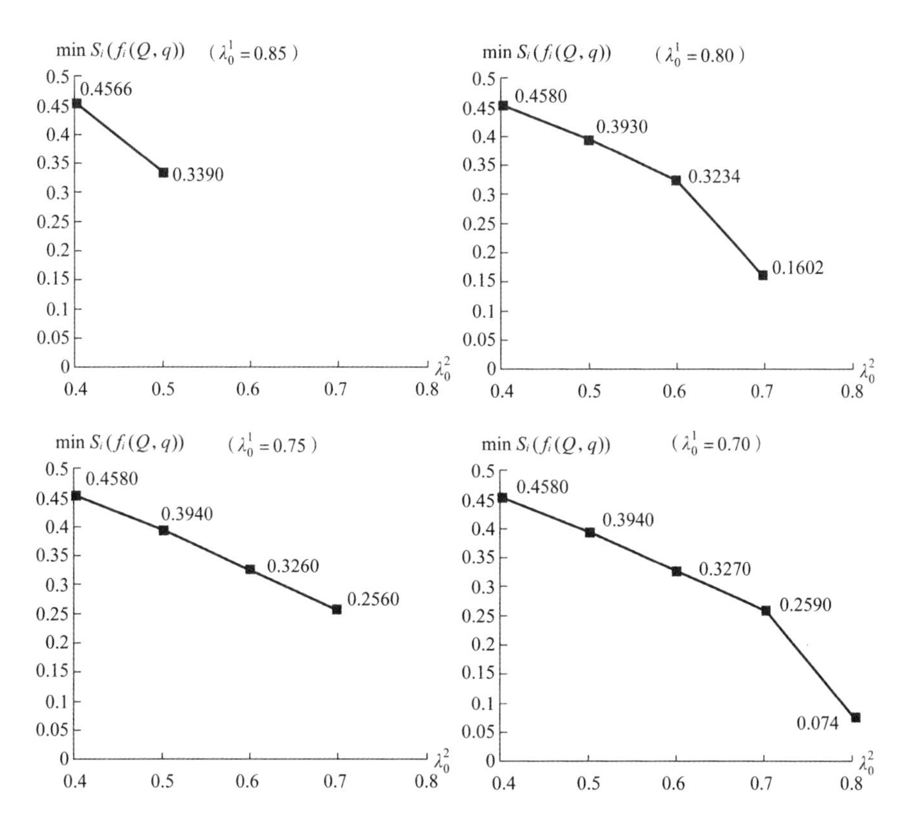

图 6.3　λ_0^1 取不同值时 min$S_i(f_i(Q,\ q))$ 随 λ_0^2 变化的趋势

如图 6.4 所示，上层流域管理局第二个目标函数的最小满意度 λ_0^2 分别为 0.4、0.5、0.6、0.7 和 0.8 时，下层决策者的最小满意度 $S_i(F_i(Q,\ q))$ 随着上层决策者第一个目标函数的最小满意度水平 λ_0^1 的增加而持续减小。这说明如果把水资源消耗和水污染都控制在一定水平，上层流域管理局分配水的公平性也会影响到下层子区域的经济效益效率，比如，当上层决策者对第二个目标函数的最小满意度为 $\lambda_0^2=0.4$ 时，随着层决策者第一个目标函数的最小满意度从 0.7—0.85 一直增加，下层决策者的最小满意度 $S_i(F_i(Q,\ q))$ 分别为 0.458、0.458、0.408 和 0.3766，呈下降趋势。由图 6.3 和图 6.4 可以得出，下层每一个子区域的经济效益效率最大化与上层流域管理局目标的 Gini 系数最小化以及社会福利函数最大化都是相互矛盾的，主导层决策者追求的水配置代内、代际两个维度的社会公平会限制从属层决策者追求经济效益效率。

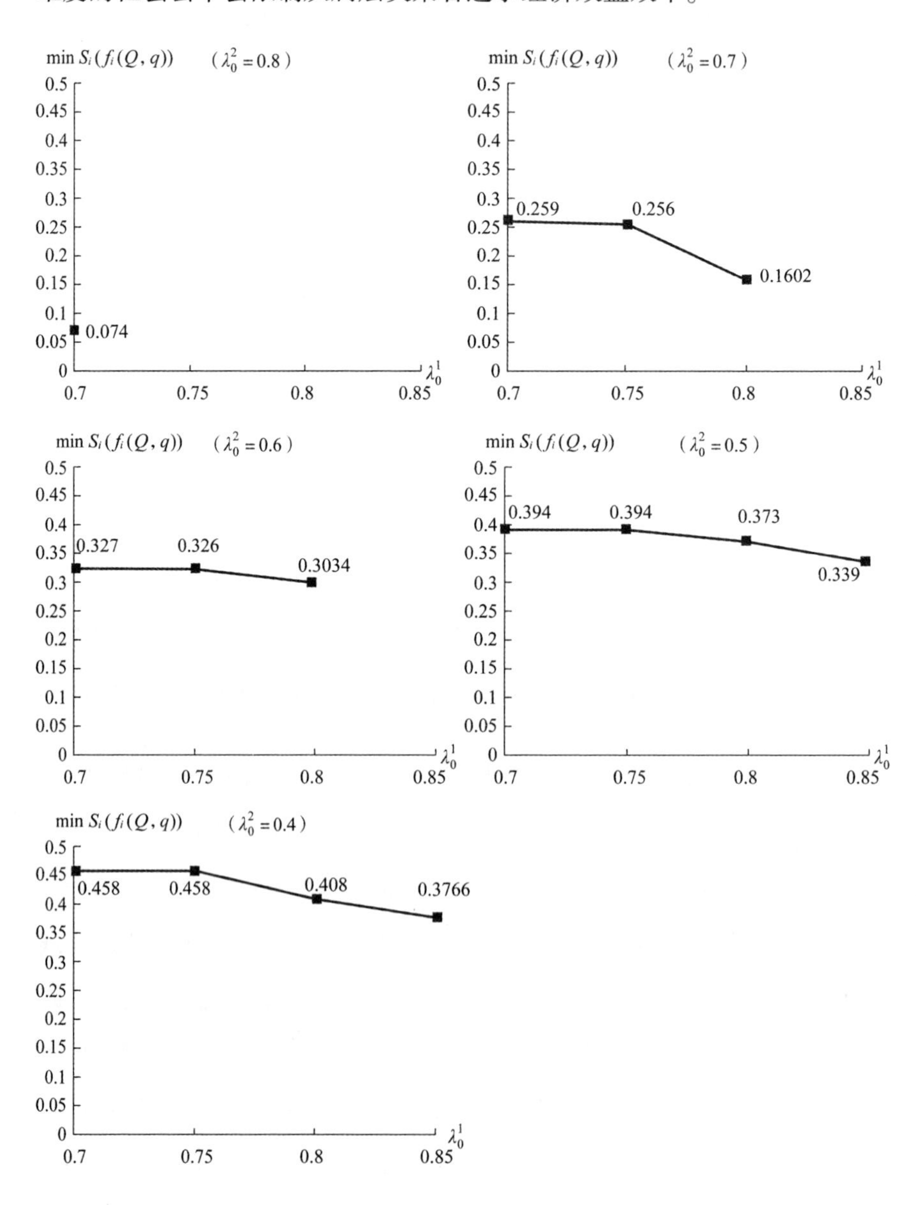

图 6.4 λ_0^2 取不同值时 $S_i(f_i(Q,q))$ 随 λ_0^1 变化的趋势

2. 方法对比分析

所研究的流域以及时间段与水污染积累的代际配置模式中的都一样，唯一不同的是在水污染积累的代际配置模式中没有考虑子分区三个用水部门的分配决策的反馈，代际公平的综合配置管理模式填补了这一空白，解决了流域管理局与子区域管理者决策的冲突问题。水污染积累的代际公平配置方法考虑了水污染的决策模式，简称 PBM，代际公平的综合配置管理模式是在第五章的基础上考虑了供需冲突的决策模式，简称 SDPBM。下面会给出两种方法的水配置结果以及一些关于总的社会经济效益效率、社会福利、累积污染量以及处理污水的费用的比较。

（1）PBM 与 SDPBM 分配结果对比

PBM 与 SDPBM 两种决策方式的水资源分配结果见表 6.4。决策方式 SDPBM 要求沱江流域管理局在保证代内和代际公平的基础上分配水资源，而且子地区以经济效益效率最大化为目标来考虑分配策略，而 PBM 要求沱江流域管理局在经济效益的基础上公平分配水资源。两者都是考虑了水环境污染，都进行了水量与水质的综合平衡，不同的 SDPBM 考虑分区对生活、工业、农业三个用水部门分配决策的反馈，而子区域管理者采取经济优先原则，以总经济效益的最大化为目标。从表 6.4 中可以看出，SDPBM 分配决策中每年总耗水量都比 PBM 决策中得到的每年总消耗水量略低，这说明 PBM 考虑的是各个子地区不同部门的经济效益效率对区域总经济效益的贡献，而 SDPBM 考虑子地区的反馈，然后再决定下一年的水分配计划，这样可以在兼顾公平分配水的同时提高水资源的利用率，减少不必要的资源浪费，从长期可持续发展方面来说，要更合理一些。正是由于 SDPBM 考虑子地区的反馈，要上层权衡决策者和下层管理者的满意度，下层各个子区域的平均经济效益效率比在 PBM 决

表 6.4 PBM 与 SDPBM 两种决策方式的分水结果

SDPBM 模式	用水量(生活/工业/农业)($10^8 m^3$)									
	2007 年	2008 年	2009 年	2010 年	2011 年	2012 年	2013 年	2014 年	2015 年	2016 年
德 阳	2. 14/2. 62/7. 15	3. 28/4/7. 28	3. 32/4. 06/7. 41	3. 36/4. 11/7. 53	3. 41/4. 17/7. 66	3. 46/4. 2/7. 79	3. 5/4. 27/7. 9	3. 54/4. 33/8. 04	3. 59/4. 39/8. 17	3. 64/4. 45/8. 3
成 都	2. 47/3. 02/8. 24	3. 72/4. 61/8. 38	3. 83/4. 68/8. 64	3. 87/4. 73/8. 96	3. 93/4. 8/9. 18	3. 98/4. 86/9. 49	4. 03/4. 92/9. 8	4. 08/4. 98/10. 1	4. 13/5. 05/10. 3	4. 2/5. 1/10. 5
绵 阳	0. 03/0. 04/0. 07	0. 03/0. 04/0. 09	0. 03/0. 04/0. 09	0. 03/0. 04/0. 08	0. 04/0. 04/0. 08	0. 04/0. 04/0. 08	0. 04/0. 04/0. 08	0. 04/0. 04/0. 08	0. 04/0. 05/0. 1	0. 04/0. 05/0. 1
资 阳	0. 43/0. 79/1. 4	0. 65/0. 8/1. 45	0. 66/0. 8/1. 48	0. 67/0. 82/1. 5	0. 68/0. 83/1. 53	0. 69/0. 84/1. 55	0. 7/0. 85/1. 58	0. 71/0. 86/1. 6	0. 72/0. 87/1. 63	0. 73/0. 89/1. 65
内 江	0. 88/1. 6/2. 92	1. 34/1. 64/2. 97	1. 36/1. 66/3. 03	1. 37/1. 68/3. 08	1. 39/1. 7/3. 1	1. 41/1. 73/3. 18	1. 43/1. 75/3. 23	1. 45/1. 77/3. 29	1. 47/1. 79/3. 34	1. 49/1. 82/3. 39
自 贡	0. 06/0. 1/0. 19	0. 09/0. 11/0. 23	0. 09/0. 11/0. 23	0. 09/0. 11/0. 23	0. 09/0. 11/0. 2	0. 09/0. 11/0. 2	0. 09/0. 11/0. 21	0. 09/0. 12/0. 21	0. 1/0. 12/0. 22	0. 1/0. 12/0. 22
乐 山	1. 37/1. 67/4. 55	2. 09/2. 55/4. 63	2. 1/2. 58/4. 72	2. 14/2. 62/4. 8	2. 17/2. 66/4. 88	2. 2/2. 69/4. 96	2. 23/2. 72/5. 04	2. 25/2. 75/5. 1	2. 29/2. 79/5. 2	2. 32/2. 83/5. 28

续表

SDPBM 模式	用水量(生活/工业/农业)(10^8m^3)									
	2007 年	2008 年	2009 年	2010 年	2011 年	2012 年	2013 年	2014 年	2015 年	2016 年
眉 山	0. 17/0. 3/0. 56	0. 26/0. 3/0. 57	0. 26/0. 32/0. 58	0. 26/0. 32/0. 59	0. 27/0. 33/0. 6	0. 27/0. 33/0. 61	0. 27/0. 33/0. 62	0. 28/0. 34/0. 63	0. 28/0. 34/0. 64	0. 28/0. 35/0. 65
宜 宾	1. 64/2. 0/5. 47	2. 5/3. 06/5. 56	2. 54/3/5. 66	2. 57/3. 14/5. 76	2. 61/3. 19/5. 86	2. 64/3. 23/5. 95	2. 67/3. 27/6. 05	2. 7/3. 31/6. 15	2. 74/3. 35/6. 25	2. 78/3. 4/6. 34
泸 州	0. 9/1. 6/3. 02	1. 38/1. 69/3. 07	1. 4/1. 71/3. 13	1. 42/1. 74/3. 18	1. 44/1. 76/3. 24	1. 46/1. 78/3. 29	1. 48/1. 8/3. 34	1. 5/1. 83/3. 4	1. 52/1. 85/3. 45	1. 54/1. 88/3. 51
每年总耗水量	71. 22	64. 88	69. 88	70. 79	75. 99	78. 65	82. 45	71. 87	88. 03	92. 76
总福利函数值	4. 3568	—	—	—	—	—	—	—	—	—
经济效益效率	0. 8075	—	—	—	—	—	—	—	—	—
PBM 模式	用水量(10^8m^3)									
	2007 年	2008 年	2009 年	2010 年	2011 年	2012 年	2013 年	2014 年	2015 年	2016 年
每年总耗水量	74. 132	66. 217	72. 049	72. 436	77. 556	81. 136	84. 559	73. 275	89. 365	95. 099
总福利函数值	3. 9478	—	—	—	—	—	—	—	—	—
经济效益效率	0. 8684	—	—	—	—	—	—	—	—	—

策中降低了2.2%，这是因为上层流域管理局追求的配水公平性与下层子区域管理者追求的经济效益效率最大化是相互矛盾的。另外，总社会福利与水消耗和水污染相关，其效用函数值因水资源消耗量增加而增大，因水污染量增加而减少。在表6.4中，SDPBM的年耗水量比PBM小，但是其总的社会福利函数值却比PBM增大了9.4%，这表明SDPBM决策中产生的污染存量要比PBM决策中产生的污染存量要小一些。

(2) 累积污染存量以及污水处理费用对比

水环境的污染与治理和水资源量的供需平衡是紧密联系的。排入河道的废水导致的水质严重下降会极大地减少有效水资源的使用量，但同时经过处理后可回用的污水也将增加有效的供水量。SDPBM分配决策中通过子区域三个用水部门产生的污水量以及处理污水费用的反馈，让上层流域管理者充分考虑到水量与水质两者的相互作用与转化，在水资源开发利用的同时注重生态环境的保护。沱江流域从2007—2016年SDPBM和PBM两种决策方式下累积污染存量以及污水处理费用，如图6.5所示。SDPBM在每一年所产生的累积污染存量都比PBM少，特别是2008年下降了26%，2014年和2015年下降了21.82%，同时，SDPBM在每一年治理污水的费用也都比PBM少一些，2007年、2009年和2016年特别突出，分别下降了15.7%、16.2%和12.7%。这也充分说明了子区域具体的污水处理效率、污水处理能力、处理后的污水回用率以及可用水资源配置方式对上层流域管理者的决策是非常重要的。

3. 重要参数情景分析

在本章提出的模型中有一些很重要的参数，比如效用函数中表示几代人对水消耗和环境质量偏好程度的μ值，污染累积函数中流域污染物吸收率α，流域排污系数β和污水处理能力γ，社会福利函数两部分不同权重θ。这些参数的取值直接影响管理者的决策，下面对这些参数进行

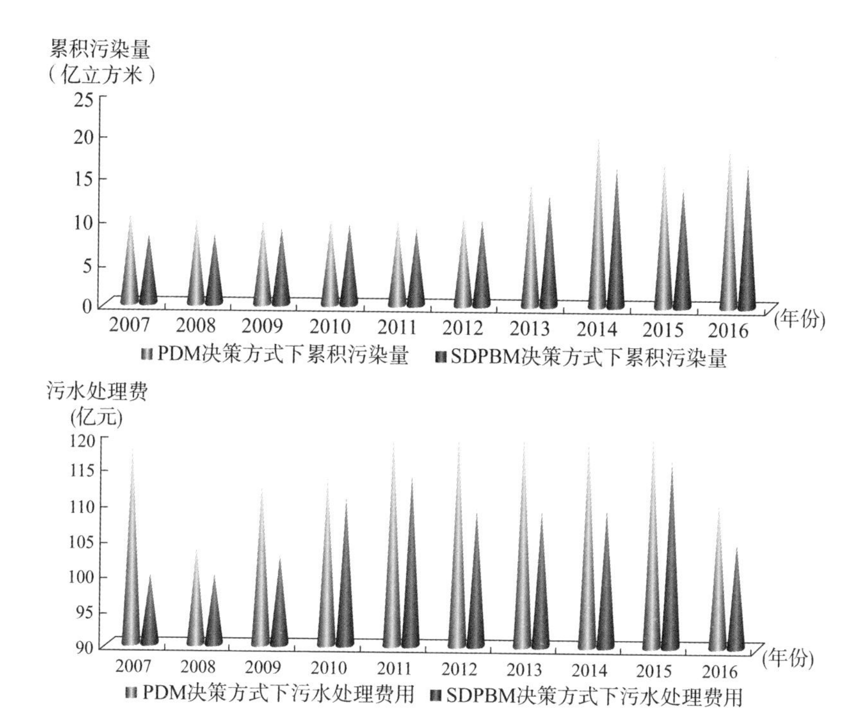

图 6.5　两种决策方式累积污染存量以及污水处理费用对比

情景分析。

（1）效用函数中 μ 值的变化

为比较决策者对水消耗和环境质量不同偏好程度导致的不同水资源配置结果，考虑了 μ 取值的 9 种可能，即 0.1、0.2、0.3、0.4、0.5、0.6、0.7、0.8 和 0.9。其他参数的取值仍然保持不变，即流域污染物吸收率 $\alpha=0.1$，流域排污系数 $\beta=0.8$，污水处理能力（每元所能处理污水的量）$\gamma=0.5$，标准时间偏好率 $\rho=0.05$，在福利函数准则中，对折扣效用流和最不利年份的效用水平依旧赋予相同权重，即 $\theta=0.5$。

沱江流域在对水消耗和环境质量不同偏好下生活、工业、农业平均用水量以及 Gini 系数、平均经济效益效率和总的社会福利函数值的变化情况如图 6.6 所示。当流域管理者对水污染的重视程度 μ 值增大时，十

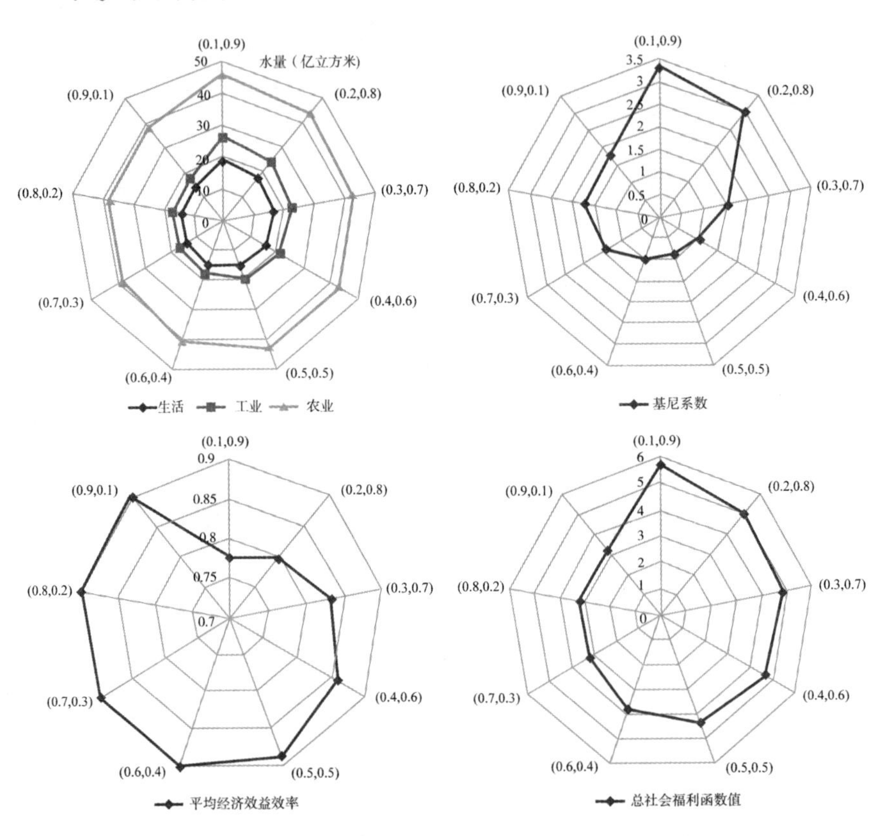

图6.6 对水消耗和环境质量不同偏好的计算结果

年中各分区三个用水部门的平均耗水量有所降低，这是因为对流域环境质量越重视，则流域累积污染存量就会变小，污水的回用率升高，流域分配到各分区的水量就自然降低，节约了资源利用。当管理者几乎不重视流域环境质量，比如在 $\mu=0.1$ 的时候，社会经济效益效率是不高的，只有 0.7745，这是因为对于环境质量较差的沱江流域，如果只关注水资源的消耗会产生污水量，自然要影响整个流域的经济效益效率。随着对环境质量的重视，也就是 μ 值不断变大时，社会经济效益效率在 0.8587—0.8999，都是比较高的。在这个时候，总的社会福利函数值不断变小，从最大值 5.7477 降低到最小值 3.2324，这表明流域管理者越重视流域环境，就越要投入更多的经费治理水污染，根据效用函数的定义公式(5.6) 可得出整个效用会降低，最终使总的社会福利降低。另外，当流域管理者对水消耗和环境质量给予相同重视程度的时候，Gini 系数的值最小，为0.88，这说明在这个时候管理者进行的水资源配置是最公平的。

(2) 污染累积函数中 α 值的变化

污染累积函数中 α 值表示流域污染物吸收率。污染物吸收率越高，流域水质越好，直接影响流域管理局的配水计划以及所投入的污水处理费用。为比较污染物吸收率 α 在 0.1 左右变化导致的不同水资源配置结果，其他参数的取值仍然保持不变，即假设决策者对水消耗和环境质量偏好程度一致，$\mu=0.5$，流域年内污水排放量与用水量之比 $\beta=0.8$，污水处理能力 $\gamma=0.5$，假设 $\rho=0.05$ 是标准时间偏好率，决策者对折扣效用流和最不利年份的效用水平依旧赋予相同权重，即 $\theta=0.5$。不同流域污染物吸收率的计算结果见表 6.5。

表 6.5　不同流域污染物吸收率的计算结果

	年份	存储量 (10^8m^3)	水消耗量 (10^8m^3)	污水处理费 (10^8元)	累计污染量 (10^8m^3)	Gini 系数	经济效益效率	总社会福利
$\alpha=0.08$	2007	103	71.22	114.725	9.7	Gini = 0.965	$AEB=0.811$	$W=3.054$
	2008	96.972	64.88	103.088	9.6			
	2009	101.78	69.59	109.742	9.5			
	2010	97.3	70.79	111	10			
	2011	98.11	75.99	119.372	10			
	2012	98.34	78.65	120	10			
	2013	96.58	82.45	120	11.131			
	2014	95	71.87	120	17.922			
	2015	97.2	88.03	120	12.487			
	2016	99.67	92.76	120	21.917			

续表

	年份	存储量 (10^8m^3)	水消耗量 (10^8m^3)	污水处理费(10^8元)	累计污染量(10^8m^3)	Gini 系数	经济效益效率	总社会福利
α = 0.12	2007	103	72.18	120	11.1	Gini = 0.921	AEB = 0.817	W = 3.969
	2008	97.344	73.41	120	10.56			
	2009	95.2	72.839	101.056	10			
	2010	94.45	71.436	116.796	10.56			
	2011	95	80.802	120	10			
	2012	94	83.942	120	12.067			
	2013	95.32	81.39	120	15.25			
	2014	95	77.712	120	18.767			
	2015	99.11	90.324	120	17.656			
	2016	95	94.667	120	22.47			

当污染吸收率 α 在 0.1 周围做微小变化时，下层子区域平均经济效益效率变化不大，并且都还比较高，为 0.811—0.817。这说明流域污染物吸收率的大小，直接影响水质的好坏，但是流域子区域管理者的目的是获得更多的水资源，追求经济效益效率最大化，因此，流域污染物吸收率的高低并不很影响各个子区域的经济效益效率。对上层流域管理者而言，流域污染物吸收率的变化也不大影响 Gini 系数的值，在 0.921—0.965，分水的公平性能够得以满足。但是，当污染吸收率 $\alpha = 0.08$ 时，流域管理者的第二个目标社会福利函数最大化的值为 3.054；相反，当污染物吸收率提高，在 $\alpha = 0.12$ 时，总的社会福利函数值提高了 29.9%，为 3.969。另外，从表 6.5 可以看出，当 α 值变大，也就是污染吸收率提高时，累积污染存量逐渐变小［(140.929 < 143.437) 10^8m^3］，相应污染处理费用在减少［(1161.402 < 1168.708) 10^8 元］。这说明流域污染吸收率的大小直接影响累积的污染存量和相应的处理费用，由于效用函数与水的消耗量和污染量都有关，所以流域污染吸收率的大小也会影响总的

社会福利函数值。为了保证上层决策者流域管理局公平把水分到各个子区域，并且在一段时间内最大化社会福利值，以及保证下层子区域管理者获取较高的社会经济效益效率，保证整个流域可持续发展，相应的污水处理费用也必须随流域污染吸收率的大小做出相应调整。

（3）污染累积函数中 β 值的变化

污染累积函数中 β 值表示流域排污系数，也就是流域污染物排放系数，是一定的计量时间内污水排放量与用水量之比。排污系数的大小直接影响流域污水存量、污水处理费用以及今后可用的水量，是管理者在做决策时需要重点考虑的另一因素。为比较流域排污系数 β 在 0.8 左右变化时导致的不同水资源配置结果，其他参数的取值仍然保持不变，即假设决策者对水消耗和环境质量偏好程度一致，$\mu=0.5$，流域污染物吸收率 $\alpha=0.1$，污水处理能力 $\gamma=0.5$，假设 $\rho=0.05$ 是标准时间偏好率，决策者对折扣效用流和最不利年份的效用水平依旧赋予相同权重，即 $\theta=0.5$。不同流域排污系数下的计算结果见表 6.6。

表 6.6　　　　不同流域排污系数的计算结果

	年份	存储量 (10^8m^3)	水消耗量 (10^8m^3)	污水处理费 (10^8元)	累计污染量 (10^8m^3)	Gini 系数	经济效益效率	总社会福利
β = 0.78	2007	103	71.22	114.725	9.7	Gini = 0.765	AEB = 0.841	W = 4.654
	2008	96.972	64.88	103.088	9.6			
	2009	101.78	69.59	109.742	9.5			
	2010	97.3	70.79	111	10			
	2011	98.11	75.99	119.372	10			
	2012	98.34	78.65	120	10			
	2013	96.58	82.45	120	11.131			
	2014	95	71.87	120	17.922			
	2015	97.2	88.03	120	12.487			
	2016	99.67	92.76	120	21.917			

续表

	年份	存储量（10^8m^3）	水消耗量（10^8m^3）	污水处理费（10^8元）	累计污染量（10^8m^3）	Gini系数	经济效益效率	总社会福利
β = 0.82	2007	103	72.18	120	11.1	Gini = 2.021	AEB = 0.757	W = 3.996
	2008	97.344	73.41	120	10.56			
	2009	95.2	72.839	101.056	10			
	2010	94.45	71.436	116.796	10.56			
	2011	95	80.802	120	10			
	2012	94	83.942	120	12.067			
	2013	95.32	81.39	120	15.25			
	2014	95	77.712	120	18.767			
	2015	99.11	90.324	120	17.656			
	2016	95	94.667	120	22.47			

当流域排污系数β=0.78时，总社会福利函数值为4.654，社会经济效益效率为0.841，Gini系数值为0.765，十年累积污染存量为108.557×10^8m^3，处理污水的总费用为1078.927×10^8元。也就是说，当流域排污系数β变小时，累积污染存量会降低，同时污水处理的费用会减少，总的社会福利值会升高，得到更高的经济效益效率，污染存量的降低使得可用水资源量增多，各个区域间水资源的配置更加公平。另外，当β=0.82时，总社会福利函数值为3.996，社会经济效益效率为0.757，Gini系数值为2.021，十年累积污染存量为134.879×10^8m^3，处理污水的总费用为1147.321×10^8元。也就是说，流域排污系数β变大时，累积污染存量会增加，同时污水处理的费用会增多，总的社会福利值会降低，同时经济效益效率也会降低，各个区域间水资源配置的公平性也会降低。

这表明污染排放系数越小，排放到流域的污水越少，增加了有效水资源量，对经济、环境以及公平分配资源越有利。

（4）污染累积函数中 γ 值的变化

污染累积函数中 γ 值表示流域排污效果，也就是也就是污水处理能力，在文中是指每元所能处理的污水量，是管理者在做决策时需要考虑的一个重点。为比较流域排污效果 γ 变化导致的不同水资源配置结果，其他参数的取值仍然保持不变，即假设决策者对水消耗和环境质量偏好程度一致，$\mu=0.5$，流域污染物吸收率 $\alpha=0.1$，年内污水排放量与用水量之比 $\beta=0.8$，假设 $\rho=0.05$ 是标准时间偏好率，决策者对折扣效用流和最不利年份的效用水平依旧赋予相同权重，即 $\theta=0.5$。不同流域排污效果下的计算结果见表 6.7。

表 6.7　不同排污效果的计算结果

	年份	存储量（10^8m^3）	水消耗量（10^8m^3）	污水处理费（10^8元）	累计污染量（10^8m^3）	Gini 系数	经济效益效率	总社会福利
γ = 0.48	2007	103	70.013	120	11.1	Gini = 1.988	AEB = 0.765	W = 3.804
	2008	98.514	69.25	120	10			
	2009	98.127	64.681	109.052	10			
	2010	95	70.436	118.644	10			
	2011	95	72.802	120	10			
	2012	95	74.716	120	13.642			
	2013	96.996	79.341	120	15.251			
	2014	95	64.11	120	23.599			
	2015	95	90.7	120	14.916			
	2016	95	92.7	120	30.784			

续表

	年份	存储量(10^8m^3)	水消耗量(10^8m^3)	污水处理费(10^8元)	累计污染量(10^8m^3)	Gini系数	经济效益效率	总社会福利
$\gamma=0.52$	2007	103	75.527	100.178	8.88	Gini = 0.596	$AEB=0.828$	$W=4.037$
	2008	95	71.291	97.756	8.88			
	2009	95	62.439	94.137	8.88			
	2010	95	72.436	99.534	9.48			
	2011	95	77.802	99.77	9.0			
	2012	95	81.853	100.56	10			
	2013	96.95	91.3	108.36	10			
	2014	95	72.908	120	11.51			
	2015	95.679	93.7	120	9.28			
	2016	95	94.66	120	17.32			

当排污效果$\gamma=0.48$时，总社会福利函数值为3.804，社会经济效益效率为0.765，Gini系数值为1.988，十年累积污染存量为$139.34\times10^8m^3$，处理污水的总费用为1176.688×10^8元。这说明，流域排污效果，也就是污水处理能力γ变小时，累积污染存量会增加，污染导致的水质严重下降会极大地减少有效水资源量，从而降低各分区水资源分配的公平性，同时，为保证流域可持续发展，污水处理的费用会相应增加，总的社会福利值会降低，经济效益效率也会降低。另外，当排污效果$\gamma=0.52$时，总社会福利函数值为5.037，社会经济效益效率为0.828，Gini系数值为0.596，10年累积污染存量为$116.305\times10^8m^3$，处理污水的总费用为1089.361×10^8元。也就是说，流域排污效果，即污水处理能力γ变大时，累积污染存量会减少，可利用的水资源增加，各分区水配置更加公平，同时，污水处理的费用会相应降低，总的社会福利值会升高，得到更高的经济效益效率。这表明，排污效果代表污水处理的能力大小，γ的值越大，表示污水处理能力越强，流入河道的污水越少，

有效供水量增加，对流域经济、环境以及合理配置水资源越有利。

（5）福利函数两部分权重（θ 取值）的变化

上层流域管理局的第二个目标是追求一段时间内社会福利函数最大化，以此保证水资源分配的代际公平。这个社会福利函数是两个函数的加权平均值，一个是标准贴现效用和；另一个是 Rawlsian 效用部分，它特别强调最弱势群体的效用，这里的效用函数同时与水消耗和水污染相关。赋予贴现效用流的正权重 $1-\theta$ 意味着对未来的非独裁，同时考虑现在的水需求；赋予 Rawlsian 效用部分的正权重 θ 确保了对当前的非独裁，同时考虑未来的水需求。因此，福利函数中不同的权重会产生不同的用水策略，这也是流域当局考虑流域用水代际公平的另一个重要因素。这里考虑了 θ 的 9 种可能取值，即 0.1、0.2、0.3、0.4、0.5、0.6、0.7、0.8 和 0.9。其他参数的取值仍然保持不变，即流域污染物吸收率 $\alpha=0.1$，流域排污系数 $\zeta=0.8$，污水处理能力（每元所能处理污水的量）$\gamma=0.5$，标准时间偏好率 $\rho=0.05$，同时假设几代人对水消耗和环境质量的偏好程度相同，即 $\mu=0.5$。

福利函数两部分权重变化时相应的计算结果见表 6.8 和表 6.9。当 θ 取值分别为 0.1、0.2、0.3、0.4 时，每一年的水消耗量、污水处理费用以及累积污染量都保持不变，下层各个子区域的平均经济效益效率也都没有变化，为 0.806。对于上层决策者的两个目标来说，Gini 系数的值都比较小，在 0.076—0.088，但是随着 θ 取值从 0.1—0.4 变大，总的社会福利函数值不断下降，最终下降了 28.8%。这说明流域管理局增加了赋予社会福利函数准则中的 Rawlsian 效用部分的权重，也就是考虑了后代的用水状况以谋求资源可持续发展，这必然会导致当前总社会福利的降低。另外，基尼系数的取值很小，代表流域管理局分水很公平，这是因为虽然社会福利函数准则中的 Rawlsian 效用部分的权重一直在增大，但是始终小于赋予标准贴现效用和的权重，说明决策者更多地注重当前经济发展，当代人拥有更大的利用水资源的权利，因此流域管理局在保持各个子区域较高的经济效益效率的情况下，依然能够保持分水的公平性。

表 6.8 福利函数两部分权重变化时的计算结果（$\theta=0.1$，0.2，0.3，0.4）

	年份	存储量（10^8m^3）	消耗量（10^8m^3）	污水处理费（10^8元）	累积污染量（10^8m^3）
$\theta=0.1$	2007	103	75.013	120	11.1
	2008	95.514	72.036	113.258	10
	2009	95	62.439	97.903	10
	2010	95	72.436	113.898	10
	2011	95	77.802	120	10
	2012	95	79.75	120	11.242
	2013	97.187	87.79	120	13.918
	2014	95	68.05	120	22.754
	2015	95	93.7	120	14.916
	2016	95	94.775	120	28.384
	Gini 系数值		总福利函数值		经济效益效率
	Gini = 0.076		$W=6.633$		$AEB=0.806$
$\theta=0.2$	2007	103	75.013	120	11.1
	2008	95.514	72.036	113.258	10
	2009	95	62.439	97.903	10
	2010	95	72.436	113.898	10
	2011	95	77.802	120	10
	2012	95	79.75	120	11.242
	2013	97.187	87.79	120	13.918
	2014	95	68.05	120	22.754
	2015	95	93.7	120	14.916
	2016	95	94.775	120	28.384
	Gini 系数值		总福利函数值		经济效益效率
	Gini = 0.076		$W=5.934$		$AEB=0.806$

续表

	年份	存储量 (10^8m^3)	消耗量 (10^8m^3)	污水处理费 (10^8 元)	累积污染量 (10^8m^3)
θ=0.3	2007	103	75.013	120	11.1
	2008	95.514	72.036	113.258	10
	2009	95	62.439	97.903	10
	2010	95	72.436	113.898	10
	2011	95	77.802	120	10
	2012	95	79.75	120	11.242
	2013	97.187	87.79	120	13.918
	2014	95	68.05	120	22.754
	2015	95	93.7	120	14.916
	2016	95	94.775	120	28.384
	Gini 系数值 Gini=0.079		总福利函数值 W=5.261		经济效益效率 AEB=0.806
θ=0.4	2007	103	75.013	120	11.1
	2008	95.514	72.036	113.258	10
	2009	95	62.439	97.903	10
	2010	95	72.436	113.898	10
	2011	95	77.802	120	10
	2012	95	79.75	120	11.242
	2013	97.187	87.79	120	13.918
	2014	95	68.05	120	22.754
	2015	95	93.7	120	14.916
	2016	95	94.775	120	28.384
	Gini 系数值 Gini=0.088		总福利函数值 W=4.521		经济效益效率 AEB=0.806

表 6.9　福利函数两部分权重变化时的计算结果（θ=0.6，0.7，0.8，0.9）

	年份	存储量（$10^8 m^3$）	消耗量（$10^8 m^3$）	污水处理费（10^8 元）	累积污染量（$10^8 m^3$）
θ=0.6	2007	103	75.013	120	11.1
	2008	95.514	69.223	108.756	10
	2009	97.813	66.257	104.011	10
	2010	95	72.436	113.898	10
	2011	95	77.802	120	10
	2012	95	81.455	120	11.242
	2013	95.482	82.023	120	15.282
	2014	95	78.457	120	19.372
	2015	98.967	81.675	120	20.2
	2016	95	89.998	120	23.521
	Gini 系数值 Gini =0.179		总福利函数值 W =3.322		经济效益效率 AEB =0.788
θ=0.7	2007	103	69.486	111.157	11.1
	2008	101.04	74.339	116.942	10
	2009	100.69	69.048	108.477	10
	2010	96.096	74.017	116.427	10
	2011	95	77.802	120	10
	2012	95	81.672	120	11.242
	2013	95.265	81.278	120	15.455
	2014	95	78.338	120	18.932
	2015	100.79	81.555	120	19.709
	2016	99.621	80.999	120	22.982
	Gini 系数值 Gini =0.232		总福利函数值 W =2.686		经济效益效率 AEB =0.754

续表

	年份	存储量($10^8 m^3$)	消耗量($10^8 m^3$)	污水处理费(10^8 元)	累积污染量($10^8 m^3$)
$\theta=0.8$	2007	103	75.013	120	11.1
	2008	95.514	72.036	113.258	10
	2009	95	62.439	107.903	10
	2010	95	72.436	113.898	10
	2011	95	77.802	120	10
	2012	95	80.802	120	11.242
	2013	96.135	84.252	120	14.76
	2014	95	77.116	120	20.685
	2015	95	75.717	120	20.31
	2016	95	75.711	120	18.852
	Gini 系数值 $Gini=0.279$		总福利函数值 $W=1.917$		经济效益效率 $AEB=0.744$
$\theta=0.9$	2007	103	75.013	120	11.1
	2008	95.514	72.036	113.258	10
	2009	95	62.439	107.903	10
	2010	95	72.436	113.898	10
	2011	95	77.802	120	10
	2012	95	81.937	120	11.242
	2013	95	80.36	120	15.667
	2014	95	78.233	120	18.389
	2015	102.94	81.413	120	19.136
	2016	105.07	70.411	120	20.353
	Gini 系数值 Gini = 0.325		总福利函数值 $W=1.381$		经济效益效率 $AEB=0.738$

随着 θ 取值从 0.6 到 0.9 继续增加，总的社会福利函数值一直下降，当 $\theta=0.6$ 时，福利函数值为 3.322，当 $\theta=0.9$ 时，福利函数值为 1.38，又大幅下降了 58.5% 。同时，当 θ 取值越来越大，也就是管理者过多考虑后代用水情况而轻当代经济发展时，必然会严格控制水资源消耗量，一方面会对总的经济效益效率有一定影响，比如当 $\theta=0.6$ 时，经济效益效率为 0.754，当 $\theta=0.9$ 时，社会经济效益效率为 0.738，有一个小幅度的下降；另一方面也会影响上层目标函数 Gini 系数的取值，比如当 $\theta=0.6$ 时，Gini 系数值为 0.179，当 $\theta=0.9$ 时，Gini 系数值为 0.325，这说明当目前的用水量减少时，又要考虑下层子区域的平均经济效益效率，那就一定会降低流域管理局分水到各个子区域的公平性，为了保持较高的总经济效益效率，就可能将水更多的分给经济效益较高的子区域。另外，随着 θ 取值增加，每一年的水消耗量、污水处理费用以及累积污染量也出现了变化，这从表 6.9 可以看出。比如，当 θ 值从 0.6—0.9 一直变大时，十年总水消耗量在一直减少［$(752.08 < 753.324 < 768.534 < 774.339)10^8m^3$］，污染处理费用在增加［$(1175.059 = 1175.059 > 1173.003 > 1166.665)10^8$ 元］，累积污染存量在减少［$(135.887 < 136.949 < 139.42 < 140.717)10^8m^3$］。这说明流域管理者如果更多考虑后代用水情况，就需要投入更多的污水处理费用，降低累积污染存量，才能保证后代获得优质水源。

（四）政策建议

上述结果有助于流域水资源可持续配置的研究，接下来给出一些管理建议，希望能有力协助流域管理局在复杂的水资源网络中制定合理的分配政策。

首先，注意今世后代取水平衡。流域水资源配置可持续原则实际上是代际间的水资源利用公平性原则，它要求子孙后代享有与当代相同的水资源利用权力，以及水资源产生的总社会福利不降低。尽管各用水户的用水量及其相关系数可以随时间变化，其产生的综合效益值也有很大差别，但必须协调近期与远期之间、当代与后代之间对水资源的利用，而不是掠夺性地开采，甚至破坏。使用前文提出的优化模型，能够保证在很长一段时间内总的社会福利达到最大值，找到可持续用水的最优路径。

其次，注意水资源供需平衡。水资源系统具有各种各样的活动和目标，并且具有复杂的供需矛盾，流域可持续发展要保证需水和供水间的动态平衡，这也是区域水管理局与各个子区域水管理者之间不断交互的过程。水资源代际公平配置综合模式设计的是一个用户友好的水资源分配模型，区域水管理局旨在从代内和代际角度出发，实现水资源空间和时间两个维度的公平配置，各个分区管理者旨在最大化三个用水部门的经济效益效率，两个决策层中的决策行为是一种 Stackelberg 博弈，下层的分配结果不断向上层反馈，最终实现主导层决策层的 Stackelberg-Nash 均衡。从前面的对比结果中发现，通过代际公平下的交互式模型能够找到更合理、更优的动态供需平衡策略。

最后，注意水消耗与水环境平衡。与水资源量的需求与供给一样，流域管理者还要考虑流域整个经济总量与水环境的污染间的动态平衡，也就是水资源消耗量、污水排放量、污水处理量以及污水回用量之间的平衡。从前面的重要参数情景分析中发现，水资源消耗的增加会产生更多的水污染，污染导致的水质严重下降会极大地减少有效水资源量，同时处理后可回用的污水又会增加有效供水量。因此水消耗与水环境的动态平衡也是水量与水质的综合平衡，两者之间的作用与转化是流域管理者在制定政策时需要考虑的。

四 本章小结

在以流域可持续发展为目标的水资源合理配置过程中，必须保持流域中若干基本的平衡关系，才能保证合理配置策略是有效可行的，在此基础上提出了代际公平的水资源综合配置模型。模型通过最大化社会福利函数来满足今世后代用水需求，在效用函数中同时考虑水消耗和水污染以平衡流域经济增长与环境质量，考虑主导层和从属层不断交互以解决多重决策者之间的利益冲突，为流域管理局水资源综合管理提供了一个更合理、更全面的配置方案。接着通过沱江流域2007—2016年十个主要子区域以及每个区域的三个用水部门的水资源量和水环境相关数据，来论证该模型在对流域水资源配置进行可持续综合管理的实用性和有效性。然后将模型结果从水资源消耗总量、污染累积量、污水处理费用以及总社会福利和社会经济效益效率几个方面进行比较分析，并对水环境质量偏好程度、流域污染物排放系数以及污水处理能力三个重要参数进行情景分析。结果表明，这种综合配置模式相比现有的一些配置方案，更能够合理控制水资源利用率，减少多年积累的污染量，增加可以利用的水资源，提高水资源分配的公平性，获得更高的社会福利，提高整个社会经济效益效率。其主要创新体现为在代际公平视阈下，提出了一种水资源综合配置策略来解决水资源网络中的各种复杂问题。一方面，该模型既解决了当代与后代用水需求的冲突，也解决了流域经济增长与流域环境之间的冲突，还解决了多重决策者之间的利益冲突，同时满足了水资源配置有效性、公平性以及可持续性三个基本原则，厘清了水资源合理配置中今世后代取水平衡、流域水资源供需平衡以及水消耗与水环境平衡三种最基本的平衡关系；另一方面，以水质和水量都存在严重问题的沱江流域为研究对象，对于该优化配置方案的求解结果进行了比较分析和重要参数的情景分析，并根据分析结果进一步向流域管理者提供了可靠的管理建议。

参考文献

白瑞雪：《生态经济学中的代际公平研究前沿进展》，《社会科学研究》2012年第6期。

金姗姗、吴凤平、尤敏：《总量控制下区域水资源差别化配置优化研究》，《水电能源科学》2017年第6期。

罗丽艳：《自然资源参与分配——兼顾代际公平与生态效率的分配制度》，《中国地质大学学报》（社会科学版）2009年第9期。

李建勋、解建仓、申静静等：《基于复杂性理论的水资源配置框架及方法体系》，《水电能源科学》2017年第1期。

卢黎歌、李小京：《论代际伦理、代际公平与生态文明建设的关系》，《西安交通大学学报》（社会科学版）2012年第32期。

马永喜、王娟丽、王晋：《基于生态环境产权界定的流域生态补偿标准研究》，《自然资源学报》2017年第32期。

宋旭光：《代际公平的经济解释》，《内蒙古农业大学学报》（社会科学版）2003年第5期。

隋丹、王漫天：《水资源可持续利用伦理研究》，《上海管理科学》2012年第34期。

王苗苗、马忠、惠翔翔：《基于SDA法的水资源管理评价——以黑河流域张掖市为例》，《管理评论》2018年第30期。

王晔、张慧芳:《可持续发展的代际资源管理》,《经济问题》2005 年第 6 期。

徐玉高:《可持续发展中的公平与效率问题》,《清华大学学报》(哲学社会科学版)2000 年第 4 期。

夏洪胜:《Stackelberg 主从对策的下层多人两层决策问题的交互式决策方法》,《系统管理学报》1994 年第 2 期。

颜俊:《可持续发展中的代际关系研究》,《中国人口·资源与环境》2007 年第 17 期。

张勇:《"代际公平"问题的测定和对策研究》,《科学管理研究》2005 年第 23 期。

A. John, R. Pecchenino, "An Overlapping Generations Model of Growth and the Environment", *Economic Journal*, 1994, 104 (427): 1393 –1410.

A. Maass, *Design of Water Resource Systems*, Harvard University Press, 1962.

Adrian Treves, Kyle A. Artelle, Chris T. Darimont, "Intergenerational Equity can Help to Prevent Climate Change and Extinction", *Nature Ecology & Evolutionvolume*, 2018, 2: 192 –204.

Alan F. Blumberg, F. Asce, Nickitas Georgas, et al. , "Quantifying Uncertainty in Estuarine and Coastal Ocean Circulation Modeling", *Journal of Hydraulic Engineering*, 2008, 134 (4): 403 –415.

Amos Zemel, "Precaution under Mixed Uncertainty: Implications for Environmental Management", *Resource & Energy Economics*, 2012, 34 (2): 188 –197.

Andrea Beltratti, Graciela Chichilnisky, Geoffrey Heal, *Sustainable Use of*

Renewable Resources, Springer Netherlands, 1998.

Avinash Dixit, Peter Hammond, "On Hartwick's Rule for Regular Maximin Paths of Capital Accumulation and Resource Depletion", *Review of Economic Studies*, 1980, 47 (3): 551 -556.

B. J. Cardinale, "Biodiversity Improves Water Quality through Niche Partitioning", *Nature*, 2011, 472 (7341): 86 -90.

Ben J. Heijdra, Pim Heijnen, Fabian Kindermann, "Optimal Pollution Taxation and Abatement when Leisure and Environmental Quality are Complements", *De Economist*, 2015, 163 (1): 95 -122.

Bhaskar Nath, *Some Issues of Intragenerational and Intergenerational Equity and Measurement of Sustainable Development*, Springer Netherlands, 2000.

Bjorn Stevens, Sandrine Bony, "What are Climate Models Missing?", *Science*, 2013, 340 (6136): 1053 -1054.

Brian Richter, *Water Resource Economics: The Analysis of Scarcity, Policies, and Projects*, Island Press/Center for Resource Economics, 2014.

C. J. Vörösmarty, P. Green, J. Salisbury, et al., "Global Water Resources: Vulnerability from Climate Change and Population Growth", *Science*, 2000, 289 (5477): 284 -288.

C. J. Vörösmarty, A. Y. Hoekstra, S. E. Bunn, et al., "Fresh Water Goes Global", *Science*, 2015, 349 (6247): 478 -479.

C. J. Vörösmarty, P. B. Mcintyre, M. O. Gessner, et al., "Global Threats to Human Water Security and River Biodiversity", *Nature*, 2010, 467: 555 -561.

Cao Dong, Wang Lin, Yaozhong Wang, "Endogenous Fluctuations Induced by Nonlinear Pollution Accumulation in an Olg Economy and the Bifurcation

Control", *Economic Modelling*, 2011, 28 (6): 2528 – 2531.

Chaomei Chen, Fidelia Ibekwe-Sanjuan, Jianhua Hou, "The Structure and Dynamics of Cocitation Clusters: A Multiple-Perspective Cocitation Analysis", *Journal of the American Society for Information Science & Technology*, 2010, 61 (7): 1386 – 1409.

Chaomei Chen, "Citespace ii: Detecting and Visualizing Emerging Trends and Transient Patterns in Scientific Literature", *Journal of the Association for Information Science and Technology*, 2014, 57 (3): 359 – 377.

Charles Figuieres, Ngo Van Long, Mabel Tidball, "The MBR Intertemporal Choice Criterion and Rawls' Just Savings Principle", *Mathematical Social Sciences*, 2016, 85: 11 – 22.

Chih Cheng Chen, "Assessing the Pollutant Abatement Cost of Greenhouse Gasemission Regulation: A Case Study of Taiwan's Freeway Bus Service Industry", *Environmental & Resource Economics*, 2015, 61 (4): 1 – 19.

Claudia Baldwin, Mark Hamstead, *Integrated Water Resource Planning: Achieving Sustainable Outcomes*, Routledge, 2017.

Corrado Gini, "Measurement of Inequality of Incomes", *Economic Journal*, 1921, 31 (121): 124 – 126.

D. P. Loucks, Van Beek, J. R. Stedinger, *Water Resources Systems Planning and Management: An Introduction to Methods, Models and Applications*, Springer International Publishing, 2017.

D. Viviroli, D. R. Archer, W. Buytaert, "Climate Change and Mountain Water Resources: Overview and Recommendations for Research, Management and Policy", *Hydrology and Earth System Sciences*, 2011, 15: 471 – 504.

Daniel W. Bromley, "The Ideologyof Efficiency: Searching for a Theory of

Policy Analysis", *Journal of Environmental Economics & Management*, 1990, 19 (1): 86-107.

David E. McNabb, *Water Resource Management: Sustainability in an Era of Climate Change*, Palgrave Macmillan, 2017.

Dustin Garrick, Jim W. Hall, "Water Security and Society: Risks, Metrics, and Pathways", *Annual Review of Environment & Resources*, 2014, 39 (1): 611-639.

E. B. Weiss, "In Fairnessto Future Generations", *Environment Science & Policy for Sustainable Development*, 1990, 32 (3): 6-31.

E. B. Weiss, "The Planetary Trust: Conservationand Intergenerational Equity", *Ecology Law Quarterly*, 1984, 19 (3): 284-286.

E. Burmeister, P. J. Hammond, "Maximin Paths of Heterogeneous Capital Accumulation and the Instability of Paradoxical Steady States", *Econometrica*, 1977, 45 (4): 853-870.

E. Papargyropoulou, R. Padfifield, O. Harrison, et al., "The Rise of Sustainability Services for the Built Environment in Malaysia", *Sustainable Cities & Society*, 2012, 5: 44-51.

E. Roghanian, M. B. Aryanezhad, S. J. Sadjadi, "Integrating Goal Programming, Kuhn-Tucker Conditions, and Penalty Function Approaches to Solve Linear Bi-level Programming Problems", *Applied Mathematics & Computation*, 2008, 195 (2): 585-590.

Elias Salameh, Arwa Tarawneh, "Assessing the Impacts of Uncontrolled Artesian Flows on the Management of Groundwater Resources in the Jordan Valley", *Environmental Earth Sciences*, 2017, 76 (7): 291.

Eliasson Jan, "The Rising Pressure of Global Water Shortages", *Nature*,

2015, 517 (7532): 6.

Elon Kohlberg, "A Model of Economic Growth with Altruism Between Generations", *Journal of Economic Theory*, 1976, 13 (1): 1-13.

Emilio Padilla, "Intergenerational Equityand Sustainability", *Ecological Economics*, 2004, 41 (1): 69-83.

Erling Holden, Kristin Linnerud, David Banister, "Sustainable Development: Our Common Future Revisited", *Global Environmental Change*, 2014, 26 (26): 130-139.

Erren Yao, Huanran Wang, Ligang Wang, et al., "Multiobjective Optimization and Exergoeconomic Analysis of a Combined Cooling, Heating and Power Based Compressed Air Energy Storage System", *Energy Conversion & Management*, 2017, 138: 199-209.

F. P. Ramsey, "A Mathematical Theory of Saving", *Economic Journal*, 1928, 38 (152): 543-559.

Fangjie Cong, Yanfang Diao, "Sustainable Evaluation of Urban Water Resources and Environment Complex System in North Coastal Cities", *Procedia Environmental Sciences*, 2011, 11: 798-802.

Fouad El Ouardighi, Hassan Benchekroun, Dieter Grass, "Controlling Pollution and Environmental Absorption Capacity", *Annals of Operations Research*, 2014, 220 (1): 111-133.

Francisco Alvarez-Cuadrado, Ngo Van Long, "A Mixed Bentham-Rawls Criterion for Intergenerational Equity: Theory and Implications", *Journal of Environmental Economics & Management*, 2009, 58 (2): 154-168.

G. E. Diaz, T. C. Brown, "Aquarius: A Modeling System for River Basin Water Allocation", *Neuroendocrinology*, 1997, 38 (2): 145-51.

G. J. Syme, B. E. Nancarrow, J. A. McCreddin, "Defining the Components of Fairness in the Allocation of Water to Environmental and Human Uses", *Journal of Environmental Management*, 1999, 57 (57): 51 - 70.

G. J. Syme, B. E. Nancarrow, "Achieving Sustainability and Fairness in Water Reform", *Water International*, 2006, 31 (1): 23 - 30.

G. J. Syme, B. E. Nancarrow, "Incorporating Community and Multiple Perspectives in the Development of Acceptable Drinking Water Source Protection Policy in Catchments Facing Recreation Demands", *Journal of Environmental Management*, 2013, 129 (18): 112 - 123.

G. J. Syme, E. Kals, B. E. Nancarrow, et al., "Ecological Risks and Community Perceptions of Fairness and Justice: A Cross-Cultural Model", *Human & Ecological Risk Assessment an International Journal*, 2006, 12 (1): 102 - 119.

G. J. Syme, "Acceptable Risk and Social Values: Struggling with Uncertainty in Australian Water Allocation", *Stochastic Environmental Research & Risk Assessment*, 2014, 28 (1): 113 - 121.

G. Martinsen, S. Liu, X. Mo, "Joint Optimization of Water Allocation and Water Quality Management in Haihe River Basin", *Science of the Total Environment*, 2019, 654: 72 - 84.

Geir B. Asheim, Bertil Tungodden, "Resolving Distributional Conflicts Between Generations", *Economic Theory*, 2004, 24 (1): 221 - 230.

Geoffrey Heal, *Valuing the Future: Economic Theory and Sustainability*, Columbia University Press, 1998.

Gong Peng, Yin Yongyuan, Yu Chaoqing, "China: Invest Wisely in Sustainable Water Use", *Science*, 2011, 331 (6022): 1264 - 1265.

Graciela Chichilnisky, G. Heal, A. Beltratti, "The Green Golden Rule", *Economics Letters*, 1995, 49 (2): 175 – 179.

Graciela Chichilnisky, "An Axiomatic Approach to Sustainable Development", *Social Choice & Welfare*, 1996, 13 (2): 231 – 257.

Graham Strickert, Kwok Pan Chun, "Unpacking Viewpoints on Water Security: Lessons from the South Atchewan River Basin", *Water Policy*, 2016, 18 (1): wp2015195.

H. Yang, R. J. Flower, J. R. Thompson, "Sustaining China's Water Resources", *Science*, 2013, 339 (6116): 141.

Han Feng, Zheng Yi, "Multiple-Response Bayesian Calibration of Watershed Water Quality Models With Signifificant Input and Model Structure Errors", *Advances in Water Resources*, 2016, 88: 109 – 123.

Hyung Eum, Slobodan P. Simonovic, "Integrated Reservoir Management System for Adaptation to Climate Change: The Nakdong River Basin in Korea", *Water Resources Management*, 2010, 24 (13): 3397 – 3417.

Igor Vojnovic, "Intergenerational and Intragenerational Equity Requirements for Sustainability", *Environmental Conservation*, 1995, 22 (3): 223 – 228.

Ingmar Schumacher, Benteng Zou, "Pollution Perception: A Challenge for Intergenerational Equity", *Journal of Environmental Economics & Management*, 2008, 55 (3): 300 – 309.

Ingmar Schumacher, Benteng Zou, "Threshold Preferences and the Environment", *Journal of Mathematical Economics*, 2015, 60: 17 – 27.

Ingmar Schumacher, "The Dynamics of Environmentalism and the Environment", *Ecological Economics*, 2009, 68 (11): 2842 – 2849.

J. Barnett, S. Rogers, M. Webber, et al., "Transfer Project cannot Meet

China's Water Needs", *Nature*, 2015, 527 (7578): 295.

J. B. William, E. O. Wallace, *The Theory of Environmental Policy*, Cambridge University Press, 1988.

J. Jacquet, K. Hagel, C. Hauert, "Intra- and Intergenerational Discounting in the Climate Game", *Nature Climate Change*, 2013, 3 (12): 1025 –1028.

J. A. Elías-Maxil, Jan Peter Van Der Hoek, Jan Hofman, et al. , "Energy in the Urban Water Cycle: Actions to Reduce the Total Expenditure of Fossil Fuels with Emphasis on Heat Reclamation from Urban Water", *Renewable & Sustainable Energy Reviews*, 2014, 30 (2): 808 –820.

James D. Miller, Michael Hutchins, "The Impactsof Urbanisation and Climate Change on Urban Flooding and Urban Water Quality: A Review of the Evidence Concerning the United Kingdom", *Journal of Hydrology Regional Studies*, 2017, 12 (C): 345 –362.

Jianguo Liu, Wu Yang, "Water Sustainability for China and Beyond", *Science*, 2012, 337 (6095): 649 –650.

Jiuping Xu, Chengwei Lv, Mengxiang Zhang, et al. , "Equilibrium Strategy-based Optimization Method for the Coal-water Conflict: A Perspective from China", *Journal of Environmental Management*, 2015, 160: 312 –323.

Jiuping Xu, Chunlan Lv, Liming Yao, "Intergenerational Equity Based Optimal Water Allocation for Sustainable Development: A Case Study on the Upper Reaches of Minjiang River, China", *Journal of Hydrology*, 2019, 568: 835 –848.

Jiuping Xu, Chunlan Lv, Liming Yao, "Intergenerational Equity Based Optimal Water Allocation for Sustainable Development: A Case Study on the Upper Reaches of Minjiang River, China", *Journal of Hydrology*, 2019,

568：835 -848.

Jiuping Xu，Jingneng Ni，Mengxiang Zhang，“Constructed Wetland Planning-based Bi-level Optimization Model under Fuzzy Random Environment：Case Study of Chaohu Lake”，*Journal of Water Resources Planning and Management*，2015，141（3）：04014057.

Jiuping Xu，Yan Tu，Ziqiang Zeng，“Bilevel Optimization of Regional Water Resources Allocation Problem under Fuzzy Random Environment”，*Journal of Water Resources Planning and Management*，2013，139（3）：246 -264.

Jiuping Xu，Shuhua Hou，Liming Yao，et al.，“Integrated Waste Loadal Location for River Water Pollution Control under Uncertainty：A Case Study of Tuojiang River，China”，*Environmental Science & Pollution Research*，2017，24（1）：1 -19.

John P. Weyant，Paul R. Portney，“Discounting and Intergenerational Equity”，*Reviews in Clinical Gerontology*，1999，45（1）：177 -181.

John Rawls，“Justiceas Fairness”，*Philosophical Review*，1958，2：164 -194.

John Rawls，“The Sense of Justice”，*Philosophical Review*，1963，72（3）：281 -305.

John Rawls，*Theory of Justice*，Belknap Press of Harvard University Press，1999.

John Roemer，Kotaro Suzumura，*Intergenerational Equity and Sustainability*，Palgrave Macmillan，2007.

Joseph L. Sax，“The Public Trust Doctrinein Natural Resource Law：Effective Judicial Intervention”，*Michigan Law Review*，1970，68（3）：471 -566.

K. Thompson，R. Kadiyala，“Leveraging Big Data to Improve Water System Operations”，*Procedia Engineering*，2014，89：467 -472.

Kenneth Arrow, Partha Dasgupta, Lawrence Goulder, et al., "Are We Consuming Too Much?", *Journal of Economic Perspectives*, 2004, 18 (3): 147 - 172.

Kenneth J. Arrow, "Discounting, Morality, and Gaming", *Discounting and Intergenerational Equity*, 1999, 13 - 21.

Kostas Bithas, "The Sustainable Residential Water Use: Sustainability, Efficiency and Social Equity", *Ecological Economics*, 2008, 68 (1): 221 - 229.

Kunwar P. Singh, Amrita Malik, Sarita Sinha, "Water Quality Assessment Andapportionment of Pollution Sources of Gomti River (India) Using Multivariate Statistical Techniques—A Case Study", *Analytica Chimica Acta*, 2005, 538 (1): 355 - 374.

L. A. Sprague, G. P. Oelsner, D. M. Argue, "Challenges with Secondary Use of Multi-source Water-quality Data in the United States", *Water Research*, 2017, 110: 252 - 261.

L. Brian Chi-ang, S. Q. Zheng, *Environmental Economics and Sustainability*, John Wiley and Sons, 2017.

L. Divakar, M. S. Babel, S. R. Perret, et al., "Optimal Allocation of Bulk Water Supplies to Competing Use Sectors Based on Economic Criterion—An Application to the Chao Phraya River Basin, Thailand", *Journal of Hydrology*, 2011, 401 (1): 22 - 35.

L. E. Brown, G Mitchell, J. Holden, et al., "Priority Water Research Questions as Determined by UK Practitioners and Policy Makers", *Science of the Total Environment*, 2010, 409 (2): 256.

L. I. Yi-Ping, Chun Yan Tang, Y. U. Zhong-Bo, et al., "Uncertainty and

Sensitivity Analysis of Large Shallow Lake Hydrodynamic Models", *Advances in Water Science*, 2012, 23 (2): 271 -277.

Lanhai Li, Honggang Xu, Xi Chen, et al., "Stream Flow Forecast and Reservoir Operation Performance Assessment Under Climate Change", *Water Resources Management*, 2010, 24 (1): 83 -104.

Lee H. Endress, Sittidaj Pongkijvorasin, James Roumasset, "Intergenerational Equity with Individual Impatience in a Model of Optimal and Sustainable Growth", *Resource & Energy Economics*, 2014, 36 (2): 620 -635.

Long Jiang, Yiping Li, Xu Zhao, et al., "Parameter Uncertainty and Sensitivity Analysis of Water Quality Model in Lake Taihu, China", *Ecological Modelling*, 2018, 375: 1 -12.

Louis L. Jaffe, Joseph L. Sax, "Defendingthe Environment: A Strategy for Citizen Action", *Harvard Law Review*, 1971, 84 (6): 1562.

Luis Filipe Gomes Lopes, Jo Manuel R. Dos Santos Bento, Artur F. Arede Correia Cristovo, et al., "Exploring the Effect of Land Use on Ecosystem Services: The Distributive Issues", *Land Use Policy*, 2015, 45 (17): 141 -149.

M. B. Beck, "Water Quality Modeling: A Review of the Analysis of Uncertainty", *Water Resources Research*, 1987, 23 (8): 1393 -1442.

M. E. Falagas, E. I. Pitsouni, G. A. Malietzis, et al., "Comparison of Pubmed, Scopus, Web of Science, and Google Scholar: Strengths and Weaknesses", *Faseb Journal Official Publication of the Federation of American Societies for Experimental Biology*, 2008, 22 (2): 338.

M. Roobavannan, J. Kandasamy, S. Pande, et al., "Role of Sectoral Transformation in the Evolution of Water Management Norms in Agricultural

Catchments: A Sociohydrologic Modeling Analysis", *Water Resources Research*, 2017, 53 (10).

M. Sakawa, K. Kato, H. Katagiri, "An Interactive Fuzzy Satisficing Method for Multi-objective Linear Programming Problems with Random Variable Coefficients through a Probability Maximization Model", *Fuzzy Sets and Systems*, 2004, 146 (2): 205 – 213.

Maria Joao Alves, Stephan Dempe, Joaquim J. Judice, "Computing the Pareto Frontier of a B-objective Bi-level Linear Problem Using A Multi-objective Mixed integer Programming Algorithm", *Optimization*, 2012, 61 (3): 335 – 358.

Matthew D. Adler, Nicolas Treich, "Utilitarianism, Prioritarianism, and Intergenerational Equity: A Cake Eating Model", *Mathematical Social Sciences*, 2017, 87: 94 – 102.

Matthew W. George, Rollin H. Hotchkiss, "Reservoir Sustainability and Sediment Management", *Journal of Water Resource Planning and Management*, 2017, 143 (3): 04016077.

Murray C. Kemp, Ngo Van Long, "The Under-exploitation of Natural Resources: A Model with Overlapping Generations", *Economic Record*, 2010, 55 (3): 214 – 221.

N. L. Van, "Assessingand Planning Future Estuarine Resource Use: A Scenario-based Regional-scale Freshwater Allocation Approach", *Science of the Total Environment*, 2019, 657: 1000 – 1013.

Neil S. Grigg, *Integrated Water Resource Management: An Interdisciplinary Approach*, Palgrave Macmillan UK, 2016.

Ngo Van Long, Robert D. Cairns, "Maximin: A Direct Approach to Sustainability", *Environment and Development Economics*, 2006, 11(3): 275 - 300.

Nishi Akihiro, Shirado Hirokazu, David G. Rand, et al., "Inequality and Visibility of Wealth in Experimental Social Networks", *Nature*, 2015, 526 (7573): 426 - 439.

Nishi Akihiro, Shirado Hirokazu, David G. Rand, et al., "Inequality and Visibility of Wealth in Experimental Social Networks", *Nature*, 2015, 526 (7573): 426 - 439.

Olli Tahvonen, Jari Kuuluvainen, "Economic Growth, Pollution, and Renewable Resources", *Journal of Environmental Economics & Management*, 1993, 24 (2): 101 - 118.

Pamela A. Green, Charles J. Vörösmarty, Ian Harrison, et al., "Freshwater Ecosystem Services Supporting Humans: Pivoting from Water Crisis to Water Solutions", *Global Environmental Change*, 2015, 34: 108 - 118.

Partha Dasgupta, Geoffrey Heal, "The Optimal Depletion of Exhaustible Resources", *The Review of Economic Studies*, 1974, 41 (5): 3 - 28.

Patrice Marcott, Savar, Gilles, "A Note on the Pareto Optimality of Solutions to the Linear Bilevel Programming Problem", *Computers & Operations Research*, 1991, 18 (4): 355 - 359.

Paul A. Samuelson, "An Exact Consumption-loan Model of Interest with or without the Social Contrivance of Money", *Journal of Political Economy*, 1958, 66 (6): 467 - 482.

Peng Gong, Y. U. Chaoqing, "China: Invest Wisely in Sustainable Water Use", *Science*, 2011, 331 (6022): 1264 - 1265.

Peter A. Diamond, "National Debtin a Neoclassical Growth Model", *American Economic Review*, 1965, 55 (5): 1126 - 1150.

Peter A. Diamond, "The Evaluationof Infinite Utility Streams", *Econometrica*, 1965, 33 (1): 170 -177.

Quanliang Ye, Yi Li, La Zhuo, Wenlong Zhang, et al., "Optimal Allocation of Physical Water Resources Integrated with Virtual Water Trade in Water Scarce Regions: A Case Study for Beijing, China", *Water Research*, 2018, 129: 264 -276.

R. C. Griffin, *Water Resource Economics: The Analysis of Scarcity, Policies, and Projects*, The MIT Press, 2006.

R. C. Lind, "Intergenerational Equity, Discounting, and the Role of Cost-benefit Analysis in Evaluating Climate Policy", *Energy Policy*, 1995, 23 (4 -5): 379 -389.

R. M. May, "Simple Mathematical Models with very Complicated Dynamics", *Nature*, 1976, 261 (5560): 459 -467.

R. M. Solow, "Intergenerational Equity and Exhaustible Resources", *The Review of Economic Studies*, 1974, 41: 29 -45.

R. M. Solow, "On the Intergenerational Allocation of Natural Resources", *Scandinavian Journal of Economics*, 1986, 88 (1): 141 -149.

Raghbendra Jha, K. V. Murthy, *Environmental Sustainability: A Consumption Approach*, Routledge, 2006.

Ralf Buckley, "The Economics of Ecosystems and Biodiversity: Ecological and Economic Foundations", *Austral Ecology*, 2011, 36 (6): e34 -e35.

Robert M. Solow, "The Economicsof Resources or The Resources of Economics", *American Economic Review*, 1974, 1 (1): 1 -14.

Robert N. Stavins, Alexander F. Wagner, Gernot Wagner, "Interpreting Sustainability in Economic Terms: Dynamic Efficiency Plus Intergenerational

Equity", *Economics Letters*, 2003, 79 (3): 339 – 343.

Rosa Duarte, Vicente Pinilla, Ana Serrano, "Is There an Environmental Kuznets Curve for Water Use? A Panel Smooth Transition Regression Approach", *Documentos De Trabajo*, 2013, 31 (38): 518 – 527.

Ryan Plummer, Jonas Velanikis, Danuta De Grosbois, "The Development of New Environmental Policies and Processes in Response to A Crisis: The Case of the Multiple Barrier Approach for Safe Drinking Water", *Environmental Science & Policy*, 2010, 13 (6): 535 – 548.

S. Chen, D. Shao, X. Tan, "Nonstationary Stochastic Simulation-based Water Allocation Method for Regional Water Management", *Journal of Water Resources Planning and Management*, 2018, 145: 04018102.

Shanghong Zhang, Weiwei Fan, Yujun Yi, et al., "Evaluation Method for Regional Water Cycle Health Based on Nature-society Water Cycle Theory", *Journal of Hydrology*, 2017, 551: 352 – 364.

Sharachchandra Lele, "Sustainable Development Goal 6: Watering down Justice Concerns", *Wiley Interdisciplinary Reviews Water*, 2017, 4 (4): 12 – 15.

Shu Hsien Liao, "Knowledge Management Technologies and Applications—Literature Review From 1995 to 2002", *Expert Systems with Applications*, 2003, 25 (2): 155 – 164.

Snorre Kverndokk, Adam Rose, "Equity and Justice in Global Warming Policy", *International Review of Environmental & Resource Economics*, 2008, 2 (2): 1647 – 1657.

Snorre Kverndokk, Eric Nvdal, Linda Nstbakken, "The Trade-off Between Intra-and Intergenerational Equity in Climate Policy", *European Economic*

Review, 2014, 69 (C): 40 -58.

Starkl Markus, Brunner Norbert, López Eduardo, "A Planning-oriented Sustainability Assessment Framework for Peri-urban Water Management in Developing Countries", *Water Research*, 2013, 47 (20): 7175 -7183.

Stephen R. Dovers, "Sustainability: Demandsonpolicy", *Journal of Public Policy*, 1996, 16 (3): 303 -318.

Suinyuy Derrick Ngoran, Xiong Zhi Xue, Presley K, "Signatures of Water Resources Consumption on Sustainable Economic Growth in Sub-Saharanafrican Countries", *International Journal of Sustainable Built Environment*, 2016, 5 (1): 114 -122.

T. Gleeson, W. M. Alley, D. M. Allen, et al., "Towards Sustainable Groundwater Use: Setting Longterm Goals, Backcasting, and Managing Adaptively", *Ground Water*, 2012, 50 (1): 19 -26.

T. A. Larsen, S Hoffmann, CLüthi, et al., "Emerging Solutions to the Water Challenges of an Urbanizing World", *Science*, 2016, 352 (6288): 928 -933.

T. Seegmuller, A. Verchère, "Pollution as a Source of Endogenous Fluctuations and Periodic Welfare Inequality in OLG Economies", *Economics Letters*, 2004, 84 (3): 363 -369.

Talbot Page, "Discounting and Intergenerational Equity", *Futures*, 1977, 9 (5): 377 -382.

Tjalling C. Koopmans, "Stationary Ordinal Utility and Impatience", *Econometrica*, 1960, 28 (2): 287 -309.

Toshihiro Ihori, Jun Ichi Itaya, "Fiscal Reconstruction and Local Government Financing", *International Tax & Public Finance*, 2004, 11 (1): 55 -67.

Tze Chin Pan，Jehng Jung Kao，"Intergenerational Equity Index for Assessing Environmental Sustainability：An Example on Global Warming"，*Ecological Indicators*，2009，9（4）：725–731.

Ue Pyng Wen，Shuh Tzy Hsu，"Efficient Solutions for The Linear Bi-level Programming Problem"，*European Journal of Operational Research*，1992，62（3）：354–362.

Ue Pyng Wen，Shuh Tzy Hsu，"Linear Bi-level Programming Problems—A Review"，*Journal of the Operational Research Society*，1991，42（2）：125–133.

Urmee Khan，Maxwell B. Stinchcombe，"Planning for The Long Run：Programming With Patient，Pareto Responsive Preferences"，*Journal of Economic Theory*，2018，176：444–478.

Vincent Martinet，"A Characterization of Sustainability With Indicators"，*Journal of Environmental Economics & Management*，2011，61（2）：183–197.

Vincent Martinet，*Economic Theory and Sustainable Development：What can We Preserve for Future Generations?*，Routledge，2012.

W. A. Hall，J. A. Dracup，*Water Resources Systems Engineering*，McGrawHill Series in Water Resources and Environmental Engineering，1970.

WCED，*Our Common Future*，Oxford University Press，1987，11（1）：53–78.

William A. Jury，Henry J. Vaux Jr，"The Emerging Global Water Crisis：Managing Scarcity and Conflict Between Water Users"，*Advances in Agronomy*，2007，95：51–76.

Xi Xi，Kim Leng Poh，"Using System Dynamics for Sustainable Water Resources Management in Singapore"，*Procedia Computer Science*，2013，16

(4): 157 – 166.

Xue Xiaobo, Mary E. Schoen, Ma Xin Cissy, et al., Ashbolt, Cashdollar Jennifer, "Critical Insights for A Sustainability Framework to Address Integrated Community Water Services: Technical Metrics and Approaches", *Water Research*, 2015, 77: 155 – 169.

Xuning Guo, Tiesong Hu, Zhang Tao, "Bi-level Model for Multireservoir Operating Policy in Inter-Basin Water Transfer-supply Project", *Journal of Hydrology*, 2012, 424 – 425 (4): 252 – 263.

Yang Hong, Flower Roger J., Thompson Julian R., "Sustaining China's Sater Resources", *Science*, 2013, 339 (6116): 141.

Yanlai Zhou, Shenglian Guo, "Incorporating Ecological Requirement Into Multipurpose Reservoir Operating Rule Curves for Adaptation to Climate Change", *Journal of Hydrology*, 2013, 498 (12): 153 – 164.

Yuhuan Sun, Ningning Liu, Jixia Shang, "Sustainable Utilization of Water Resources in China: A System Dynamics Model", *Journal of Cleaner Production*, 2016, 142: 120 – 130.

Zhineng Hu, Changting Wei, Liming Yao, et al., "A Multiobjective Optimization Model with Conditional Value-at-risk Constraints for Water Allocation Equality", *Journal of Hydrology*, 2016, 542: 330 – 342.